기하광학을 중심으로

광학기기의 기초

fundamental to Optical Instrument

김규욱 저

북스힐

머리말

「광학기기의 기초」라는 책은 본 저자가 근무하는 금오공과대학교 광시스템공학과 학생들을 위한 교재로 사용하기 위하여 쓰는 것이다. 막상 책을 쓰려고 하니 어디서부터 시작해서 어떤 내용을 담을 것인가 막막하기도 하고 이런저런 생각들이 떠오른다.

본 저자는 1983년~1988년 한국과학기술원 물리학과에서 고 이상수 교수님의 지도로 석사 및 박사과정 동안 기하광학, 파동광학, 레이저광학, 레이저분광학, 응용광학실험 등의 과목들을 체계적으로 배웠다. 그리고 학위 과정 동안 "고출력 광분해 옥소 레이저 개발과 이를 이용한 X-선 발생"에 대한 연구를 하였다. 1988년~1996년 한국표준과학연구원 레이저연구실에서 레이저 개발 및 레이저 계측 분야의 연구를 하였고, 1996년부터 현재까지 금오공과대학교에서도 주로 각종 고체 레이저 설계 및 제작에 대한 연구를 하고 있다. 한편 학부 과목으로 기하광학, 레이저광학, 파동광학 등을 강의하고 있고, 2008년부터는 '광학기기', 2016년부터는 '광계측 및 검사'라는 과목을 새롭게 개설해서 강의하고 있다.

본 저자가 금오공과대학교 물리학과 교수로 근무를 시작한 1996년부터 몇 년 동안은 광학1, 광학2, 광학실험1,2 등 몇 개의 광학관련 교과목들을 운영하면서 학생들을 지도하였다. 그러나 이들 과목만으로는 학생들의 진로 선택에 큰 도움을 줄 수 없어서 이론과목들을 기하광학, 파동광학, 레이저광학 등으로 세분화하고, 실험과목에는 현대광학실험1,2를 추가하였고, 2008년에 광학기기를 추가하였다. 2011년 물리학과에서 광시스템공학과로 전환하면서 교육체계 및 교육과정을 전부 바꾸었다. 그리고 2013년부터 결상광학계설계, 조명광학계설계, 박막광학 및 설계 등의 광학

설계 교과목들을 운영하면서 학생들의 공부와 진로 선택에 도움을 주고 있다. 이들 교과목 중 기하광학, 파동광학, 레이저광학 및 광학설계 교과목들은 번역서 또는 여러 교수님들이 직접 집필한 교재가 많이 있다. 그렇지만 2008년부터 강의를 시작한 광학기기에 알맞은 교재는 거의 없다시피 하여 강의하는 교수 특히 배우는 학생들에게 어려움이 많았다. 따라서 오래전부터 「광학기기」라는 제목으로 책을 쓸 생각은 가지고 있으면서도 막상 시작을 하지 못하고 있다가 마침 2017년 연구년을 보내게 되어 책을 쓰기 시작하였다. 그러나 책을 쓴다는 것이 쉬운 일이 아니라는 것, 아니 참으로 어려운 일이라는 것을 느낀다.

광학기기라 함은 렌즈, 거울, 프리즘 등과 같이 하나의 광학부품일 수도 있고 이들이 복합적으로 구성되어서 광학적인 기능을 지닌 기기 등을 일컫기도 한다. 광학기기를 이해하고 다루기 위해서는 기본적으로 기하광학, 파동광학, 레이저광학 등의 기초적인 지식이 필요하다고 할 수 있다. 따라서 처음에는 기하광학, 파동광학, 레이저광학 등의 기초와 각 분야를 중심으로 한 광학기기, 그리고 각 분야가 종합된 광학기기에 대한 내용을 전부 포함시켜서 「광학기기」라는 제목으로 한 권의 책을 쓸 계획이었다. 그러나 막상 내용을 정리하다 보니 그 양이 너무도 많고 아직 책을 쓸 역량이 부족한 탓인지 중간 중간 나 자신과 많은 타협을 하면서 이번에는 「광학기기의 기초」로 제목을 정하고 포함할 내용도 기하광학의 기초와 기하광학을 중심으로 한 몇 가지 광학기기만 다루기로 하였다.

이 책의 구성을 살펴보면 1장에서는 광학기기의 역사를 소개하고, 2장에서는 기하광학을 공부하는데 필요한 기하광학의 기초를 다루었다. 3장에서는 구면거울의 결상과 수차, 4장에서는 구면렌즈의 결상과 수차, 5장에서는 프리즘에서의 굴절과 분산, 프리즘의 종류 등을 소개하였다. 그리고 눈(6장), 사진기(7장), 현미경(8장), 망원경(9장) 등 기하광학을 중심으로 한 몇 가지 광학기기를 자세하게 다루었다. 또한 각 장마다 연습문제를 두어서 독자 여러분이 공부하는데 도움을 주었다.

이 책의 내용은 학부 2학년과 3학년 수준으로 본인이 근무하는 금오공과대학교 광시스템공학과 학생들에게 조금이라도 도움이 되었으면 하는 바람이다. 이 책에는 오탈자와 수정할 내용이 있을 수 있고 이는 본 저자의 부족함이므로, 본 저자에게 알려주면 다음번 인쇄 때 바로 잡을 것이다.

책을 쓰는 일이 많은 시간과 노력이 필요하고 어려운 일이지만 이번에 기하광학만을 위주로 한 「광학기기의 기초」라는 한 권의 책을 마무리할 단계에서 다짐해 본다. 여기에 포함하지 못한 기하광학을 중심으로 한 광학기기가 아직도 많이 남아 있어서 이를 추가 보완한 책을 집필하고자 한다. 그리고 파동광학과 레이저광학을 중심으로 한 광학기기와 종합적인 광학기기에 대한 내용을 다루는 또 다른 책들도 집필할 계획이다.

끝으로 이 책의 발행을 기꺼이 맡아준 (주)북스힐 조승식 사장님과 편집진의 도움에 감사드린다. 그리고 연구년 중임에도 불구하고 책을 쓰는 동안 많은 시간을 같이 하지 못한 가족들에게 이 책이 작으나마 선물이 되기 바란다.

2018년 1월
저자 김규욱

"본 교육교재는 금오공과대학교의 2017년도 교육·연구 및 학생지도 비용 지원을 받아 개발된 교재임"을 밝혀둔다.

차 례

광학기기의 역사

광학기기는 빛의 특성을 이용하여 공간에 있는 물체의 상을 형성시키거나 어떤 물체에서 방출되는 빛을 분석하여 그 물체의 성질을 연구하는 장치의 총칭이다. 즉, 거울, 렌즈, 프리즘, 회절격자 등의 광학부품 중 한 개 또 그 이상의 부품이 결합되어 결상, 측정 및 관찰을 위한 기능을 갖는 장치를 광학기기라고 할 수 있다.

1.1 렌즈의 시작

광학기기의 기원은 렌즈의 확대 현상의 발견에서 유래한다고 볼 수 있다. 즉, 그리스의 천문학자 프톨레마이오스(Klaudios Ptolemaios, 85~165)가[(1)] 그의 저서 「Optica」 제5편에서 광선의 굴절현상에 대해 설명하며, "렌즈 모양의 투명체에는 물체를 확대하는 힘이 있다"라고 기술한 것을 광학기기의 시작으로 생각해도 좋을 것이다.

그 후 아라비아의 알하젠(Iball-Haytham Alhazen, 965~1039)는[(2)] 그의 시각론의 입장에서 논한 「굴절광학」에서 입사각과 굴절각의 관계를 실험적으로 보여주고 있다. 그리고 영국의 진보적 수도승 베이컨(Roger Bacon, 1214~1294)은[(3)] 「Opus majus」 제5편에서 알하젠의 저서를 더욱 발전시켜 설명하고 있다. 그의 광학 이론은 안경 렌즈의 발명의 계기가 되어 확고한 렌즈 이론으로 발전되어 갔다. 렌즈는 바로 광학기술의 기본요소이며, 앞서 이룬 이론적 성과는 베이컨의 큰 업적이다. 베이컨의 저서는 1300 년대에 이르러 플로렌스(Florence)의 수도승들이 읽게 되고, 작은 글씨의 문학작품을 읽기 위한 렌즈가 베니스(Venice) 유리 공장에서 만들어지게 되었다고 전해지고 있다.

이렇게 하여 14세기 초에는 유리의 제조 및 렌즈 연마기술이 진보하고, 드디어 유리가 안경 렌즈로 등장하기에 이르렀다. 그 무렵의 유리 공장으로는 위에서 언급한 베니스의 무라노(Murano) 공장이 가장 성행했지만, 그 후 유리 제조•연마기술이 유럽 전역에 전해지고, 벨기에의 플랜더스(Flanders), 네덜란드의 미델부르크(Middelbrug), 독일의 뉘른베르크(Nürnberg), 레겐스부르크(Regensburg) 등에서도 렌즈가 생산되게 되었다. 특히 네덜란드에서는 렌즈 연마기술이 뛰어나게 발전하였고, 안경 렌즈 산업이 크게 번성하였다.

그런데 이탈리아 르네상스 시대에 활약한 레오나르도 다빈치(Leonardo da Vinci, 1452~1519)도 렌즈 연마기술에 관한 관심을 가졌던 것으로 알려져 있다. 그는 다음과 같은 설비와 모델을 고안하였다.

(1) 유리와 금속을 사용하여 안경의 모델을 만들었다.
(2) 유리 공에 의한 도립상을 만드는 장치를 고안하였다.
(3) 물을 넣은 두 개의 유리 공을 사용하여 정립상을 만드는 장치를 만들었다.
(4) 오목렌즈를 연마하는 수동식 기계의 모형을 만들었다.
(5) 각종 수동식 렌즈 연마기를 고안하였다.
(6) 2장의 렌즈를 조합하여 통이 없는 망원경을 만들었다.
(7) 양초와 렌즈를 이용하여 스크린에 그림을 확대 영사하는 장치(환등의 원리)를 고안하였다.
(8) 양초와 거울을 사용해서 혼합 색을 비교 대조하는 장치를 고안하였다.

그는 또한 눈은 상을 만들기 위한 일종의 암상자라고 생각했고, 렌즈를 사용하지 않는 바늘구멍 사진기의 원리도 이미 고안했다. 또한 회화법에 필요한 빛의 원리로 투시화법, 원근법, 그림자의 원리 등에 대해서도 뛰어난 아이디어를 가지고 있었다.

(1) 프톨레마이오스는 고대 그리스 최대의 천문학자이자 점성술사였다. 그의 출생과 사망 시기는 정확하게 알려져 있지 않지만(83~161, 85~165 등 여러 설이 있다), 2세기 전반에 아프리카의 알렉산드리아에서 천체관측 등의 활동을 했던 것으로 보인다. 우리나라에서는 프톨레마이오스를 영어식으로 읽은 톨레미(Ptolemy)란 이름과 톨레미성좌란 호칭이 일반적으로 더 많이 알려져 있다. 프톨레마이오스는 수학, 지리학, 음악 등에 관한 저서를 남겼는데, 그 중에서도 천문학 책인 「메갈레 신탁시스(Megale Syntaxis)」와 점성술 책인 「테트라비블로스(Tetrabiblos)」, 이 두 권이 세계적으로 유명하다.

(2) 이라크 바스라 출생. 이집트에서 활동한 이슬람 최대의 물리학자였다. 수학, 천문학, 의학, 철학 등에 관한 많은 저서를 남겼는데, 그 중 가장 중요하게 취급되는 「알하젠의 광학서 7권 Opticae thesaurus Alhazeni libri vii」은 1270년 라틴어로 번역된 광학 논문이다. 그는 유클리드와 프톨레마이오스의 이론에 반대하여 빛은 눈에 보이는 물체로부터 온다는 광학이론을 설명하였다. 그 외에도 눈의 구조, 빛의 반사, 굴절, 렌즈, 구면거울의 상, 무지개, 대기굴절 등에 관한 이론들을 발표하여, 태양광선이 대기에 의하여 꺾이는 현상으로부터 대기층의 두께를 설명하였고, 입사각과 반사각의 비례가 일정하다는 것을 증명하였다. 그의 이론들은 유럽에 큰 영향을 끼쳤고, 프톨레마이오스 이래 광학이론에 중요한 공헌을 한 과학자로 평가받고 있다.

(3) 영국의 서머싯주 일체스터 근처 마을에서 출생, 중세 신학자이자 철학자이다. 프란체스코회 수도사로서 탁월한 선견지명이 있었기 때문에 근대과학의 선구자로 평가되어 '경이의 박사'로 불리었다. 아우구스티누스의 조명설에 영향을 받아 인식의 원천으로서의 신적 조명을 중요시하였는데, 한편으로는 권위는 지식을 줄 수 없다고 하여, 학문상의 확실한 지식으로서의 수학을 중시하고, 광학을 사랑하였다. 동시에 공론에 빠지는 것을 경계하여 경험의 의의를 높이 평가하여, 그 방법으로서 경험적 방법, 실험적 방법을 중시하였으며, 철학에 경험적 방법을 도입하여 철학을 신학으로부터 구별하였다. 그는 또 연금술·점성술 등 근대과학의 전신에 대한 관심이 많아, 공학·역법에 관한 독창적 견해를 발표하였다. 또한 그의 언어연구의 중요한 결과로 성서의 비판적 연구의 선구가 되었다. 저서로 「대서(大書) Opus majus」(1233), 「소서(小書) Opus minus」, 「제삼서(第三書) Opus tertium」 등이 있다.

1.2 망원경과 현미경

렌즈가 광학기기의 하나로 보다 더 실용적인 발전을 이루는 계기를 만든 것은 네덜란드의 안경사 리퍼세이(Hans Lippershey, 1570~1619), 얀센(Zacharias Janssen, 1588~1632) 등이다. 네덜란드 미델부르크의 안경 연마공이었던 얀센이 멀리 있는 물체를 가깝게 볼 수 있는 새로운 안경, 소위 망원경을 발명한 것은 1604년이었다. 그 이후 1608년에는 리페세이도 망원경의 제작과 판매를 시작하였다. 또한 그 무렵 이탈리아 나폴리의 포르타(G. della Porta, 1538~1615)는 렌즈를 끼워 넣은 암상자(사진기의 원형)를 만든 것으로 알려져 있다.

갈릴레이(Galileo Galilei, 1564~1642)는 1609년에 네덜란드에서 발명된 새로운 안경에 대한 소식을 듣고 망원경에 관심을 갖게 되고, 그 자신도 망원경의 제작을 시도하였다. 그리고 그는 가능한 한 무색투명한 유리를 구해서 렌즈로 연마하고, 대물렌즈를 볼록렌즈로, 접안렌즈를 오목렌즈로 한 최초의 굴절 망원경을 조립하였다. 그것의 지름은 42 mm, 전체 길이는 2400 mm, 배율은 9배이었다. 그 후 대물렌즈의 지름 50 mm, 유효지름 37.5 mm, 초점거리 1280 mm, 배율 15배인 것, 대물렌즈의 지름 44 mm, 유효지름 22 mm, 초점거리 980 mm, 배율 20배인 것 등을 조립하였다. 그가 조립한 최대의 망원경은 유효지름 56 mm, 초점거리 1700 mm, 배율 30배인 것이다. 또한 1617년에는 'Testiera'라고 이름 붙여진 소형의 쌍안경을 제작한 것도 기록으로 남아있다. 그러나 갈릴레이의 평가는 망원경을 만든 것에 있는 것이 아니고, 오히려 망원경을 사용해서 천문학의 연구에 위대한 업적을 남긴 것이다.[(4)]

그 무렵 보헤미아의 수도 프라하에서는 천문대의 대장 브라헤(Tycho Brahe, 1546~1601)의 조수로 일하고 있던 케플러(Johannes Kepler, 1571~ 1630)는[(5)] 갈릴레이와는 다른 광학계의 망원경을 생각했다. 즉, 대물렌즈와 접안렌즈 모두 볼록렌즈를 이용한 광학계이다. 따라서 갈릴레이 식으로는 도립상, 케플러 식으로는 정립상을 보게 된다. 케플러가 고안한 망원경을 실제로 제작한 것은 수도승 샤이네르(Christopher Scheiner, 1575~1650)이었다.

17세기가 되자 빛의 파동성을 주장한 호이겐스(Christian Huygens, 1629~1695)는 굴절 망원경의 접안렌즈를 개량해서 토성의 고리를 발견하였다. 그는 형과 같이 렌즈 연마기술을 연구하였고, 렌즈의 구면수차를 제거하기 위하여 색지움 접안렌즈를 만드는 기술을 고안하였다. 렌즈의 구면수차에 대해서는 이미 베이컨이 알고 있었다. 또한 색수차에 대해서는 갈릴레이가 별의 상이 착색되는 현상을 언급하였지만, 당시에는 아직 빛의 본질을 충분히 이해하지 못하고 있었다.

빛의 본질이 알려지게 된 것은 뉴턴(Issac Newton, 1642~1727)이 프리즘을 사용해서 태양광선을 파장별로 분산시킨 것에서 시작한 것이라고 보는 것이 좋을 것이다. 그는 렌즈의 색수차에 의해 상이 번지는 것을 알았고, 렌즈의 색지움은 불가능하다고 생각해서 분산이 생기지 않는 반사 망원경을 고안하였다. 당시 수학자인 그레고리(James Gregory, 1638~1675)는[(6)] 그의 저서 「Optical Prometa」에서 반사 망원경의 설계도를 발표하였지만, 뉴턴은 이 그레고리의 아이디어에서 힌트를 얻어 반사 망원경을 만들고, 1672년에 '반사 망원경의 개념'이라는 제목으로 반사 망원경에 대하여 발표하였다. 뉴턴의 반사경은 구리 6 온스(약 170 그램), 주석 2 온스(약 57 그램), 비소 1 온스(약 28.4 그램)의 합금으로 만든 것으로, 거울 면을 연마하기 위하여 피치를 사용하였다. 제작된 망원경은 지름 34 mm, 초점거리 159 mm, 배율 38배이었다. 한편, 동시에 카세그레인(Giovanni Cassegrain, 1625~1712)도 같은 모양의 반사 망원경을 고안하였다.

특히 적극적으로 반사 망원경을 제작하여 실제 관측에 활용한 것은 독일 사람으로 나중에 영국으로 귀화한 허셀(Frederic William Herschel, 1738~1822)이었다. 그는 초점거리 7 피트(약 2100 mm)인 것을 200 개, 10 피트인 것을 150 개, 12 피트인 것을 80 개 이상 만들었다고 한다. 1789년에 만든 지름 4 피트인 것은 초점거리가 40 피트이었고, 이 반사 망원경으로 그는 그 해에 토성의 제2 위성 「엔셀라두스(Enceladus)」와 토성의 가장 안쪽에 있는 위성 「미마스(Mimas)」를 발견하였다.

굴절 망원경의 대물렌즈에 처음으로 색지움렌즈를 사용한 것은 홀(Chester More Hall, 1703~1771)이다. 그 무렵 영국에서는 납유리(소위 플린트 유리로, 당시는 부싯돌을 원료로 하고 있었지만, 나중에는 납을 혼합한 것을 일반적으로 플린트라고 부르게 되었다.)가 생산되고 있었다. 1729년 홀은 플린트 유리와 크라운 유리를 각각 오목렌즈, 볼록렌즈로 연마하여 조합해서 색수차를 어느 정도 제거하는 방법을 발명하였다. 실제로 그가 렌즈를 완성한 것은 1733년으로 지름 64 mm, 초점거리 503 mm인 대물렌즈이었다.

그 후 이론적인 계산에 기초해서 굴절 망원경을 제작하고, 렌즈 재료의 개량에도 힘을 기울인 것은 독일의 프라운호퍼(Joseph von Fraunhofer, 1787~1826)이다. 그는 태양의 스펙트럼에서 약 600 개의 흡수선을 발견하고, 주된 흡수선에 긴 파장 쪽부터 A, B, C, D, E, F, H라고 하는 위치를 매기고, 분산의 정량적인 스케일을 결정하는 계기를 마련하였다고 알려지고 있다. 또한 처음으로 회절격자(가는 철사를 나란하게)를 만들어서 빛의 파장을 구하는 것에도 성공하였다. 심지어 뉴턴 고리를 응용한 렌즈 연마면의 검사법을 개발하였고, 렌즈의 삼각추적법에 의한 계산법을 고안하는 등 광학분야에서 큰 족적을 남겼다.

광학기기로서 망원경과 나란히 등장한 것은 현미경이다. 실은 현미경에 대해서도 그 원형을 고안한 것은 네덜란드의 안경사 리퍼세이 등이었지만, 이것을 실용적인 관측기로 사용한 최초의 사람은 영국의 화학자 후크(Robert Hooke, 1635~1703)이었다. 그는 현미경을 사용해서 코르크의 다공상 세포와 새의 깃털, 물고기의 비늘 등을 관찰한 결과를 시작으로, 「Micrographia」을 발표하였다. 그리고 같은 무렵에 슈밤메르담(Jan Swammerdam, 1637~1680)도 곤충의 근육과 미생물을 관찰하였다.

---

(4) 갈릴레이는 1610년 1월에 목성의 4대 위성을 발견한 것 이외에 토성의 2개 위성, 달 표면의 산, 태양의 흑점 등을 관측하였다. 또한 그는 코페르니쿠스(Nicolaus Copernicus, 1473, 1543)의 지동설을 실증하였다.

(5) 케플러는 1611년에 「굴절광학」을 발표하고, 지상용 망원경, 대물렌즈, 접안렌즈에 의한 광학계에 대한 광선의 경로를 설명하였다.

(6) 그레고리는 수렴 무한급수의 연구로 알려져 있다. 그는 반사 망원경의 제작을 안경사 콕스와 리오에스에게 의뢰하였지만 성공하지 못하였다. 이때 주거울은 포물면, 부거울은 타원면 또는 구면이었다.

1.3 렌즈계의 발전

망원경과 현미경 등의 분광기의 정확도를 높인 렌즈계는 독일의 물리학자 슈타인

하일(Carl August von Steinheil, 1801~1870)에 의해 공업적 생산의 길이 열렸다. 그 후 아베(Ernst Abbe, 1840~1905)에 의해서 현미경의 이론이 확립되었고, 쇼트(Otto Schott, 1851~1935)에 의해서 광학유리가 개발되기에 이르렀다. 그리고 독일의 차이스(Carl Zeiss, 1816~1888)의 노력으로 사진기를 비롯하여 한층 발전된 광학기기가 개발되었다. 특히, 차이스의 고안에 따라 바륨(Barium)계 유리 용해법에 의해 소위 신종 광학유리가 생산되었고, 사진기용 렌즈가 급속하게 진보한 것은 주목할 만하다. 차이스는 1846년에 주로 현미경을 제작하는 광학기기 공장을 설립하였다. 그 공장은 차이스가 죽은 후 1889년에 발족한 칼 차이스(Car Zeiss)사의 기초가 되었다.

차이스 사의 루돌프(Paul Rudolph, 1858~1910)는 1890년 「루돌프의 원리」로 알려진 무수차계 렌즈설계의 원리를 고안하여, 바륨계의 신종 광학유리를 조합한 사진용 렌즈를 설계하였다. 이와 같이 광학기기의 발전은 무엇보다도 렌즈에 관한 이론적 발전, 신재료의 개발과 더불어 가공정밀도의 향상에 힘입은 바 크다.

렌즈 이론의 기초는 스넬(Van Roijen Willebrad Snell, 1591~1626)과 데카르트(René Descartes, 1596~1650)에 의한 굴절의 법칙이었지만, 이후 가우스(Karl Friedrich Gauss, 1777~1855)에 의한 근축광선의 기하광학, 심지어 수차를 수리적으로 고려한 자이델(Ludwig Philipp von Seidel, 1821~1896)의 기하광학이 발표되기에 이르렀고, 렌즈계의 설계 정밀도가 점점 향상되었다.

또한 니엡스(Nicéphone Niépce, 1765~1833), 다게르(Louis Jaeques Mandlé Dagueree, 1789~1851)가 고안한 사진기 렌즈도 페츠발(Joseph Max Petzval, 1807~1891)의 수차 연구에 기초해서 개량이 진행되었고, 초상화용 사진기가 개발되기에 이르렀다. 이와 같이 19세기 후반에 광학이론과 광학기술이 급속하게 발전하였다. 특히 방전관과 자연전등 등의 광원의 진보, 각종 광학 측정기의 개발, 광학렌즈의 발달, 스펙트럼의 연구, 대형 망원경과 고배율 고해상도 현미경의 개발이 진행되었다.

렌즈의 성능 향상에는 앞에서 설명한 신종 광학 사진기의 개발 이외에 컴퓨터의 발달 및 보급에 의한 설계기법이 대폭적으로 진보한 영향도 크다. 즉, 컴퓨터의 발달에 따른 OTF(Optical Transfer Function)라고 하는 렌즈의 평가법이 실용화되기 시작하였다.

렌즈의 반사방지(anti-reflection)에 대해서는 영국의 테일러(H. Dennis Taylor, 1862~1943)가 1892년 렌즈 표면을 특별하게 만들 수 있으면, 렌즈 표면에서 빛의 반사가 줄어들고, 빛의 투과도가 좋아지는 것을 발견하였다. 이 발견을 계기로 해서 미국의 스트롱(J. Strong)은 진공증착법으로 렌즈 표면에 유리보다도 굴절률이 낮은 물질의 박막을 코팅해서 반사를 감소시키는 기술을 개발하였다. 이 박막기술은 널리 응용되었고, 흡수에 의한 빛의 손실이 적은 반사거울 등도 이 기술을 이용해서 만들게 되었다. 또한 증착 박막을 위상판으로 이용해서 네덜란드의 제르니케(Fritz Zérnike, 1888~1966)는 1935년에 위상차 현미경을 발명하였다.

렌즈계의 수차를 제거하는 방법으로는 렌즈 재료의 광학 상수의 특수성을 이용하는 방법이 있지만, 그 외에 렌즈 표면을 비구면으로 하는 방법도 고안되었다. 소위 슈미트 사진기(Schmidt camera)가 그 렌즈를 이용한 것이다. 사진용 렌즈에 비구면 렌즈를 이용하는 것도 생각할 수 있었지만, 비구면 연마 기술이 양산에 적합하지 않아서 좀처럼 실용화되지 않고 있었다. 그러나 최근에는 가공기술이 진보함에 따라 실현가능하게 되었다. 이것은 영국의 필킹턴(Pilkington) 사에서 개발한 플로팅(floating) 방식에 의한 연마기술이라던가 다이아몬드 숫돌의 발명, 그리고 고속 자동연마 장치의 개발 등 유리 가공기술의 진보에 의한 바가 크다. 한편 최근에는 플라스틱 기술의 발달에 따른 고정밀 플라스틱 광학재료도 개발되어 이용되고 있다.

1.4 레이저의 출현과 새로운 광학기술의 발전

1952년 타운스(Charles Hard Townes, 1915~2015)와 웨버(Joseph Weber, 1919~2000)가 '유도방출 복사에 의한 마이크로파의 증폭' 즉, 메이저 (Microwave Amplification by Stimulated Emission of Radiation, MASER)의 가능성을 제안한 이래 이 분야는 많은 사람들에 의해 연구되었다. 그리고 1960년 메이먼(Theodore Harold Maiman, 1927~2007)은 루비 단결정에서 694 nm의 적색광 펄스를 발진시키는데 성공하였고, 레이저의 가능성을 실증하였다. 메이저가 전파의 새로운 발진증폭인 것에 반하여, 레이저(LASER)는 빛의 발진증폭으로 Light Amplification by Stimulated Emission of Radiation의 약칭이다. 이것은 '유도방출 복사에 의한 빛의 증폭'의 원리를 이용한 것이다.

레이저가 발명됨에 따라 레이저광의 결맞음이라는 특수한 성질을 이용하여 다양한 분야에서 응용되고 있다. 여기에서 몇 가지 예를 소개한다.

레이저광은 보통 전파에 비해서 10,000 배 이상 주파수가 높기 때문에 마이크로파 통신 이상으로 효율이 좋은 초다중통신이 가능하게 되었다. 이론적으로는 1 개의 레이저광으로 10^{10} 개 이상의 전화회선도 전송할 수 있다. 그러나 우주공간에서는 빛의 흡수 및 산란의 걱정은 없지만, 대기 중에서는 기상조건에 따라 좌우되므로 대기 중으로 전파시킬 수 없다. 그러나 광통신도 광섬유의 발명에 의해 가능성이 열렸다. 구리선에 전기신호를 보내는 기존의 전송방법보다 광섬유로 광신호를 보내는 것이 감쇠가 낮기 때문에 광섬유 케이블을 이용한 광통신은 지금보다 더 넓게 보급될 것이다.

광섬유는 광학유리를 섬유 형태로 만든 것이다. 처음에는 어떤 굴절률의 광섬유 주변을 그것보다 굴절률이 작은 광학 유리로 피복한 것(step-index fiber)이 고안되었지만, 최근에는 이러한 굴절률을 계단식으로 바꾸는 것이 아니라 연속적으로 바꾼 광섬유(gradient-index fiber)도 개발되고 있다. 최근에는 이 섬유 형태의 광섬유를 묶은 광섬유 케이블이 화상의 전송 등 각종 분야에서 이용되고 있다. 예를 들어 의료분야에서는 위 사진기(fiber scope) 등에 이용되고 있다.

1948년에 게이버(Dennis Gabor, 1900~1979)는 회절 현미경 방법에서 힌트를 얻어 물체의 상을 빛의 강약으로 기록하는 것이 아니라 물체로부터 빛의 산란을 간섭무늬로 기록하는 방법을 제안하였다. 이 방법은 레이저가 발명되어서 처음으로 가능하게 되었고, 1962년에 라이스(Emmett Norman Leith, 1927~2005)와 유파트닉스(Juris Upatnieks, 1936~)에 의해 홀로그래피 기술로 개화되었다. 홀로그래피는 종래의 사진과 같이 2차원 상의 기록이 아니라 3차원 상을 기록•재생할 수 있는 기술이기 때문에 주목받고 있지만, 3차원 디스플레이뿐만 아니라 그 안에 많은 정보를 정확하게 기록할 수 있어서 공업계측 등에도 널리 이용되고 있다. 예를 들어 물체의 미소변형의 검출 등에도 이용되고 있다.

또 하나의 레이저 응용은 레이저가 가진 에너지의 이용이다. 예를 들어 레이저는 매우 작은 면적에 집속시킬 수 있어서 정밀가공에서 매우 유용한 수단이 되고 있다. 이와 같은 레이저 이용기술은 의료용기기에 많이 이용되고 있다. 레이저 망막 응고장치, 레이저 메스, 레이저 내시경 장치 등은 그 예이다. 외과 수술에 사용되는 레이저 메스는 단순히 자르는 작업뿐만 아니라 조직에 접촉하지 않고 혈관을 응고시키면서 자를 수 있기 때문에 출혈을 최소한으로 할 수 있다는 장점을 가지고 있다.

현대의 광학기술은 광학계의 발달과 전자공학의 발전에 힘입은 바가 많다. 이른바 광전자공학(optoelectronics)이라고 하는 새로운 분야가 싹트게 된 것이다. 예를 들어 친숙한 광학기기인 사진기에서도 전자화가 진행되어 1970년에는 전자 자동노출 사진기가 개발되었고, 1976년에는 마이크로컴퓨터 탑재 일안 반사식 사진기가 개발되었으며, 1977년에는 자동초점 자동노출 사진기가 개발되기에 이르렀다. 1981년에는 종래의 감광재료를 이용하는 방식과는 전혀 다른 디지털 저장 사진기가 개발되어 오늘날 널리 이용되고 있다.

지금까지 살펴본 것과 같이 광학기술의 발전은 눈부시지만, 앞으로도 인식, 계측, 기록, 통신, 가공, 에너지 등 넓은 범위에서 광학기술은 점점 더 중요한 수단으로 자리매김해 나갈 것이다.

기하광학의 기초

기하광학은 기본적으로 4개의 기본 법칙(직진, 반사, 굴절, 역행의 법칙)으로 구성되어 있다. 제2장에서는 이들 기본 법칙과 기하광학을 공부하기 위한 각종 부호의 약속에 대하여 알아본다.

2.1 직진의 법칙

광원 앞에 구멍이 뚫린 장애물을 두면 구멍에서 나오는 빛은 원추 모양으로 통과한다. 이러한 다발을 **광속**(beam of light)이라고 한다. 또한 광원이 태양과 같은 경우에는 구멍에서 나오는 빛은 원통형이 된다. 이와 같은 광속을 **평행광속**(parallel beam)이라고 한다. 이 원통형 단면적을 극단적으로 작게 줄이면 **광선**(ray of light)이 된다. 기하광학에서는 광속을 대신해서 광선으로 표현하는 경우가 많다. 그러나 실제로는 광속 밖의 영역에도 빛이 새어 나오고, 이 현상을 **회절**(diffraction)이라고 부른다.

기하광학의 범위에서 빛은 직진한다는 것을 전제하지만, 어떤 조건에서도 빛은 직진하는 것이 아니다. 엄밀하게 말하면 빛은 균질한 매질 안에서만 직진한다는 것이다. 이제부터 특별하게 언급하지 않는 한 균질한 매질 안에서의 논의만 할 것이다. 예를 들어 지상의 대기층은 상층으로 갈수록 희박하게 된다. 따라서 대기는 연속적

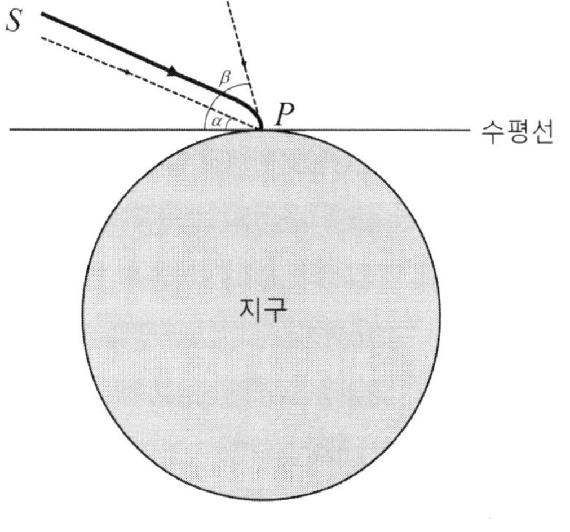

그림 2.1 대기의 불균질에 의한 대기차 현상

으로 굴절률이 다른 층으로 이루어져 있다고 생각할 수 있다. 따라서 무한히 먼 곳의 항성 S로부터의 빛은 연속적으로 굴절하여 그림 2.1에 나타낸 것과 같이 곡선을 따라서 지상 P에 도달한다.

대기가 균질하면 수평선과 α의 각도 방향으로 보이지만, 빛은 불균질한 매질에 의해 굴절되기 때문에 수평선과 β의 각도 방향으로 보인다. 이것을 시고도라고 한다. $(\beta-\alpha)$의 값을 대기차라고 부르고, 지상에서 수직방향에서의 빛은 대기차를 일으키지 않지만, 수평방향으로 가깝게 됨에 따라 대기차가 두드러진다. 이 대기차는 대기의 상태에 따라 다르지만, 수평방향으로 약 30'이다. 따라서 태양의 시직경은 약 30'이므로 태양이 수평선에 거의 접해 있을 때 사실은 이미 완전히 가라앉아 버리고 있다고 생각해도 좋다. 그 외에 불균질한 매질 안에서 빛의 전달은 "신기루" 현상으로 잘 알려져 있다.

2.2 반사의 법칙

빛이 두 개의 서로 다른 매질의 경계에 도달하면 일부는 반사되고, 나머지는 다른 매질 안으로 들어간다. 이 반사에 대한 것을 유클리드(Euclid, BC 330? ~ BC 275?)가 언급하였다. 그림 2.2에 나타낸 것과 같이 매질 I과 II가 균질하고, 그 경계

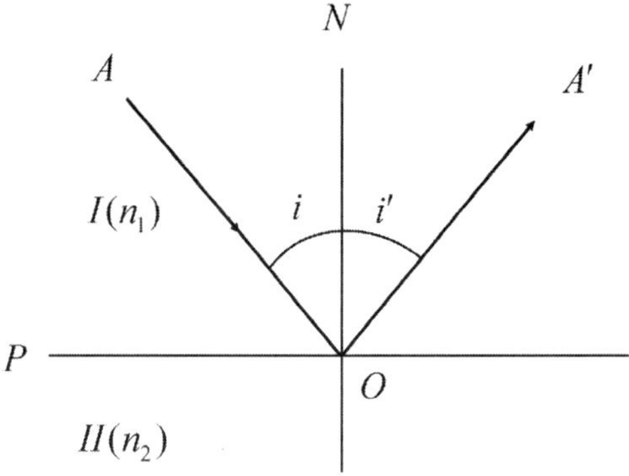

그림 2.2 빛의 반사

면 P(평면일 때)에 광선 AO가 입사할 때 O점에서 OA' 방향으로 반사한다. 이 OA'의 반사광선은 입사광선 AO와 O에서 수선을 세운 법선 ON을 포함한 면 안에 있다. $\angle AON = i$를 **입사각**(angle of incidence), $\angle NOA' = i'$을 **반사각**(angle of reflectance)이라고 한다. 이때 다음의 관계가 성립한다.

$$i = i' \tag{2.1}$$

즉 입사각과 반사각의 크기는 언제나 같다.

이것을 **반사의 법칙**(law of reflection)이라고 한다. 이러한 반사는 주로 그림 2.3(a)와

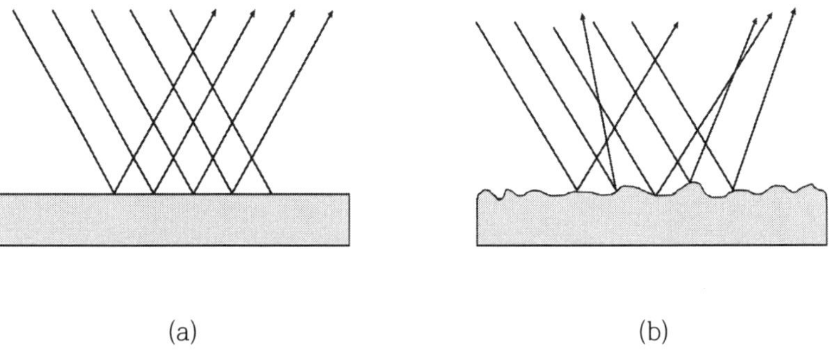

(a) (b)

그림 2.3 (a) 정반사와 (b) 난반사

같이 매끄러운 평면에서 일어나며 이를 **정반사**(regular reflection) 또는 **거울반사**(specular reflection)라고 한다. 그러나 실제로는 물체의 표면은 완전한 평면이 아니고, 작은 요철이 있고 물질 자체가 작은 입자가 모여 있기 때문에 일반적으로 이 정반사 광의 방향 뿐 아니라 그림 2.3(b)와 같이 여러 방향으로 반사한다. 이것을 **난반사**(diffuse reflection)라고 한다. 그러나 거시적인 면에 대하여 반사광은 불규칙적으로 반사하기 때문에 언뜻 반사의 법칙을 만족하지 않는 현상이 일어나는 것처럼 보이지만, 자세히 보면 작은 부분의 면에서는 언제나 반사의 법칙이 성립한다. 실제로는 이 난반사 이외에 반사면의 요철이 빛의 파장과 가까워지면 **산란**(scattering) 현상이 발생된다. 이 현상에 대해서는 기하광학의 범위에서 설명이 되지 않기 때문에 여기에서는 다루지 않는다.

여기에서 반사율의 정의를 해 두자. 서로 다른 두 개의 물질의 경계면에 어떤 입사각으로 빛이 입사할 때 입사광의 세기 I_0에 대한 반사광의 세기 I_r의 비 R

$$R = \frac{I_r}{I_0} \tag{2.2}$$

를 **반사율**(reflectance)이라 한다. 반사율 R은 임의의 각 i의 함수로 입사각이 커지면 반사율이 높아진다. 수직입사 $i=0$인 경우를 제외하고 **편광**(polarization) 현상이 일어난다. 즉, 입사면 안에서 진동하는 성분(p-편광)과 이것에 수직한 면에서 진동하는 성분(s-편광)과의 반사율은 입사각에 따라 다르다. 그림 2.4는 공기 중에 놓인 굴절률이 1.52인 유리에 입사하는 빛의 입사각에 따른 p-편광과 s-편광의 반사율 R_p, R_s를 계산한 결과이다. R_p, R_s는 기하광학의 범위에서 구할 수 없지만, 전자기적 입장에서 유도하면 다음과 같이 된다.

$$R_p = r_p^2 = \left(\frac{n_2 \cos i - n_1 \cos r}{n_2 \cos i + n_1 \cos r}\right)^2 \tag{2.3}$$

$$R_s = r_s^2 = \left(\frac{n_1 \cos i - n_2 \cos r}{n_1 \cos i + n_2 \cos r}\right)^2 \tag{2.4}$$

여기에서 n_1, n_2, i, r은 그림 2.5에 나타낸 것과 같이 매질 I과 II의 굴절률 및

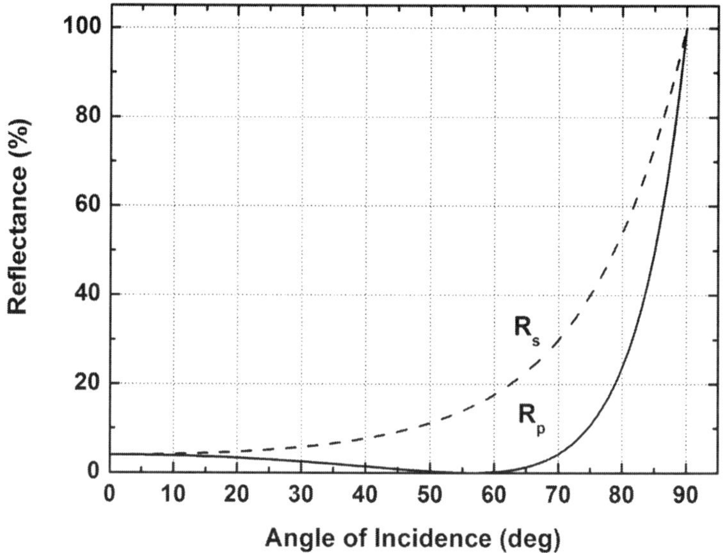

그림 2.4 굴절률이 1.52인 유리 표면에서 반사되는 빛의 편광에 따른 반사율

입사각, 굴절각이다. 그리고 r_p과 r_s는 각각 p-편광과 s-편광의 **진폭반사율**(에너지 반사율이 아니다)을 나타낸다. 그림 2.4에서 알 수 있듯이 $R_p = 0$ 인 경우가 있다. 이 p-편광의 반사가 0이 되는 입사각을 **브루스터각**(Brewster angle)이라고 하고,

$$i_B = \tan^{-1}(n_2/n_1) \tag{2.5}$$

인 관계에 있다. $n_1 = 1$, $n_2 = 1.52$ 이면, i_B = 56.7°가 된다. 즉, 유리 표면에 56.7°의 입사각으로 p-편광을 입사시키면 반사가 없다는 것을 의미한다. 유리를 통해 사진을 촬영하는 경우 종종 편광 필터를 이용하는 것은 이 원리이다.

수직 입사($i = 0$)의 경우 식 (2.3)과 (2.4)는 일치하고,

$$R = \left(\frac{n_1 - n_2}{n_1 + n_2}\right)^2 \tag{2.6}$$

이 된다. 유리면에 수직으로 입사하는 경우 반사율은 $n_1 = 1$, $n_2 = 1.52$ 로 계산하면

R = 0.04이어서, 한 면당 반사율은 약 4%가 된다.

2.3 굴절의 법칙

빛이 서로 다른 매질의 경계면에 도달할 때 일부는 반사하지만, 나머지 빛은 그 경계에서 방향을 바꾸어 다른 매질로 진행해 간다. 이 현상을 **굴절**(refraction)이라고 한다.

그림 2.5와 같이 입사광선 AO가 경계면의 점 O에 입사할 때 앞에서 설명한 바와 같이 OA'의 방향으로 반사하는 것 이외에 O에서 수선을 내린 법선 ON'(NO와 ON'은 동일 직선)과 입사광선 AO를 포함하는 평면에서 굴절광선 OB가 발생한다. 이때 $\angle N'OB= r$을 **굴절각**(angle of refraction)이라고 한다. i와 r 사이에는

$$\frac{\sin i}{\sin r} = n_{12} = \text{일정} \tag{2.7}$$

의 관계가 있다. 즉 "입사각의 사인 값과 굴절각의 사인 값의 비는 입사각의 크기와 상관없이 일정하다"라고 할 수 있다. 이것이 **굴절의 법칙**(law of refraction)이다.

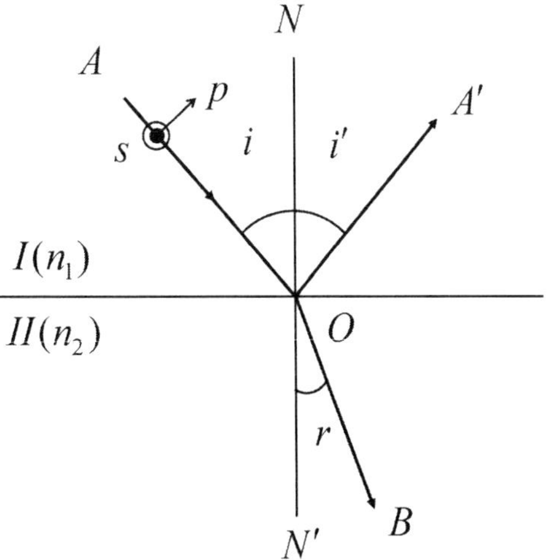

그림 2.5 굴절률이 다른 매질 경계면에서의 반사와 굴절

이 법칙은 네덜란드의 수학자 스넬(Van Roijen Willebrord Snell, 1591-1626)에 의해 확립되었기 때문에 **스넬의 법칙**으로도 부른다.

식 (2.7)의 비 n_{12}는 매질 I에 대한 매질 II의 굴절률이고, 매질 I, II의 특성에 따라 결정되는 상수로 **상대굴절률**(relative refractive index)라고 한다. 매질 I이 공기(엄밀히 말하면 진공)일 때에는 공기에 대한 매질 II의 굴절률이라고 하지 않고 **절대굴절률**(absolute refractive index)이라고 한다. 일반적으로 굴절률을 말할 때 이 절대굴절률을 의미한다.

굴절률은 물질 특유의 값이지만, 물질의 밀도나 사용하는 빛의 파장에 따라 달라진다. 표 2.1은 여러 조건에서 기체, 액체, 고체의 굴절률 값을 보여준다. 표에 있는 물질은 전부 투명하거나 등방성을 보이는 것이다.

표 2.1 대표적인 물질들의 굴절률

물질	굴절률	물질	굴절률
고체(20°C)		액체(20°C)	
다이아몬드(C)	2.419	벤젠	1.501
형석(CaF_2)	1.434	이황화탄소	1.628
용융석영(SiO_2)	1.458	사염화탄소	1.461
크라운 유리	1.52	에탄올	1.361
납유리	1.66	글리세린	1.473
얼음(H_2O)	1.309	물	1.333
폴리스틸렌	1.49	기체(0°C, 1기압)	
소금(NaCl)	1.544	공기	1.000293
지르콘	1.923	이산화탄소	1.00045
광학유리(BK-7)	1.519	헬륨	1.000036

매질 I에 대한 매질 II의 굴절률을 n_{12}, 매질 II에 대한 매질 I의 굴절률을 n_{21}이라고 하면,

$$n_{21} = \frac{\sin r}{\sin i} = \frac{1}{n_{12}} \tag{2.8}$$

이고, 따라서

$$n_{21} \bullet n_{12} = 1 \tag{2.9}$$

이다. 또한 그림 2.6과 같이 양면이 평행 평면판(parallel plane plate)을 빛이 통과할 때

$$n_{12}=\frac{\sin i}{\sin r},\ n_{21}=\frac{\sin r}{\sin i'} \tag{2.10}$$

이므로, 식 (2.9)로부터

$$i=i' \tag{2.11}$$

이다. 즉, 빛이 평행 평면판을 통과해서도 빛의 방향은 변하지 않는다는 것을 알 수 있다. 그러나 위치가 약간 어긋나는 것은 분명하다. 같은 방법으로 평행 평면판이 2장 이상 겹쳐진 그림 2.7에서도 같은 관계를 얻을 수 있어서

$$n_{12} \cdot n_{23} \cdot n_{31}=1 \tag{2.12}$$

가 성립한다. 따라서

$$n_{23}=\frac{1}{n_{12} \cdot n_{31}}=\frac{n_{13}}{n_{12}} \tag{2.13}$$

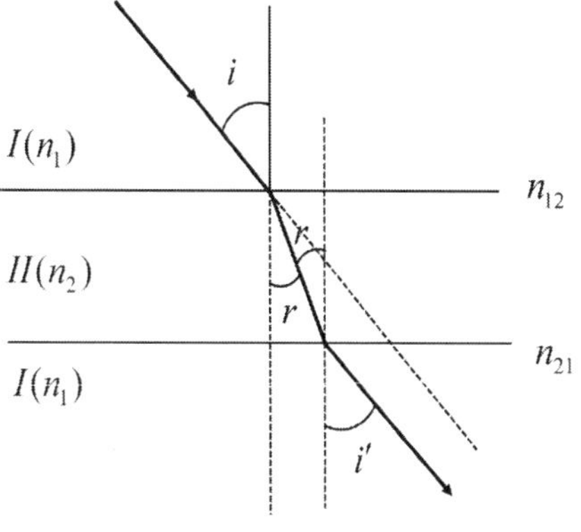

그림 2.6 평행한 평면 매질에 의한 빛의 굴절

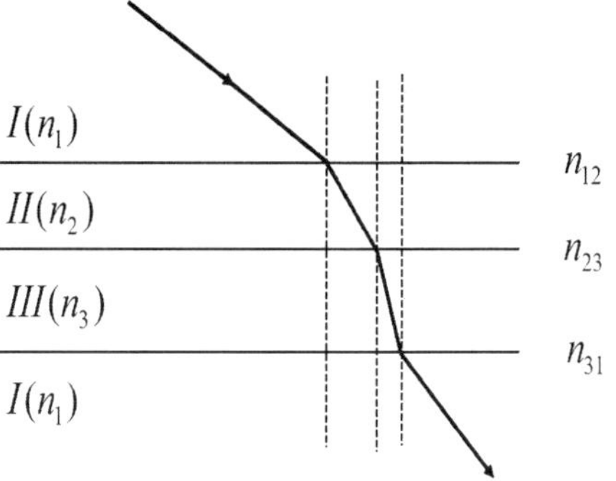

그림 2.7 2장의 평행한 평면 매질에 의한 빛의 굴절

이 된다. n_{12}, n_{13}는 매질 II와 매질 III의 절대굴절률이므로, 2개 물질의 절대굴절률로부터 2개 물질의 상대굴절률을 얻는 것이 가능하다.

굴절의 법칙에 대한 식 (2.7)은

$$\frac{\sin i}{\sin r} = \frac{n_2}{n_1} \tag{2.14}$$

으로 쓸 수 있으므로, 만약 $n_1 < n_2$라면, 임의의 $0 \le i \le \pi/2$의 값에 대해 만족하는 r의 값이 존재한다. 그러나 $n_1 > n_2$이면, r이 실수가 되지 않는 i의 범위가 존재하게 된다. 이것은 실제로 물속에서 공기 중으로 빛이 나오는 경우에 굴절 광이 존재하지 않는 현상으로, 결국 입사광은 전부 반사되는 것이다. 이것을 **전반사**(total reflection)라고 한다.

그림 2.8(a)은 굴절률이 n_1인 매질에서 n_2인 매질로 빛이 진행할 때 입사각에 따른 빛의 진행 경로를 나타낸 것이다. 그림에서 보는 것과 같이 빛은 두 매질 사이의 경계면에서 일부는 반사되고 일부는 굴절되는데 $n_1 > n_2$이므로 입사각이 커질수록 빛은 법선에서 먼 쪽으로 굴절된다. 즉 i가 커질 때 r도 커지진다. 그러나 입사각 i를 증가시킬 때 그림 2.8(b)와 같이 경계면에서 반사와 굴절이 일어나지 않고 표면을 따라서 진행하는 입사각이 존재한다.

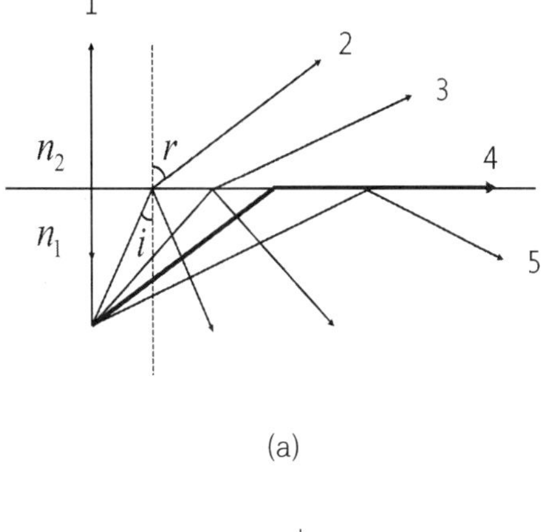

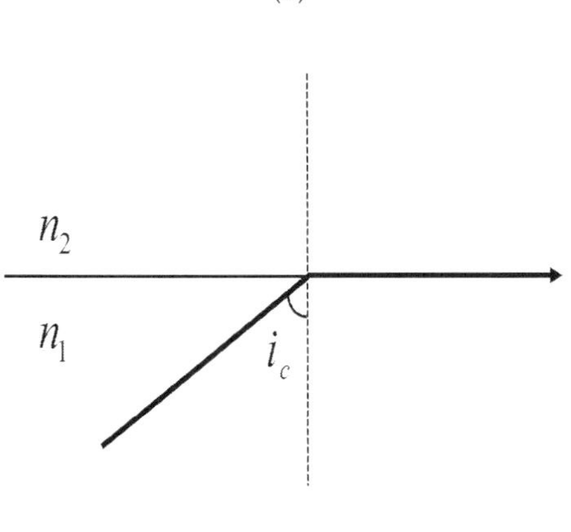

그림 2.8 (a) 입사각에 따른 반사와 굴절, (b) 입사각과 내부 전반사

이때 반사각은 $r = \pi/2$ 가 되고, 이때의 입사각을 **임계각**(critical angle of incidence) i_c라고 부르고, i_c는

$$\sin i_c = \frac{n_2}{n_1} \tag{2.15}$$

로 주어진다. $i > i_c$이면 굴절광은 없고, 전부 반사하는데 이를 **내부 전반사**(total internal reflection)라고 한다. 표 2.1에서 물(n = 1.33)의 경우 i_c = 48.8°이고, BK-7 광학유리(n = 1.519)의 경우 i_c = 41.2°이다.

2.4 광선 역행의 법칙

지금까지 설명한 법칙은 전부 실험적으로 발견한 법칙이지만, **광선 역행의 법칙**(principle of reversibility of light path)은 기하광학의 이론을 체계화하기 위하여 만들어진 원리로, 실험적으로도 확인할 수 있다. 즉, 광선의 경로에서 그 경로에 반대방향으로 빛을 보내도 빛은 원래의 경로를 역행한다. 기하광학은 이상의 4개의 기본 법칙(직진, 반사, 굴절, 역행의 법칙)으로 구성되어 있다.

2.5 페르마의 원리

서로 다른 매질의 경계면에서 반사와 굴절의 법칙이 성립하는 것을 이미 다루었다. 굴절률이 연속적으로 변화하는 경우에는 그림 2.9에서 볼 수 있듯이 광경로를 무한히 작은 구간으로 나누어서 이 법칙들을 적용할 수 있다. 페르마(Pierre de Fermat, 1601-1665)는 빛이 매질 안을 통과하는 경우 어떠한 경로를 지나가는지에 대한 기본적인 원리를 유도하였다. 즉, 매질이 그림 2.9와 같이 연속적으로 변하는 경우 매질 안을 빛이 점 A에서 점 B로 향하여 진행할 때 광경로의 작은 직선 성분을 ds, 매질의 굴절률을 n이라고 하면,

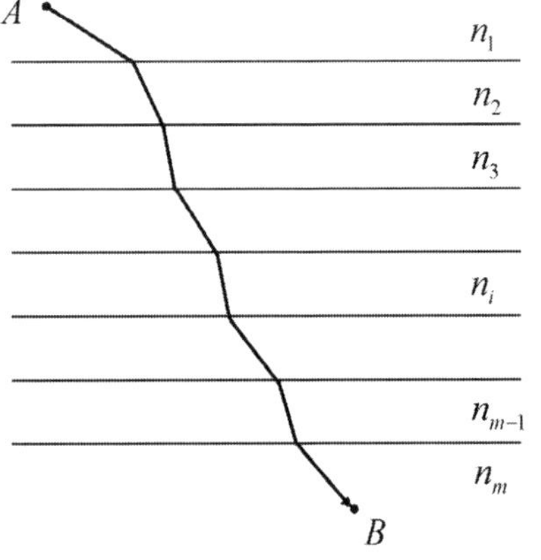

그림 2.9 불균질 매질 안에서의 빛의 전파

$$AB = \int_A^B n ds \tag{2.16}$$

가 최솟값을 갖도록 진행한다는 원리를 주장하였다. 이것이 **페르마의 원리**(Fermat's principle)이다.

진공중의 빛의 속력을 c라고 할 때 매질 안의 속력 v는 c/n이어서, ds를 통과하기 위해 필요한 시간을 dt라고 하면, 식 (2.16)은

$$AB = \int_A^B n ds = c\int_{t_1}^{t_2} dt$$

이 된다. 이때 AB는 같은 시간에 진공 안을 진행하는 거리를 나타낸다. 이것을 **광경로 길이**(optical path length)라고 한다. 페르마의 원리는 빛의 경로에 관한 법칙이므로, 이로부터 반사의 법칙과 굴절의 법칙을 유도할 수 있다. 그 예로 페르마의 원리를 이용해서 굴절의 법칙을 유도해보자.

이제 그림 2.10과 같이 굴절률이 n_1인 매질 I의 점 A에서 출발한 빛이 굴절률이 n_2인 매질 II의 경계면 위의 점 O를 지나서 점 B로 진행한다고 하자. 이때 매질 I

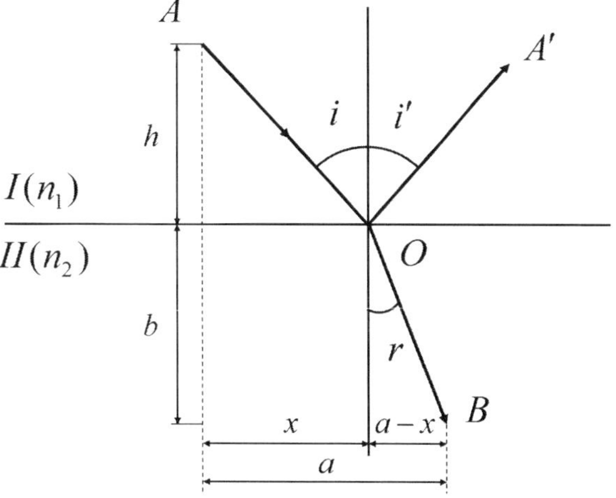

그림 2.10 굴절에 대한 페르마의 원리

과 II 안에서 빛의 속력을 v_1, v_2라고 하면, AB의 소요시간은

$$t = \frac{AO}{v_1} + \frac{OB}{v_2} \tag{2.17}$$

로 나타낼 수 있다. 그림 2.10에서 알 수 있듯이 식 (2.17)은

$$t = \frac{(h^2 + x^2)^{1/2}}{v_1} + \frac{[b^2 + (a - x)^2]^{1/2}}{v_2} \tag{2.18}$$

이 된다. $t(x)$가 극한값을 가지려면 $dt/dx = 0$ 이어야 한다. 따라서

$$\frac{dt}{dx} = \frac{x}{v_1(h^2 + x^2)^{1/2}} + \frac{-(a - x)}{v_2[b^2 + (a - x)^2]^{1/2}} = 0 \tag{2.19}$$

이다. 그림 2.10에서 $\sin i$와 $\sin r$을 구해서 식 (2.19)에 대입하면

$$\frac{\sin i}{v_1} = \frac{\sin r}{v_2} \tag{2.20}$$

이 된다. $v_1 = c/n_1$, $v_2 = c/n_2$ 이므로, 식 (2.20)은

$$n_1 \sin i = n_2 \sin r \tag{2.21}$$

이 되고, 굴절의 법칙을 유도할 수 있다.

2.6 기하광학에서 부호에 대한 약속

그림 2.11은 빛이 굴절률이 n_1인 매질에서 n_2인 매질로 진행하는 것을 보여준다.

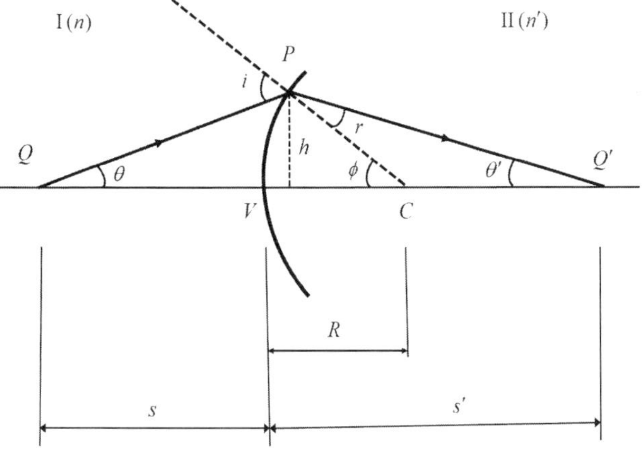

그림 2.11 구면에서 빛의 굴절

그림에서 경계면의 곡률 반지름을 R이라고 할 때, 점 Q에서 출발한 입사광선이 경계면의 한 점 P에서 굴절되어 점 Q'로 향한다. 이때 입사광선과 굴절광선이 광축과 이루는 각을 각각 θ, θ'이라고 하자. 점 P와 곡률 중심 C를 연결하는 직선과 광축이 이루는 각을 ϕ, 경계면의 정점 V에서 점 Q와 Q'까지의 거리를 s와 s', 경계면의 점 P에서 입사각과 굴절각을 i, r, 그리고 광축으로부터 P까지의 높이를 h라고 하자. s, s', R, n, n'의 관계를 구하기 전에 그림에서 부호에 대하여 다음과 같이 약속한다.

(1) 빛은 왼쪽에서 오른쪽으로 진행하고, 각 굴절면(반사면)의 정점에 원점을 둔 오른손 직각좌표계를 사용한다.
(2) s, s', f, f', R은 정점 V에서부터 측정하고, 광선의 진행 방향으로 측정하면 양(+), 반대 방향으로 측정하면 음(-)으로 한다. 여기에서 f, f'은 물체공간 및 상측공간에서의 초점거리이다.
(3) ϕ, θ, θ'은 광축으로부터 시계방향으로 돌면서 측정한 것을 (+), 반시계방향으로 돌면서 측정한 것을 (-)로 한다. 따라서 그림 2.11에서 $s < 0$, $s' > 0$, $f < 0$, $f' > 0$, $R > 0$, $\phi > 0$, $\theta < 0$, $\theta' > 0$이다.
(4) 물체 및 상의 높이는 광축 위에 있으면 (+), 아래에 있으면 (-)로 한다.
(5) 면과 면 사이의 거리는 정점을 기준으로 오른쪽이면 (+), 왼쪽이면 (-)로 한다.

(6) 굴절률은 오른쪽으로 진행하는 빛의 경우 양의 값이지만, 왼쪽으로 진행하는 빛에 대한 굴절률은 음의 값을 갖는다.

연 습 문 제

2-1 두께 2.5 cm인 유리판의 아랫면에 있는 작은 광원을 유리판 위에서 내려다본다. 이때 윗면에서 전반사한 광선 때문에 유리판의 아랫면에 지름이 7.0 cm인 원이 생긴다. 이 유리판의 굴절률을 구하라.

2-2 공기 중에 있는 굴절률이 1.52인 유리블록에 30°로 입사하는 빛의 굴절각을 구하라.

2-3 굴절률이 1.33인 물과 굴절률이 1.50인 유리가 경계면을 이루고 있다. 물속에서 이 경계면에 45°로 입사하는 빛의 굴절각을 구하라. 그리고 굴절된 빛의 반대 방향으로 빛이 경계면에 입사한다면 θ_t = 45°임을 보여라.

2-4 진공 중에서 파장 600 nm인 빛이 굴절률이 1.50인 유리블록으로 입사한다.
(1) 유리 안에서 빛의 파장을 구하라.
(2) 유리 안에 있는 관찰자에게 무슨 색으로 보일까?

2-5 레이저 빔이 50°의 경사각으로 공기와 액체의 경계면으로 들어간다. 굴절 광선이 40°로 투과할 때 이 액체의 굴절률을 구하라.

2-6 매우 좁은 백색광의 광속이 공기 중에서 두께가 10.0 cm인 유리판에 60.0°의 각도로 입사한다. 빨간색 빛에 대한 굴절률은 1.505이고, 보라색 빛에 대해서는 1.545이다. 유리판에서의 근사적인 지름을 구하라.

2-7 빛이 공기와 유리의 경계면으로 공기 쪽에서 입사한다. 유리의 굴절률이 1.70일 때 굴절각이 $\theta_i/2$가 되는 입사각을 구하라.

2-8 굴절률이 1.33인 물로 가득한 깊이 1.50 m의 물탱크의 바닥에 동전을 한 개 놓았다. 굴절률이 1.50이고, 두께가 10.0 cm인 벤젠 층이 물 위쪽에 떠있다. 거의 수직으로 이들을 내려다볼 때 동전은 가장 위 부분의 표면으로부터 얼마나 아래쪽으로 보일까?

2-9 페르마의 원리를 이용해서 반사의 법칙을 유도하라.

2-10 빛이 공기 중에서 굴절률이 1.5인 유리판으로 수직하게 입사할 때 반사율을 구하라.

2-11 굴절률이 1.5인 유리와 공기의 경계면에서 전반사가 일어나는 임계각을 구하라.

2-12 굴절률이 2.417인 다이아몬드의 경우 내부 전반사를 하는 임계각을 구하라.

2-13 굴절률을 모르는 투명한 물질 조각을 사용할 경우 이 물질 내부에서 빛이 48.0°의 각도로 공기와 물질 조각의 경계면에서 내부 전반사한다. 이 물질의 굴절률을 구하라.

2-14 굴절률이 1.55인 유리 조각을 굴절률이 1.33의 물로 덮었다. 빛이 유리를 지나갈 때 경계면에서의 임계각을 구하라.

2-15 책의 글씨를 굴절률 1.8인 유리판을 통해서 본다. 맨눈으로 보는 경우에 비하여 4 mm 가깝게 보인다면 유리판의 두께는 얼마인가?

2-16 지는 해는 물(굴절률 1.33) 속에 있는 관찰자에게 얼마의 높이로 나타날까?

2-17 굴절률이 1.5396인 유리에서 물(굴절률 1.33)로 진행하는 빛의 최소 전반사각을 구하라.

2-18 45°의 각도로 입사한 광선이 굴절률이 1.5인 유리의 밑면에서 반사된 후 돌아왔을 때 두 광선 사이의 거리를 구하라.

거울

거울은 빛을 반사시켜서 빛의 진행 방향을 바꾸어주며, 실상 또는 허상을 맺는다. 거울에는 평면거울과 오목거울, 볼록거울 등의 구면거울이 많이 사용되고 있고, 경우에 따라서는 비구면거울이 사용되기도 한다.

3.1 평면거울

평면거울은 빛을 모으거나 퍼트리지 않고 초점이 없이 반사시킨다. 그림 3.1은 평면거울에서의 반사를 나타내는 그림이다. 평면거울을 통해서 물체 O를 보는 경우에 대해 생각해 보자. 광선 1과 4는 평면거울에서 반사하여 눈으로 들어오지 않지만, 광선 2와 3 사이에 있는 빛은 눈으로 들어온다. 우리는 빛은 직진한다는 것을 경험적으로 알고 있기 때문에 빛이 I에서 나오는 것처럼 보인다. 이것이 거울을 통해서 물체를 보는 원리이다. O와 I은 1대1의 대응을 보여준다. 즉, 점 I의 위치는 점 O에서 나오는 광속의 벌어진 각도에 무관하다. 이와 같은 현상을 이상적인 결상 또는 무수차라고 한다.

그림 3.1에서 평면거울 앞쪽 O에 놓인 물체까지의 거리 s를 **물체거리**(object distance)라고 한다. 물체에서 나온 광선들은 거울에서 반사되고, 반사된 광선들은 발산하지만, 사람의 눈에는 이 광선들이 마치 거울 뒤에 있는 점 I로부터 오는 것처

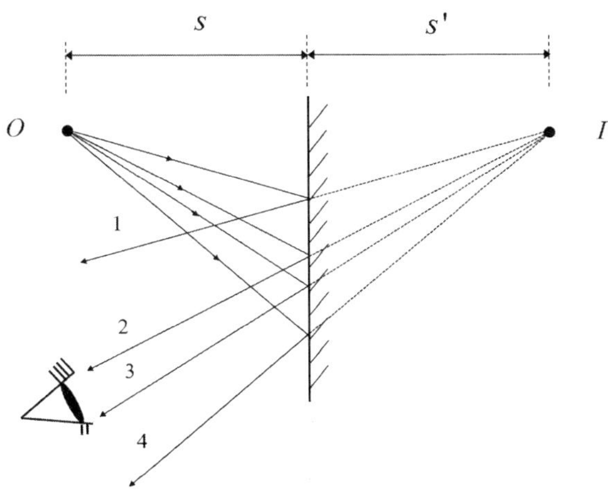

그림 3.1 평면거울에서 반사에 의한 상

럼 보인다. 점 I는 점 O에 있는 물체의 상(image)이다.

상은 어떤 계에 대해서든 언제나 이와 같은 방식에 의해 생긴다. 즉, 상은 광선들이 실제로 만나는 점이나 광선들이 나오는 것처럼 보이는 점에 생긴다. 그림 3.1에서 광선들은 거울 뒤쪽의 거리 s'인 점 I로부터 나오는 것처럼 보이는데 이 곳이 바로 상의 위치이고, s'을 **상거리**(image distance)라고 한다.

상은 실상과 허상으로 분류된다. 실상은 광선들이 상점에 모이는 경우의 상이고, 허상은 광선들이 상점에 모이는 것이 아니라 상점으로부터 나오는 것처럼 보이는 경우의 상이다. 평면거울에서 보는 상은 언제나 허상이다.

그림 3.2에 보인 간단한 기하학적 방법을 이용하여 평면거울에 의해 생기는 상의 성질을 살펴보자. 그림에서 $\triangle OQR$과 $\triangle IQR$이 합동이므로 $\overline{OQ} = \overline{IQ}$이다. 이로부터 평면거울 앞에 놓인 물체의 상은 거울 뒤쪽에 생기고 상과 거울 사이의 거리는 물체와 거울 사이의 거리와 같음을 알 수 있다.

그리고 그림 3.2에서 기하학적 방법에 의해 물체의 크기 h와 상의 크기 h'이 같다는 것을 알 수 있다. 이때 **횡배율**(lateral magnification) m을 다음과 같이 정의한다.

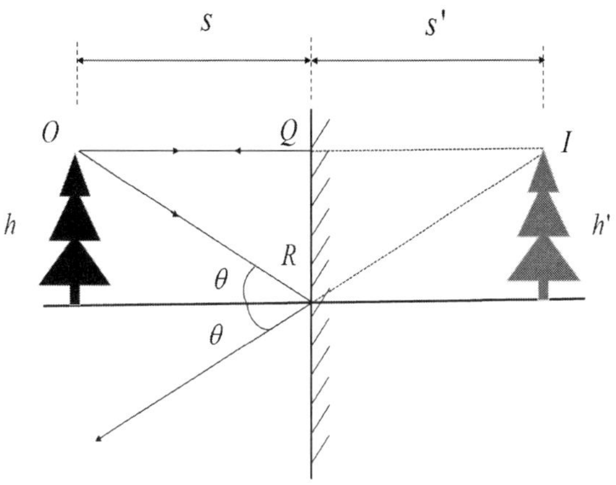

그림 3.2 평면거울 앞에 놓인 물체의 상을 찾기 위한 기하학적 방법

$$m \equiv \frac{\text{상의 크기}}{\text{물체의 크기}} = \frac{h'}{h} \tag{3.1}$$

평면거울의 경우 $h = h'$ 이므로 m = 1이다.

평면거울에 의한 상은 또 하나의 중요한 성질을 가지고 있다. 즉 앞뒤는 바뀌지만 좌우와 상하는 바뀌지 않는다. 평면거울 앞에서 오른손을 들면 상은 우리가 보는 방향과 정반대 방향을 보게 되어서 왼손을 들고 있는 것처럼 보인다.

평면거울에 의한 상은 다음과 같은 성질들을 갖는다.

- 상은 물체 뒤쪽에 생기고 거울로부터의 거리는 물체와 거울 사이의 거리와 같다.
- 상은 똑바로 선 허상으로 물체와 같은 크기를 갖는다. 즉, 횡배율은 +1이다.

이제 두 장의 거울 M_1과 M_2가 그림 3.3과 같이 α의 사이각으로 교차할 때 입사광선과 반사광선과의 **꺾임각**(deviation angle)을 δ라고 하자. 그림 3.3에서

$$\delta = 2\beta + 2\gamma \tag{3.2}$$

이고,

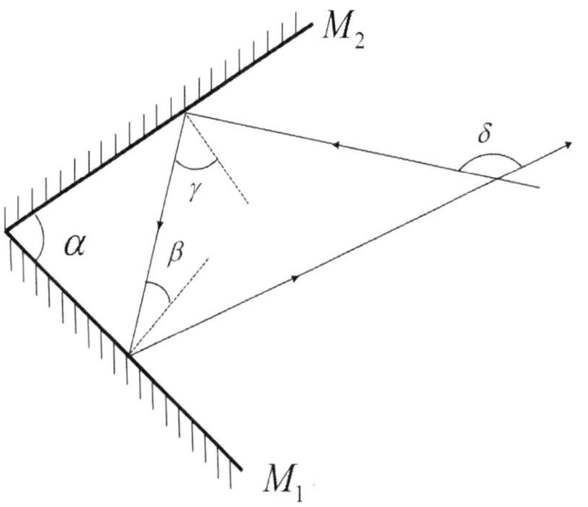

그림 3.3 두 개의 반사 거울에 의한 반사광

$$(\pi/2-\beta)+(\pi/2-\gamma)+\alpha=\pi \tag{3.3}$$

$$\beta+\gamma=\alpha \tag{3.4}$$

이므로

$$\delta=2\alpha \tag{3.5}$$

을 구할 수 있다. 즉, 입사광선과 반사광선이 이루는 꺾임각은 언제나 거울 사이각의 2배가 된다. 만약 거울 사이각 α가 90°이면, 입사각에 관계없이 꺾임각 δ는 180°가 되어서 입사광선과 반사광선은 위치의 차이가 있고, 방향은 반대가 된다.

3.2 오목거울

빛을 반사하는 면이 오목한 구면인 거울을 오목거울(concave mirror)이라고 한다. 그림 3.4는 오목거울에서의 반사를 나타내는 그림이다. 광축에 평행한 광선들은 거울의 표면에서 반사되어 광축 상의 한 점을 지난다. 이 점을 거울의 초점 F라고 하고, 초점거리 f는 거울 표면에서부터 측정한 거리이다.

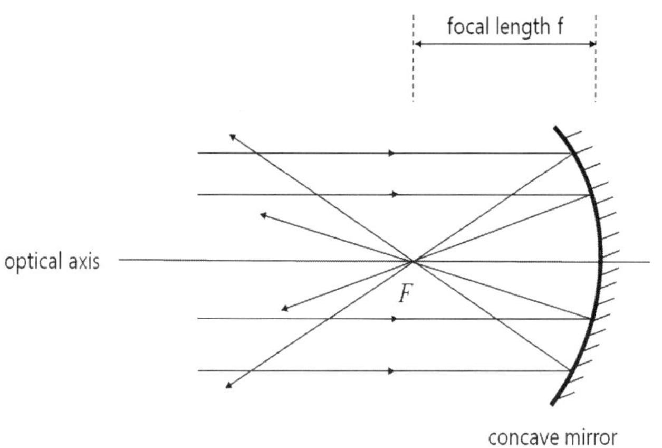

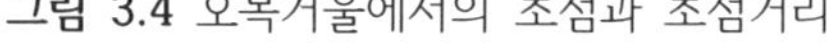

그림 3.4 오목거울에서의 초점과 초점거리

그림 3.5에서 볼 수 있듯이 거울로부터 물체까지의 거리가 초점거리보다 긴 경우 ($s > f$)를 생각해보자. 물점 O에서 나온 광선이 상점인 I에 수렴하고, 이 상은 거꾸로 된 실상이다. O로부터 나오는 모든 광선이 I에서 만나더라도 각 광선은 반사의 법칙을 따르고, 다음과 같이 세 개의 주요광선으로 상의 위치와 크기를 결정할 수 있다.

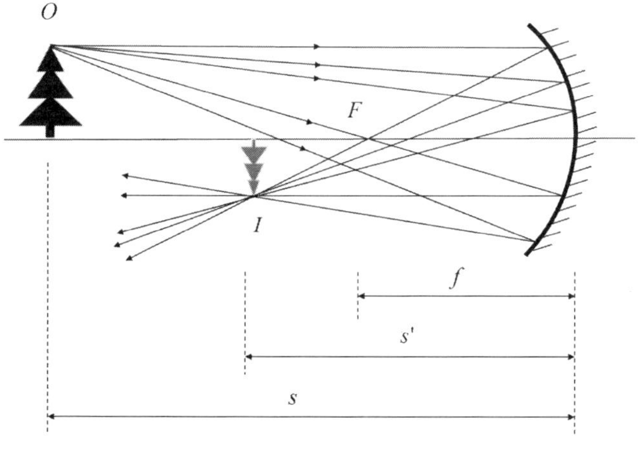

그림 3.5 오목거울에 의해 형성된 실상

- 광축에 평행하게 들어가는 광선은 초점을 지난다.
- 초점을 지나는 광선은 반사되어 광축과 평행하게 된다.
- 거울의 중심을 지나는 광선은 광축의 반대편으로 같은 각도로 반사된다.

위의 세 개 광선을 이용하면 $s < f$인 경우에도 상을 만들 수 있고, 이때의 상은 허상이고 거울 뒤에 위치한다.

그림 3.6의 기하학적 방법을 이용하면 물체거리 s와 곡률 반지름 R로부터 상거리 s'를 계산할 수 있다. 그림 3.6은 물체의 끝에서 나오는 두 개의 광선을 보여준다. 이 광선들 중 하나는 거울의 곡률 중심 C를 지나서 거울 표면에 수직으로 입사된 후 반사되어 되돌아 나온다. 두 번째 광선은 거울의 중심점 V에 입사되어 반사 법칙을 따라 그림에 보인 방향으로 반사된다. 화살표 끝의 상은 두 광선이 만나는 점에 생긴다. 광축 위의 큰 직각삼각형에서 $\tan\theta = h/s$ 이고, 광축 아래의 작은 직각삼각형에서 $\tan\theta = -h'/s'$ 이다. 이때 음(-)의 부호는 상이 뒤집힌 것으로 h'은 음수이다. 따라서 거울의 **배율**은

$$m = \frac{h'}{h} = -\frac{s'}{s} \tag{3.6}$$

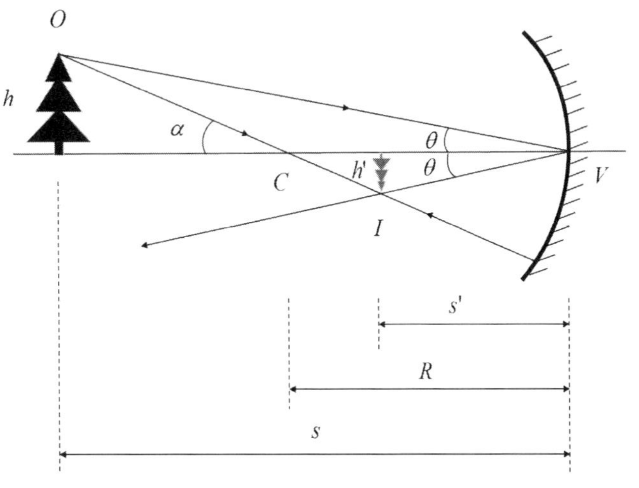

그림 3.6 물체 O가 곡률 중심 C의 밖에 있을 때 오목거울에 의해 생기는 상

이다. 그리고 다른 삼각형들로부터 $\tan\alpha = h/(s-R)$, $\tan\alpha = -h'/(R-s')$ 을 구할 수 있고, 이들로부터

$$\frac{h'}{h} = -\frac{R-s'}{s-R} \tag{3.7}$$

이 성립한다. 식 (3.6)과 (3.7)을 비교하면

$$\frac{R-s'}{s-R} = \frac{s'}{s}$$

가 되고, 이로부터 아래와 같은 **거울 방정식**(mirror equation)을 구할 수 있다.

$$\frac{1}{s} + \frac{1}{s'} = \frac{2}{R} \tag{3.8}$$

곡률 반지름이 R인 거울의 경우 초점거리 f는 $f = R/2$ 와 같아서 거울 방정식은 다음과 같이 쓸 수 있다.

$$\frac{1}{s} + \frac{1}{s'} = \frac{1}{f} \tag{3.9}$$

3.3 볼록거울

빛을 반사하는 면이 볼록한 구면인 거울을 **볼록거울**(convex mirror)이라고 한다. 그림 3.7은 볼록거울에서의 반사를 나타내는 그림이다. 실제 물체의 모든 점에서 나오는 광선들은 볼록거울에서 반사된 후 마치 거울 뒤에서 나오는 것처럼 발산되고, 이들 반사 광선은 상점에서 나오는 것처럼 보이며, 똑바로 서 있는 허상을 형성하고, 물체보다 작다.

위에서 설명한 오목거울에 대한 거울 방정식을 이용하면 볼록거울에 대한 경우에도 상의 위치를 결정할 수 있다. 그리고 오목거울과 같이 볼록거울의 횡배율은 다음

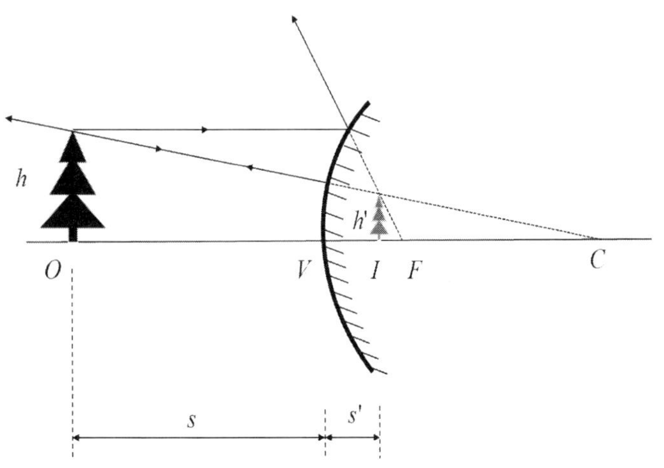

그림 3.7 볼록거울에 의한 상

과 같이 주어진다.

$$m = -\frac{s'}{s} \qquad [3.6]$$

표 3.1은 구면거울을 사용할 때 필요한 부호 규약을 정리한 것이고, 표 3.2는 구면거울에서 실물체의 위치에 따른 상의 형태, 위치, 방향 그리고 상대적인 크기를 정리한 것이다.

표 3.1 구면거울에서의 부호 규약

물리량	양(+)의 값	음(-)의 값
물체거리(s)	정점의 왼쪽에 있을 때 (실물체)	정점의 오른쪽에 있을 때 (허물체)
상거리(s')	정점의 왼쪽에 있을 때 (실상)	정점의 오른쪽에 있을 때 (허상)
곡률 반지름(R)	물체 방향으로 볼록 (볼록거울)	물체 방향으로 오목 (오목거울)
초점(f)	물체 방향으로 오목 (오목거울)	물체 방향으로 볼록 (볼록거울)
배율(m)	정립 허상	도립 실상
굴절률	반사 전 (n)	반사 후 ($n'=-n$)

표 3.2 구면거울에 의해 형성된 실물체의 상

오목거울(concave mirror)				
물체	상			
위치	형태	위치	방향	상대적 크기
$\infty > s > 2f$	실상	$f < s' < 2f$	도립	축소
$s = 2f$	실상	$s' = 2f$	도립	같음
$f < s < 2f$	실상	$\infty > s' > 2f$	도립	확대
$s = f$		$\pm\infty$		
$s < f$	허상	$\lvert s'\rvert > s$	정립	확대
볼록거울(convex mirror)				
물체	상			
위치	형태	위치	방향	상대적 크기
어디든	허상	$\lvert s'\rvert < \lvert f\rvert$	정립	축소
		$s > \lvert s'\rvert$		

3.4 포물면거울

구면거울은 물체가 거울의 곡률 중심에 있을 경우에만 점광원을 점으로 결상할 수 있다. 물론 이러한 경우는 흔하지 않다. 물체가 곡률 중심 이외의 지점에 위치한 경우에는 그림 3.8과 같이 비구면거울(aspherical mirror)을 이용하여 이상적인 상을 얻을 수 있다. 예를 들어 **포물면거울**(parabolic mirror)은 천체 망원경과 같이 물체가 무한대에 있거나 탐조등과 같이 상이 무한대에 있는 경우에 사용한다.

포물선 방정식은 정점이 원점에 있고, 초점이 좌표축 상에 있으면 그 표현식이 매우 간단해진다. 다음의 함수

$$y = x^2 \tag{3.10}$$

는 y-축을 중심으로 위로 열린 포물선을 나타낸다. 포물선을 회전시켜 그 축이 수평이 되게 하려면, x와 y를 바꾸어 쓰고, 정점은 원점에 있게 하고, 초점 f를 이용

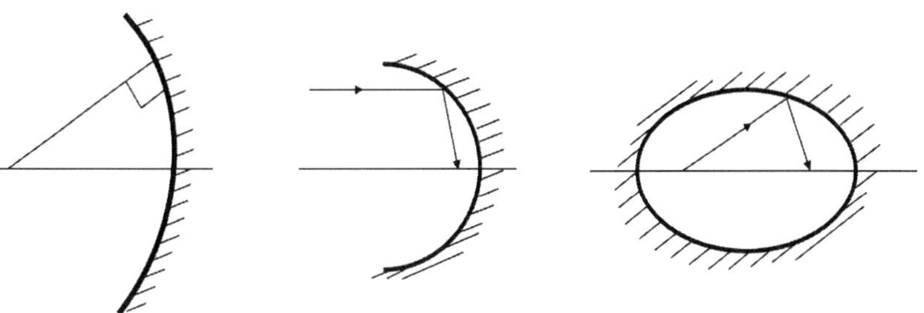

그림 3.8 구면거울, 포물면거울, 타원면거울

한 식은 다음과 같다.

$$y^2 = 4fx \tag{3.11}$$

포물면은 이 포물선을 대칭축 주위로 회전시켜 얻어지는 3차원 형태이다.

구면거울의 경우 광축에서 많이 벗어난 광선은 한 점에 모이지 않고 흩어진다. 만일 고정된 위치에서 오는 평행광선을 모아주거나 고정된 위치의 광원에서 나오는 빛을 완벽하게 평행광선으로 하고 싶다면 어떻게 해야 할까? 햇빛을 집속시켜 가열장치를 만들거나, 손전등이나 탐조등을 만들 때 이런 상황에 놓이게 된다. 그뿐만 아니라 마이크로파 통신시 파원이 고정되어 있어 이를 효과적으로 수신하거나 송신하기 위해서는 이러한 특수한 거울의 설계가 필요하게 된다.

한 점에서 나온 빛이 평행광선이 되기 위한 곡면의 조건은 반사의 법칙으로 알아낼 수도 있지만, 페르마의 원리로부터 더 쉽게 유도할 수 있다. 다음 그림을 참고하여 이 곡면이 포물선임을 확인할 수 있다. 그림 3.9는 포물면거울에서의 반사를 나타내는 그림이다. 포물면거울의 초점 F에서 나온 빛이 A_1, A_2 두 점을 통과하여 나란하게 진행하는 것을 페르마의 원리로 설명하고 있다. 즉 FA_1W_1, FA_2W_2의 경로는 포물선의 특성상 같고 따라서 빛은 두 경로를 다 따를 수 있다.

이제 포물선의 정의에 따라서 포물선의 방정식을 구해보자. 수직방향을 y-축, 수평방향을 x-축으로 삼고, 이 축과 포물선이 지나가는 교점을 원점으로 하자. 포물선의 궤적은 F점, 즉 $(-f,\ 0)$점과 $x = f$ 의 직선과의 거리가 같아서

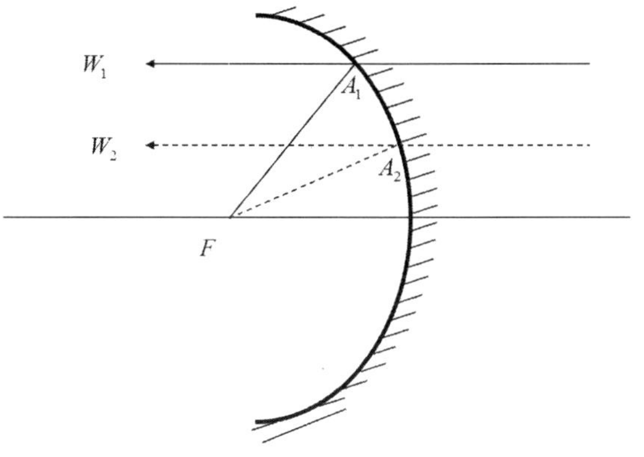

그림 3.9 포물면거울의 초점에서 나온 빛의 진행

$$(x+f)^2 + y^2 = (f-x)^2 \tag{3.12}$$

을 만족하는 지점이 된다. 이를 x와 y의 관계로 정리하면 다음의 곡선의 방정식이 나온다.

$$y^2 = -4fx \tag{3.13}$$

여기에서 오른쪽 항의 음(-)의 부호는 빛이 왼쪽에서 입사하면서 오목한 면을 만나는 상황을 말한다. f가 (-)이면 볼록한 구면으로 들어오는 빛이 더 발산할 것이다. 실제의 포물면거울은 포물선의 중심축, 즉 광축에 대해 회전시킨 회전체로 달리 정의하면 한 점과 한 평면과의 거리가 일정한 곡면이 된다. 따라서 위 그림의 화면에 수직한 방향으로 z-좌표를 도입하여 이 곡면의 방정식을 써 보면

$$y^2 + z^2 = -4fx \tag{3.14}$$

이고, 이러한 곡면을 거울 면으로 한 것이 포물면거울이다. 포물면거울은 주로 평행광을 집속하는 용도로 쓰이므로, 오목한 면이 거울 면이지만 간혹 볼록한 면을 거울 면으로 해서 평행광을 허초점 한 점에서 나가는 빛으로 변환하는데 쓰기도 한다.

3.5 거울의 구면수차

앞에서 설명한 구면거울에 대한 내용은 근축광선에 대한 것이다. 축에 가까운 평행광선 다발들이 축과 작은 각을 이루고 초점면에 또렷하게 초점을 맺기 때문에 꽤 좁게 제한된 영역에서만 스크린 위의 모든 점에서 선명한 상을 볼 수 있다. 그러나 근축영역으로 제한되지 않을 경우, 하나의 물점에서 나오는 모든 광선들은 한 점에 모이지 않고, **구면수차**(spherical aberration)라고 하는 원하지 않는 결과가 나타난다. 그림 3.10은 이러한 현상을 보여주는 것으로, 입사하는 평행광선의 높이가 높아질수록 거울에서 반사한 빛이 광축과 만나는 점이 거울에 가까워진다. 모든 광선은 **초곡면**(caustic surface)이라고 하는 둘레를 형성한다. 초점면 F에 위치한 작은 스크린을 거울 쪽으로 움직이면 원형 상점의 크기가 최소가 되는 점이 나타나는데 이것을 **최소착란원**(circle of least confusion)이라고 한다.

그림 3.11은 구면거울의 광축에 평행한 **주변광선**(marginal ray)의 결상을 나타내는 것이다. 그림 3.11에서 T로 입사하는 광선에 반사법칙을 적용하면 반사각 ϕ''은 입사각 ϕ와 같다. 이로부터 $\measuredangle TCA = \measuredangle CTX$이므로, $\overline{CX} = \overline{XT}$이다. 두 점 사이의 가장 짧은 선은 직선이므로, $\overline{CT} < \overline{CX} + \overline{XT}$이다.

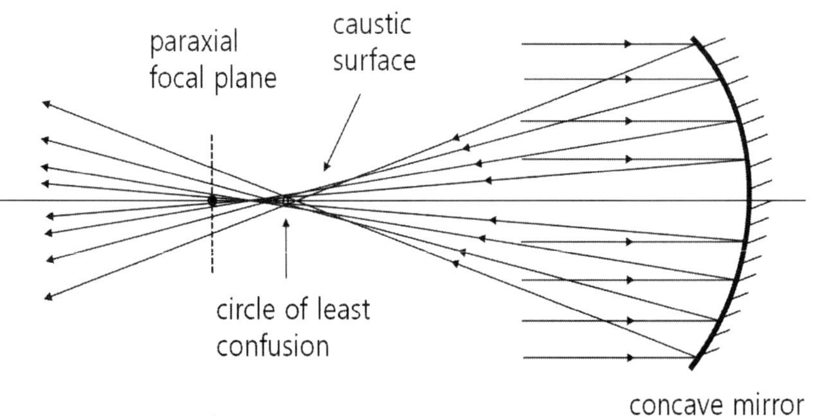

그림 3.10 구면거울의 구면수차

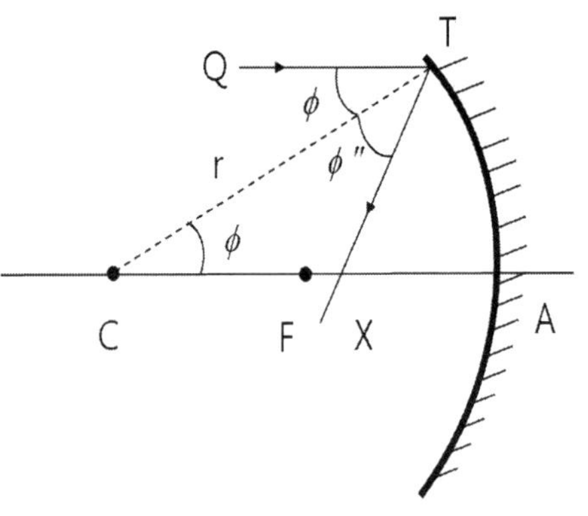

그림 3.11 구면거울에서 주변광선의 결상

한편 $\overline{CT}$는 구면거울의 곡률 반지름으로 $\overline{CA}$와 같아서 $\overline{CA} < 2\overline{CX}$ 이다. 즉, $\overline{CA}/2 < \overline{CX}$ 이다. 그림 3.11에서 T가 정점 A쪽으로 이동하면, 점 X는 초점 F로 다가가고, 결국 $\overline{CX} = \overline{XA} = \overline{FA} = \overline{CA}/2$ 가 된다. 이로부터 구면거울에서 광축과 평행한 주변광선은 초점 안쪽에서 광축과 교차하는 것을 알 수 있다.

3.6 거울의 비점수차

물점이 오목거울이나 볼록거울의 광축에서 떨어져 있을 때 **비점수차**(astigmatism)가 발생한다. 입사광선은 평행이건 아니건 관계없이 거울 축과 상당한 각도 ϕ를 이룬다. 그 결과 상이 점으로 생기는 대신 두 개의 서로 수직인 선으로 상이 형성된다. 이러한 효과를 비점수차라고 하며, 그림 3.12에 나타내었다. 이때 입사광선은 평행하지만, 반사광선은 S와 T의 두 선으로 수렴한다. 수직한 면 또는 **자오면**(tangential plane) $RASE$으로 반사되는 광선은 T에서 교차하거나 집속되는 것처럼 보인다. 반면에 수평한 면 또는 **구결면**(sagittal plane) $JAKE$로 반사되는 광선은 S에서 교차하거나 집속되는 것처럼 보인다. E에 스크린을 두고 거울 쪽으로 움직이면, 상은 S에는 수직선, L에서는 원반, T에서는 수평선이 된다.

먼 거리에 있는 물체의 T와 S 상점의 위치가 다양한 각도의 변화에 대해 결정된

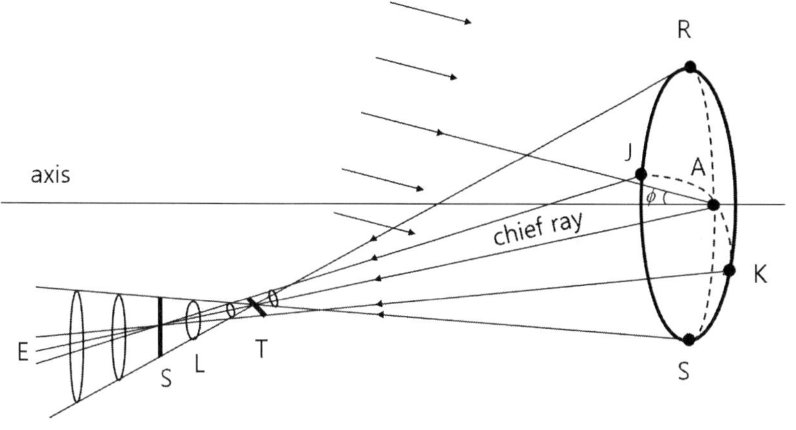

그림 3.12 구면거울에서 무한대에 있는 비축 물점에 의한 비점수차

다면, 이들 위치는 그림 3.13과 같이 각각 포물면과 평면을 형성한다. 광선의 기울기가 감소해서 광축에 가까워지면, 선모양의 상들은 근축 초점면에 접근할수록 더 가까워지고 길이도 짧아진다. 임의의 광선속에 대한 비점수차의 양은 주광선을 따라 측정한 T와 S면 사이의 거리로 주어진다.

자오상점과 구결상점의 위치에 대한 결상방정식은 각각

$$\frac{1}{s}+\frac{1}{s_T'}=-\frac{2}{r\cos\phi} \tag{3.15}$$

$$\frac{1}{s}+\frac{1}{s_S'}=-\frac{2\cos\phi}{r} \tag{3.16}$$

로 주어진다. 위의 방정식에서 물체거리 s와 상거리 s'은 주광선을 따라서 측정한다. 그림 3.13에서 각 ϕ는 주광선의 경사각이고, r은 거울의 곡률 반지름이다.

포물면거울은 큰 구경일지라도 구면수차가 없지만, 구결상점과 자오상점의 차이가 큰 비점수차를 보인다. 따라서 포물면 반사체는 천체 망원경이나 탐조등과 같이 작은 각퍼짐이 필요한 장치에만 제한적으로 사용된다.

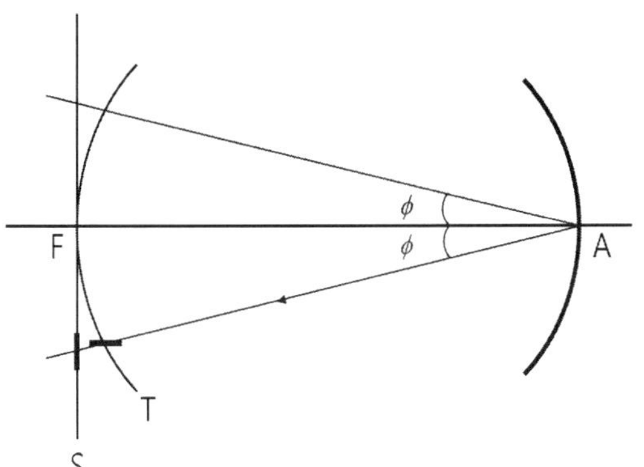

그림 3.13 오목한 구면거울에서 비점수차면

연 습 문 제

3-1 높이가 4 cm인 물체를 초점거리가 20 cm인 구면 볼록거울과 오목거울로부터 10 cm 떨어진 곳에 놓는다. 각각의 경우에 대해서 상의 위치, 크기와 상의 방향을 구하라.

3-2 키가 180 cm인 사람이 자신의 전신을 볼 수 있는 평면거울의 최소 크기를 구하라. 이 사람의 머리 위와 바닥에서 나온 광선을 그리고, 거울부터 이 사람까지의 거리에 무관하게 본인의 전체 상을 볼 수 있는 거울의 적절한 위치를 정하라.

3-3 초점거리가 20 cm인 볼록거울의 광축을 따라서 1 m의 막대기를 놓는다. 거울면에 더 가까운 막대기의 끝부분이 거울로부터 40 cm인 거리에 있다. 이 막대기의 상 크기를 구하라.

3-4 오목거울이 물체보다 2배 큰 상을 스크린에 맺는다. 그리고 물체와 스크린을 모두 움직여서 상 크기가 물체 크기보다 3배가 되게 한다. 만약 스크린을 이 과정에 따라 60 cm 움직였다면 물체는 얼마를 움직여야 하는가? 이 오목거울의 초점거리를 구하라.

3-5 매우 가느다란 레이저 빔이 수평으로 놓여있는 거울 위를 50°의 각도로 입사한다. 반사된 빔이 거울과 만나는 입사점에서 5.0 m 멀리 떨어져 있는 한 지점에 서있는 벽에 부딪힌다. 이 벽은 입사점에서 수평방향으로 얼마나 멀리 있는가?

3-6 곡률 반지름이 50 cm인 구면 볼록거울에서 100 cm 떨어져 있는 물체의 상의 위치를 구하라.

3-7 투명한 유리구슬의 뒷면을 은으로 입혀서 거울을 만들었다. 평행광선이 구슬의 첫 번째 면에서 굴절된 후 뒷면에 집속되고 이들은 다시 반사되어 왔던 길을 되돌아간다. 유리구슬의 굴절률을 구하라.

3-8 구면 오목거울에 의한 물체의 상이 100 cm 떨어진 곳에 맺힌다. 물체가 거울에서 50 cm 떨어진 곳에 있을 때 이 거울의 곡률 반지름을 구하라.

3-9 반지름이 R인 구면거울로부터 s만큼 떨어진 물체가 다음의 양만큼 확대된 상으로 나타남을 보여라.

$$M_T = \frac{R}{2s + R}$$

3-10 구면거울에서 물체의 위치 s와 상의 위치 s'이 다음과 같이 주어짐을 보여라.

$$s = f(M_T - 1)/M_L$$
$$s' = -f(M_T - 1)$$

3-11 초점거리가 20 cm인 구면 오목거울이 있다. 절반 크기의 직립상이 생기기 위한 물체의 위치, 거울의 곡률 반지름을 구하라.

3-12 곡률 반지름이 -50 cm인 구면 오목거울에서 10 cm 만큼 떨어져 있는 높이 5 cm의 물체에 대한 상의 위치와 크기를 구하라.

3-13 두 평면거울이 35°의 각을 이루고 있다. 빛이 한쪽 거울에 입사하여 다른 거울에 반사한 뒤 원래 온 길로 되돌아가기 위한 입사각을 구하라.

3-14 곡률 반지름이 20 cm인 오목거울로 실물의 4배 크기의 실상을 맺게 하려면

물체를 어디에 두어야 하는가?

3-15 물체가 오목거울의 초점과 정점 가운데 지점에 있을 때 상의 배율을 구하라.

3-16 물체가 볼록거울 초점거리의 2배 지점에 있을 때 상의 종류, 방향 및 배율을 구하라.

3-17 곡률 반지름이 40 cm인 오목거울로 물체보다 2배 떨어진 지점에 상을 맺게 하려면 물체는 어디에 있어야 할까?

3-18 곡률 반지름이 5 cm인 오목거울 앞 20 mm 지점에 물체가 있다. 상까지의 거리를 구하라.

4장 렌즈

렌즈는 빛을 수렴시키거나 발산시키는 광학부품의 하나로 단일 렌즈라도 두 개의 굴절면을 가지고 있다. 여기에서는 구면에 의한 빛의 굴절과 얇은 렌즈와 두꺼운 렌즈에 의한 결상 및 렌즈의 수차 등에 대해서 알아본다.

4.1 구면에 의한 빛의 굴절

그림 4.1과 같이 굴절률이 n과 n'인 두 개의 매질이 반지름 R인 구면으로 나누어진 경우를 생각해보자. 광축 위의 점 Q에서 나온 광선은 경계면의 점 P에서 굴절되어 Q'에서 다시 광축과 만난다. 즉, 점 Q'은 점 Q의 상이 된다는 것을 의미한다. 이와 같은 결상에 기여하는 광선들 중에서 광축 근처의 광선만으로 제한한 것을 **근축광선**(paraxial ray)이라고 한다. 이러한 결상이 근축 영역 혹은 가우스 영역의 결상이다. 이 경우 광선과 광축과 이루는 각은 매우 작다고 가정할 수 있으므로,

$$\sin\theta = \theta - \frac{\theta^3}{3!} + \frac{\theta^5}{5!} - \frac{\theta^7}{7!} + \cdots \tag{4.1}$$

$$\cos\theta = 1 - \frac{\theta^2}{2!} + \frac{\theta^4}{4!} - \frac{\theta^6}{6!} + \cdots \tag{4.2}$$

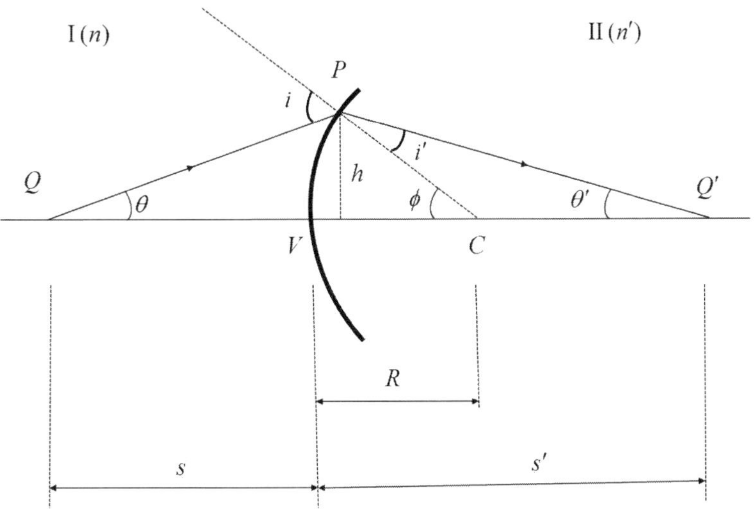

그림 4.1 단일 굴절면에 의한 결상

로 전개할 때 $\tan\theta \approx \sin\theta \approx \theta$, $\cos\theta \approx 1$ 로 근사할 수 있다.

그림 4.1에서 경계면의 곡률 중심을 C, 곡률 반지름을 R, 입사광선과 굴절광선이 광축과 이루는 각을 각각 θ, θ', 경계면의 입사점 P와 곡률 중심 C을 잇는 직선과 광축이 이루는 각을 ϕ, 굴절면의 정점 V로부터 Q, Q'까지 거리를 s, s', 그리고 P에서의 입사각과 굴절각을 i, i', 광축으로부터 P까지 높이를 h라고 하자. 이때 각 부호에 대한 약속은 2.6절에서 언급한 것과 같다.

점 P에서 굴절의 법칙을 적용하면

$$n\sin i = n'\sin i' \tag{4.3}$$

이고, 근축광선을 가정하면

$$ni = n'i' \tag{4.4}$$

이다. 그림 4.1에서

$$i = \phi - \theta, \quad i' = \phi - \theta' \tag{4.5}$$

인 관계를 이용하면

$$n(\phi - \theta) = n'(\phi - \theta') \tag{4.6}$$

이 된다. 그리고 $\sin\theta = -h/s$, $\sin\theta' = h/s'$, $\sin\phi = h/R$ 에서 각각 $\theta = -h/s$, $\theta' = h/s'$, $\phi = h/R$ 로 근사할 수 있고, 이것을 위의 식에 대입하면,

$$n\left(\frac{h}{R} + \frac{h}{s}\right) = n'\left(\frac{h}{R} - \frac{h}{s'}\right) \tag{4.7}$$

이다. 양변을 h 로 나누면

$$n\left(\frac{1}{R} + \frac{1}{s}\right) = n'\left(\frac{1}{R} - \frac{1}{s'}\right) \tag{4.8}$$

이고, 마지막으로

$$\frac{n}{s} + \frac{n'}{s'} = (n' - n)\frac{1}{R} \tag{4.9}$$

을 얻는다. 식 (4.8)의 왼쪽은 매질 I만에 의존하는 항이고, 오른쪽은 매질 II에 의해서 결정되는 항이다. 이것을 **아베의 영 불변량**(Abbe's zero invariant)라고 한다.

식 (4.9)에서 물점을 왼쪽 무한원에 두면, 즉 평행광선을 입사시키면, 그림 4.2(a)와 같이 굴절광선은 한 점 F' 에 모인다. 이것이 **상측초점**(또는 제2초점)이고, 굴절면의 정점부터 F' 까지 거리가 **상측초점거리**(또는 제2초점거리) f' 이다. 이것을 식으로 표현하면, 식 (4.9)에서 $s \rightarrow -\infty$ 일 때 $s' = f'$ 로 두면

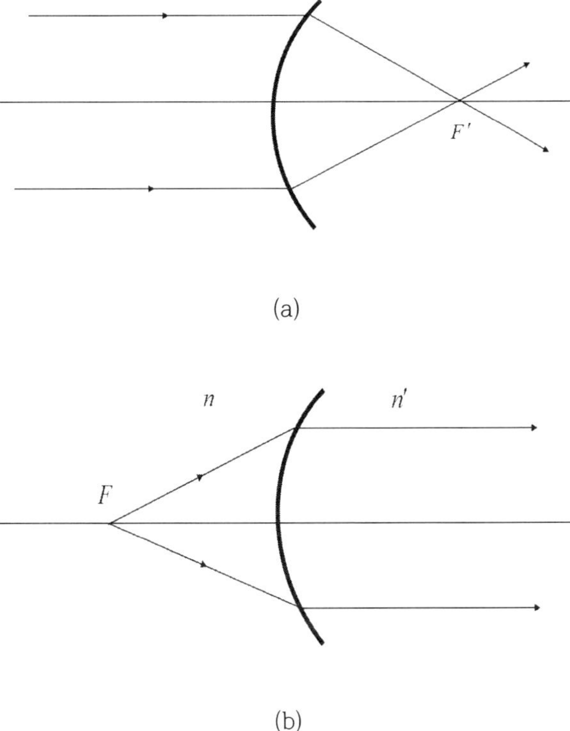

그림 4.2 구면에서의 굴절. (a) 평행광선, (b) 초점광선

$$\frac{1}{f'} = \frac{n' - n}{n'} \frac{1}{R} \tag{4.10}$$

이 된다.

이제 그림 4.2(b)와 같이 $s' \to +\infty$, 즉 상이 오른쪽 무한대로 갈 때 s를 f라 하면,

$$\frac{1}{f} = -\frac{n' - n}{n'} \frac{1}{R} \tag{4.11}$$

이 된다. 이때 f를 **제1초점거리**(또는 물측초점거리)라고 한다. 즉, **물측초점**(또는 제1초점) F의 위치에 점광원을 두면 굴절 후에 광축과 나란한 평행광선이 된다. 일반적으로 물측공간의 초점거리와 상측공간의 초점거리는 같지 않다($|f| \neq |f'|$).

이들의 관계를 이용해서 식 (4.9)를 고쳐 쓰면

$$\frac{n}{n'}\frac{1}{s}+\frac{1}{s'}=\frac{1}{f'} \tag{4.12}$$

$$\frac{1}{s}+\frac{n}{n'}\frac{1}{s'}+=-\frac{1}{f} \tag{4.13}$$

가 된다.

4.2 얇은 렌즈

4.2.1 얇은 렌즈에 의한 결상

렌즈라는 단어는 프랑스어의 '납작한 콩'에서 유래되었다고 알려져 있고, 4.1절에서 설명한 굴절면이 앞과 뒤로 연속해서 있다. 굴절면 사이의 거리가 짧아서 그 두께를 무시할 수 있는 경우에 얇은 렌즈로 취급한다. 아베의 불변량으로부터 얇은 렌즈의 결상식을 구해보자.

그림 4.3과 같이 렌즈의 굴절률을 n, 주변 매질의 굴절률을 n'라고 하자. 첫 번째 굴절면에 의한 Q_1의 굴절상을 Q_1'이라고 하면, 첫 번째 굴절면에 의한 결상은 식 (4.9)를 이용하면

$$\frac{n'}{s_1}+\frac{n}{s_1'}=\frac{(n-n')}{R_1} \tag{4.14}$$

이 된다. 여기에서 s_1, s_1'은 굴절면의 정점 V로부터 측정한 광축상의 거리, R_1은 첫 번째 굴절면의 곡률 반지름이다. 실제로는 두 번째 굴절면이 있기 때문에 Q_1'에 모이는 빛은 두 번째 굴절면에서 굴절되어 Q_2'으로 향한다. 즉, $Q_2(Q_1')$의 물점의 상이 두 번째 굴절면에 의해 Q_2'가 된다. 따라서 두 번째 굴절면에 식 (4.9)를 적용하면,

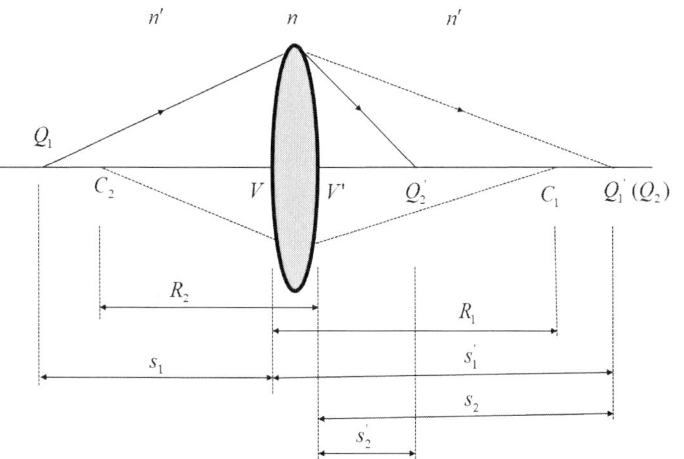

그림 4.3 얇은 렌즈의 물점과 상점 사이의 관계

$$\frac{n}{s_2} + \frac{n'}{s_2'} = \frac{(n' - n)}{R_2} \tag{4.15}$$

가 된다. 여기에서 s_2, s_2'은 정점 V'으로부터 측정한 거리이고, R_2는 두 번째 굴절면의 곡률 반지름이다. 이제 $\overline{VV'} = d$라고 할 때 s_1, s_1', s_2, s_2' 등의 모든 값에 비해 d가 충분히 작다면, $s_2 = -s_1'$로 둘 수 있기 때문에 $s_1 = s$, $s_2' = s'$으로 두면, 식 (4.14)와 (4.15)로부터

$$\frac{n}{s} + \frac{n'}{s'} = (n - n')\left(\frac{1}{R_1} - \frac{1}{R_2}\right) \tag{4.16}$$

을 유도할 수 있다. 이때 렌즈 주변의 매질이 공기(n'=1)인 경우 식 (4.16)은

$$\frac{1}{s} + \frac{1}{s'} = (n - 1)\left(\frac{1}{R_1} - \frac{1}{R_2}\right) \tag{4.17}$$

이 되고, 이것을 **얇은 렌즈 방정식**(thin lens equation) 또는 **렌즈 제작자 공식**(lens maker's formula)이라고 한다.

앞에서 설명한 것과 같이 식 (4.17)에서 물측공간과 상측공간의 초점거리를 구해 보자. 이제 그림 4.4(a)와 같이 물체가 무한대에 있을 경우($s \to -\infty$), $s' = f'$ 으로 두면

$$\frac{1}{f'} = (n-1)\left(\frac{1}{R_1} - \frac{1}{R_2}\right) \tag{4.18}$$

가 된다. 그리고 그림 4.4(b)와 같이 물체가 물측초점에 있을 경우($s = f$) 상은 무한대에 맺히고,

$$-\frac{1}{f} = (n-1)\left(\frac{1}{R_1} - \frac{1}{R_2}\right) \tag{4.19}$$

이 된다. 식 (4.18)과 (4.19)에서 f와 f'는 각각 물측초점거리와 상측초점거리이고, 렌즈의 초점거리는 렌즈 재료의 굴절률, 굴절면의 곡률 반지름에 의해 결정된다. 그

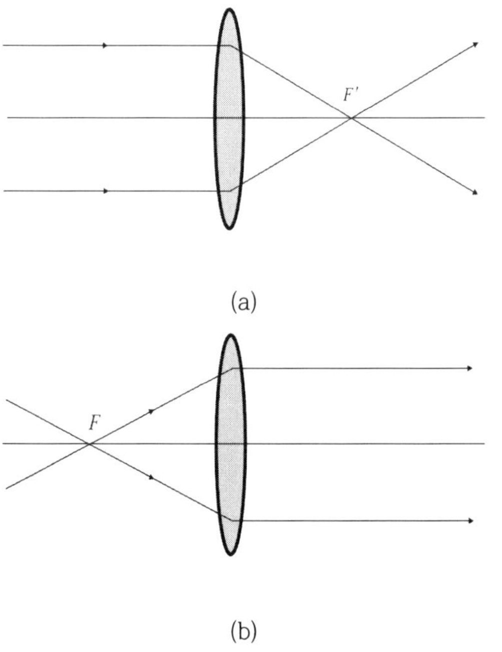

그림 4.4 얇은 렌즈에서 (a) 평행광선과 상측초점, (b) 초점광선과 물측초점

리고 식 (4.18)과 식 (4.19)를 이용하면 식 (4.17)을 다음과 같이 고쳐 쓸 수 있다.

$$\frac{1}{s}+\frac{1}{s'}=\frac{1}{f'}=-\frac{1}{f} \tag{4.20}$$

이 식이 유명한 **가우스 렌즈 공식**(Gauss lens formula)이다.

그림 4.5는 근축 영역에서 물점과 상점의 관계를 작도법으로 구하는 과정을 보여준다. 그림에서 1번 광선은 광축과 평행하게 얇은 렌즈로 입사하여 상측초점을 지나고, 2번 광선은 렌즈의 중심을 지나며 굴절되지 않는다. 3번 광선은 물측초점을 지나서 얇은 렌즈로 입사하여 광축과 평행하게 굴절된다. 이 세 가지 광선들이 만나는 곳이 상이 맺히는 지점이다.

그림 4.5에서 물체와 상의 높이를 y와 y'이라고 할 때 $m=y'/y$를 **횡배율**(lateral magnification)이라고 한다. 그림 4.5에서 m은 다음과 같이 표현할 수 있다.

$$m=\frac{y'}{y}=-\frac{s'}{s} \tag{4.21}$$

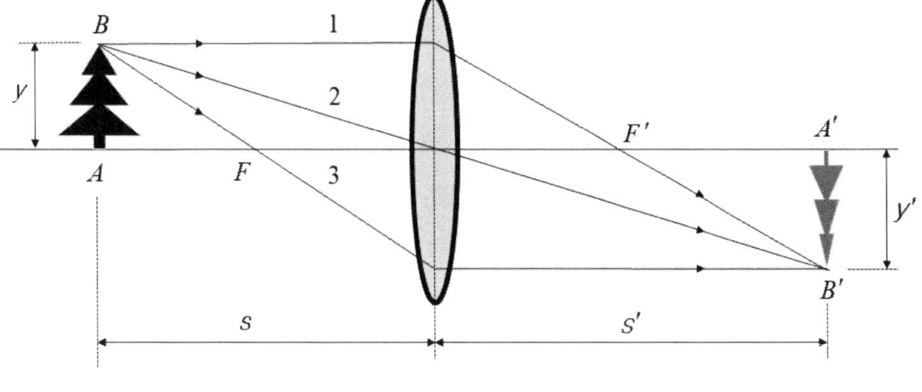

그림 4.5 얇은 렌즈에서 물점과 상점의 관계를 구하는 작도법

이때 앞에서 부호의 약속에 대하여 설명한 것과 같이 물체와 상의 높이는 광축의 위쪽을 양(+), 광축 아래쪽을 음(-)으로 한다. $m>0$이면 똑바로 서있는 상, $m<0$이면 거꾸로 서있는 상이다. 표 4.1은 렌즈와 거울의 결상에 대한 식들을 사용하기 편리하도록 정리한 것이다.

표 4.1 거울과 렌즈의 결상에 대한 식의 정리

	구면	평면
반사	$\frac{1}{s}+\frac{1}{s'}=\frac{1}{f}$, $f=-\frac{R}{2}$ $m=-\frac{s'}{s}$ 오목거울: $f>0$, $R<0$ 볼록거울: $f<0$, $R>0$	$s'=-s$ $m=+1$
단일 굴절면	$\frac{n'}{s'}-\frac{n}{s}=\frac{n'-n}{R}$ $m=-\frac{ns'}{n's}$ 오목면: $R<0$ 볼록면: $R>0$	$s'=-\frac{n'}{n}s$ $m=+1$
얇은 렌즈	$\frac{1}{s}+\frac{1}{s'}=\frac{1}{f'}=-\frac{1}{f}$ $\frac{1}{f'}=(n-n')\left(\frac{1}{R_1}-\frac{1}{R_2}\right)$ $m=-\frac{s'}{s}$ 오목렌즈: $f<0$ 볼록렌즈: $f>0$	

4.2.2 얇은 렌즈의 조합

초점거리가 f_1, f_2, f_3, …인 여러 개의 얇은 단일 렌즈가 붙어 있다고 하자. 이때 얇은 렌즈들로 이루어진 복합렌즈의 초점거리 f는 각각의 얇은 렌즈들의 초점

거리인 f_1, f_2, f_3, ⋯로부터 구할 수 있다. 예를 들어 두 개의 얇은 렌즈가 붙어 있을 경우, 식 (4.20)을 참고로 하면

$$\frac{1}{s_1}+\frac{1}{s_1{}'}=\frac{1}{f_1{}'} \tag{4.22}$$

$$\frac{1}{s_2}+\frac{1}{s_2{}'}=\frac{1}{f_2{}'} \tag{4.23}$$

이다. 이때 첫 번째 렌즈에 대한 상거리는 두 번째 렌즈에 대한 물체거리이므로

$$s_2=-s_1{}' \tag{4.24}$$

이다. (4.24)를 이용하여 식 (4.22)와 (4.23)을 더하면

$$\frac{1}{s_1}+\frac{1}{s_2{}'}=\frac{1}{f_1{}'}+\frac{1}{f_2{}'}=\frac{1}{f'} \tag{4.25}$$

가 된다. 따라서 각 렌즈의 초점거리의 역수를 더하면, 두 렌즈의 조합으로 이루어진 렌즈계의 유효 초점거리의 역수가 된다. 이러한 사실을 일반화하면 여러 개의 얇은 렌즈가 붙어 있을 때의 유효 초점거리는

$$\frac{1}{f'}=\frac{1}{f_1{}'}+\frac{1}{f_2{}'}+\frac{1}{f_3{}'}+\cdots \tag{4.26}$$

로 주어진다.

한편 두 개의 얇은 렌즈가 붙어 있지 않고, 거리 d 만큼 떨어져 있을 경우 **유효 초점거리**(effective focal length)는

$$\frac{1}{f'}=\frac{1}{f_1{}'}+\frac{1}{f_2{}'}-\frac{d}{f_1{}'f_2{}'} \tag{4.27}$$

가 된다.

4.2.3 뉴턴의 결상식

그림 4.6은 물측초점 F과 상측초점 F'를 원점으로 해서 직각좌표계로 표현한 것이다. 이때

$$s = f + x \tag{4.28}$$

$$s' = f' + x' \tag{4.29}$$

이다. 한편 $f = -f'$ 이므로 식 (4.20)은

$$xx' = ff' \tag{4.30}$$

로 바꾸어 쓸 수 있다. 이것을 **뉴턴의 결상식**(Newton's equation)이라고 한다. 이때 횡배율은

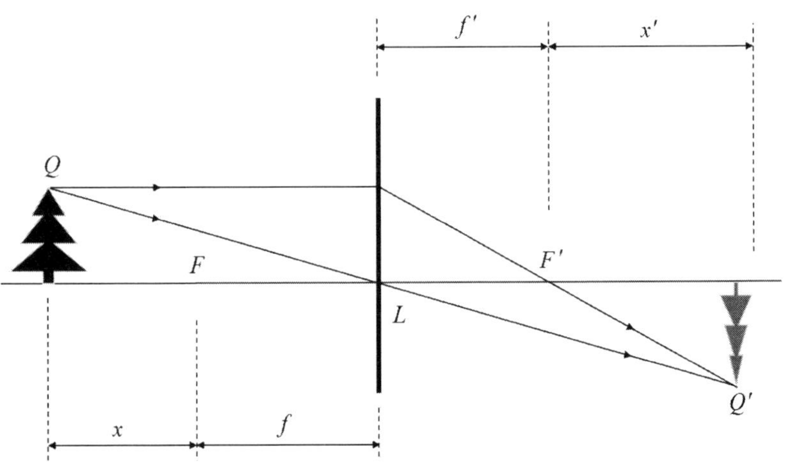

그림 4.6 뉴턴의 결상식을 구하기 위한 좌표계

$$m = \frac{y'}{y} = \frac{x' + f'}{x + f} = -\frac{f}{x} = -\frac{x'}{f'} \tag{4.31}$$

로 나타낼 수 있다.

4.3 두꺼운 렌즈

4.2절에서는 렌즈의 두께를 무시할 수 있는 경우에 대하여 설명하였지만, 여기에서는 두께를 무시할 수 없는 경우에 대하여 생각해보자. 간단히 하기 위하여 두께가 d인 렌즈가 공기 중에 있을 때 그림 4.7과 같이 s_1, s_1', s_2, s_2', R_1, R_2를 두고, f_1, f_1', f_2, f_2'을 각각 첫 번째 면 및 두 번째 면의 물측초점거리 및 상측초점거리라고 하자. 이제 물점 Q_1의 첫 번째 면에 의한 상을 Q_1'이라 하고, 식 (4.14)를 이용하면

$$\frac{1}{s_1} + \frac{n}{s_1'} = (n-1)\frac{1}{R_1} = \frac{n}{f_1'} \tag{4.32}$$

이 성립한다. 같은 방법으로 두 번째 굴절면에서 물점 $Q_1'(= Q_2)$과 상점 Q_2' 사이에는

$$\frac{n}{s_2} + \frac{1}{s_2'} = (1-n)\frac{1}{R_2} = \frac{1}{f_2'} - \frac{n}{f_2} \tag{4.33}$$

가 성립한다. 이때

$$s_2 = s_1' - d \tag{4.34}$$

이므로, s_1과 s_2'의 관계를 구하면 물점과 상점 사이의 관계를 구할 수 있다.

따라서 렌즈계의 물측초점 F 및 상측초점 F'을 구하는 과정은 다음과 같이 설명할 수 있다.

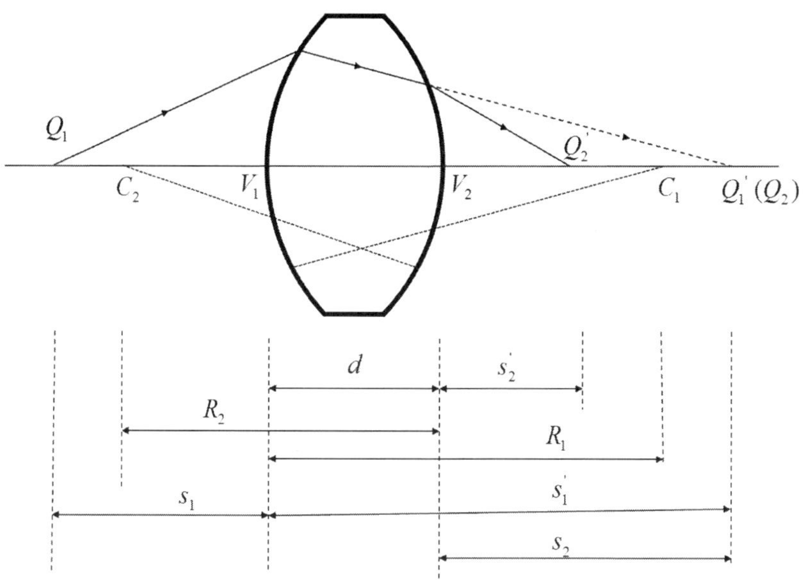

그림 4.7 두꺼운 렌즈에서 물점과 상점과의 관계

$s_1 \to -\infty$ 일 때, $s_2' = V_2F'$ 가 되면

$$V_2F' = s_2' = -\frac{1}{n}\frac{f_2(f_1' - d)}{f_1' - f_2 - d} \tag{4.35}$$

이고, $s_2' \to +\infty$ 일 때, $s_1 = V_1F$가 되면

$$V_1F = s_1 = \frac{1}{n}\frac{f_1'(f_2 + d)}{f_1' - f_2 - d} \tag{4.36}$$

가 된다. 위의 식 (4.35)와 (4.36)은 정점 V_1, V_2부터 측정한 각각의 초점까지의 거리를 나타낸다.

그림 4.8과 같이 광축에 평행한 광선이 첫 번째 굴절면 위의 점 A_1에서 렌즈로 입사해서 굴절한 후 첫 번째 굴절면의 상측초점 F_1'을 향하고, 두 번째 굴절면 위의 점 A_2에서 다시 굴절되고, 렌즈의 전체 상측초점인 F'로 향한다. 이제 입사광선의

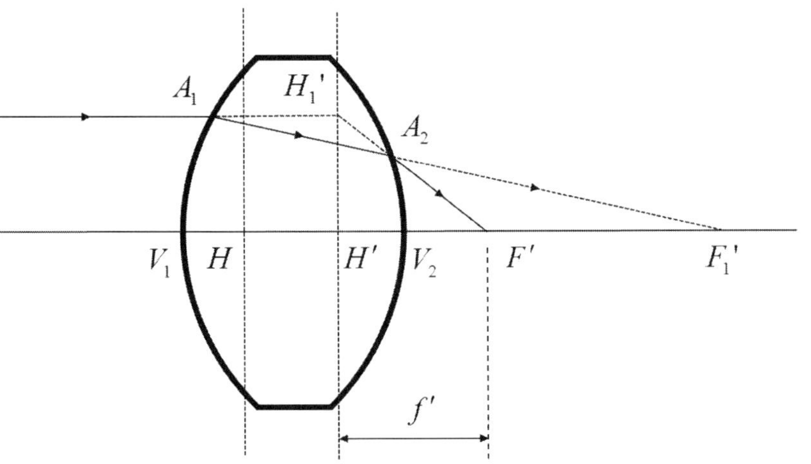

그림 4.8 두꺼운 렌즈의 초점 및 주요면을 결정하는 방법

연장선과 $F'A_2$의 연장선이 만나는 점 H_1'부터 광축에 수선을 그릴 때 광축과 만나는 점을 H'라고 하자. 이때 H'을 렌즈의 **상측주점**(또는 제2주점), H'을 포함한 광축에 수직한 평면을 **상측주요면**(또는 제2주요면)이라고 하고, $H'F'$을 **상측초점거리**(또는 제2초점거리)로 정한다.

근축광선에 의한 결상을 고려하면, 그림 4.8의 기하학적 관계로부터

$$\frac{V_2F'}{H'F'} = \frac{V_2A_2}{H'H_1'} = \frac{V_2A_2}{V_1A_1} = \frac{V_2F_1'}{V_1F_1'} = \frac{f_1' - d}{f_1'} \tag{4.37}$$

를 구할 수 있다. 이로부터 상측초점거리는 $f' = H'F'$이므로,

$$f' = \frac{f_1'}{f_1' - d} V_2F' = -\frac{1}{n}\frac{f_1'f_2}{f_1' - f_2 - d} \tag{4.38}$$

로 표현할 수 있다. 따라서

$$\frac{1}{f'} = -n\left(-\frac{1}{f_1'} + \frac{1}{f_2} - \frac{d}{f_1'f_2}\right) \tag{4.39}$$

이고, 식 (4.32)와 (4.33)으로부터

$$\frac{1}{f'} = (n-1)\left(\frac{1}{R_1} - \frac{1}{R_2}\right) + \frac{(n-1)^2}{n}\frac{d}{R_1 R_2} \tag{4.40}$$

를 구할 수 있다. 같은 방법으로 렌즈의 **물측주점**(또는 제1주점) H와 H를 포함한 광축에 수직한 평면인 **물측주요면**(또는 제1주요면) 및 **물측초점거리**(제1초점거리)를 구할 수 있다. 물측초점거리는 $f = HF$이므로

$$\frac{1}{f} = -\frac{1}{f'} = n\left(-\frac{1}{f_1'} + \frac{1}{f_2} - \frac{d}{f_1' f_2}\right) \tag{4.41}$$

가 된다. 얇은 렌즈의 경우와 같이 $f' > 0$이면 볼록렌즈, $f' < 0$이면 오목렌즈에 해당한다.

그림 4.9는 여러 가지 모양의 두꺼운 렌즈에 대한 주요면의 위치를 보여준다. 그림과 같이 주요면은 반드시 렌즈의 내부에 있는 것은 아니다. 얇은 렌즈의 경우 H와 H'은 일치한다.

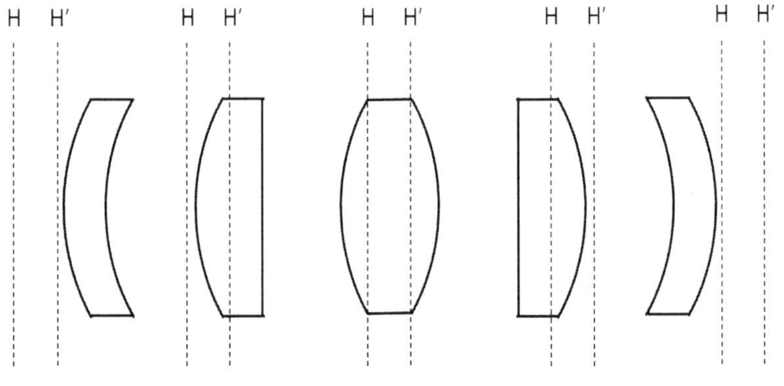

그림 4.9 여러 가지 두꺼운 렌즈 모양에 따른 주요면의 위치

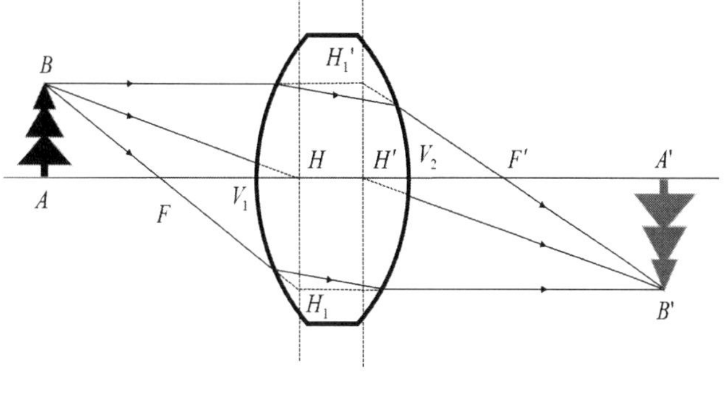

그림 4.10 두꺼운 렌즈에서 물점과 상점의 관계를 구하는 작도법

그림 4.10는 두꺼운 렌즈에서 물체와 상의 관계를 작도법으로 구하는 방법을 보여주는 것으로 과정은 아래와 같다. 이 세 가지 광선들이 만나는 곳이 상이 맺히는 지점이다.

(1) 물점 B에서 출발해서 광축에 평행한 광선이 상측주요면과 만나는 점을 H_1'이라고 할 때, H_1'과 상측초점 F'을 연결하는 직선을 연장해서 렌즈를 빠져나오는 광선의 경로를 그린다.
(2) B를 출발해서 물측초점 F를 지나는 광선과 물측주요면이 만나는 점을 H_1이라고 할 때, H_1을 통과하여 광축과 평행한 직선을 그려서 렌즈를 빠져나오는 광선의 경로를 그린다.
(3) B를 출발해서 물측주점 H를 향하는 광선은 광축을 따라 진행한 후 상측주점 H'과 만난 후 입사광선과 평행한 방향으로 렌즈를 빠져나오는 광선의 경로를 그린다.

4.4 구면렌즈의 수차

근축 영역 안에 있는 물점과 상점을 다룰 경우 광축 근처만을 지나기 때문에 이상적인 결상에 대해서만 논할 수 있지만, 실제 광학계에서의 결상은 광선이 근축 영역에 대한 것뿐이 아니기 때문에 이상적인 결상과 차이가 발생하고, 이것을 **수차**

(aberration)라고 한다. 수차의 종류에는 단색성 수차인 구면수차, 코마수차, 비점수차, 상면만곡, 왜곡수차 이외에 두 개 이상의 파장을 포함하는 빛에 의해 발생하는 색수차가 있다.

4.4.1 구면수차

그림 4.11에 나타낸 것과 같이 광축 위의 물체에서 나온 광선들 중에서 광축과 먼 쪽에서 입사하는 광선은 근축상점과 다른 점에 모인다. 광축에서 멀리 떨어진 광선은 광축과 가까운 광선보다 렌즈에서 가까운 곳에 모인다. 따라서 근축상점에 스크린을 두면 상점이 아닌 작은 원형의 흐린 상이 얻어진다. 이것을 **종구면수차**(longitudinal spherical aberration)라고 한다. 그림 4.11과 같이 렌즈에 평행광이 들어갈 때 입사 높이가 h인 광선이 광축과 만나는 위치를 그린 것이 구면수차 곡선으로, 구면수차의 크기를 나타낸다.

종구면수차 이외에 **횡구면수차**(transverse spherical aberration)가 있다. 그림 4.12와 같이 횡구면수차는 **주변광선**(marginal ray)이 근축 초점면과 만나는 점에서 광축까지의 거리로 정의된다. 횡구면수차는 상면에서 측정하기 때문에 상의 흐려짐을 측정하는데 종수차보다 더 의미가 있다. 스크린의 위치를 변화시킬 때 상의 단면적이 최소가 되는 경우를 **최소착란원**(circle of least confusion)이라고 한다. 엄밀하게 말하면 최소착란원과 근축 상점은 반드시 일치하지는 않는다.

초점거리를 일정하게 한 상태로 렌즈의 모양을 변화시킬 수 있다. 이 경우 동시에 구면수차도 변화한다. 단일 구면렌즈로는 구면수차를 완벽하게 제거하는 것은 불가능하지만 최소한으로 작게 할 수 있다. 볼록렌즈와 오목렌즈의 구면수차는 각각 반대 방향으로 생기기 때문에 렌즈의 모양을 변화시키고 적당한 위치에 두면 수차를

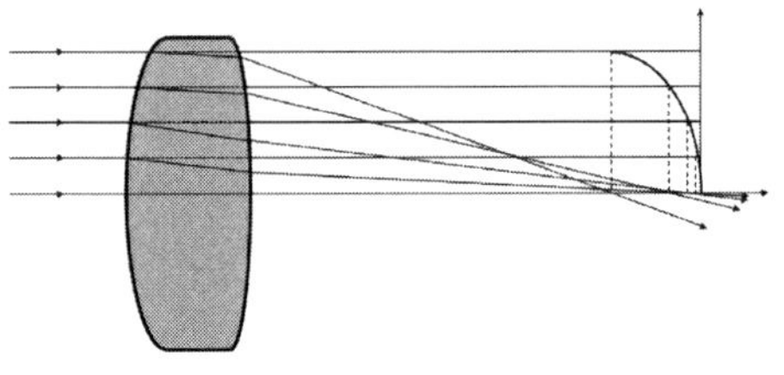

그림 4.11 렌즈의 구면수차

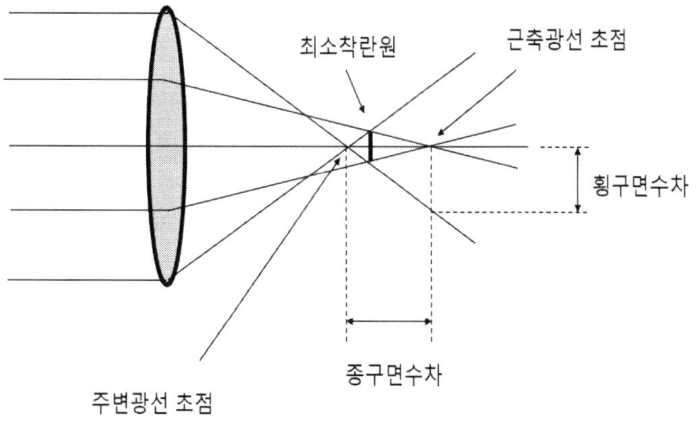

그림 4.12 종구면수차와 횡구면수차

최소화 또는 상쇄시킬 수 있다.

구면수차가 최소가 되는 조건을 찾기 위해서 첫 번째 렌즈의 모양에 의해 결정되는 **코딩턴 형태인자**(Coddington shape factor) q를 고려해야 한다.

$$q = \frac{R_2 + R_1}{R_2 - R_1} \tag{4.42}$$

여기에서 R_1과 R_2는 렌즈의 곡률 반지름이고, q는 렌즈의 구부러진 정도를 나타낸다. 예를 들어 q = 0이면 등볼록이거나 등오목이고, q = -1이면 첫 번째 면이 평면이고, q = +1이면 두 번째 면이 평면이다. 그리고 q가 -1보다 작거나 +1보다 크면 렌즈의 모양은 메니스커스(meniscus)이다. 렌즈의 곡률 반지름을 변화시켜서 모양을 바꾸는 과정을 **벤딩**(bending)이라고 한다.

두 번째로 고려해야 할 조건은 물체거리와 상거리에 의해 결정되는 **코딩턴 위치인자**(Coddington position factor) p로 다음과 같이 주어진다.

$$p = \frac{s' - s}{s' + s} \tag{4.43}$$

위의 식에서 물체가 무한원에 있을 경우 즉, 평행광이 입사할 경우 p = -1이고, 상이 무한대에 있을 경우 p = +1임을 알 수 있다.

위의 식 (4.42)와 (4.43), 그리고 얇은 렌즈의 결상식을 이용하면, 렌즈의 형태인자를 결정할 수 있는 곡률 반지름을

$$R_1 = \frac{2f(n-1)}{q+1} \tag{4.44}$$

$$R_2 = \frac{2f(n-1)}{q-1} \tag{4.45}$$

와 같이 구할 수 있다.

광축에서 먼 곳의 광선과 가까운 곳의 광선은 렌즈를 통과한 후 광축과 만나는 점이 다르다. 이때 근축광선이 광축과 만나는 점과 광축으로부터 h의 높이로 렌즈에 입사한 광선이 광축과 만나는 점 사이의 거리가 종구면수차 L이다. L은 $L = f(n, q, p)$ 와 같이 굴절률 n, 위치인자 q, 형태인자 p의 함수로 나타낼 수 있고, 아래의 식과 같이 표현할 수 있다.

$$L = \frac{h^2}{8f^3}\frac{1}{n(n-1)}\left[\frac{n+2}{n-1}q^2 + 4(n+1)pq + (3n+2)(n-1)p^2 + \frac{n^3}{n-1}\right] \tag{4.46}$$

종구면수차를 최소화하기 위해서는 L이 최소가 되도록 q의 값을 결정한다. 즉, dL/dq = 0이 되는 q 값을 결정하면 q와 p의 결합으로 구면수차가 최소가 되는 광학계를 설계할 수 있다. 위의 식 (4.46)으로부터

$$\frac{dL}{dq} = \frac{h^2}{8f^3}\frac{2(n+2)q + 4(n-1)(n+1)p}{n(n-1)^2} = 0 \tag{4.47}$$

인 조건은 위치인자 p와 형태인자 q 사이의 관계가

$$q = -\frac{2(n^2-1)}{n+2}p \tag{4.48}$$

일 때이고, 이때 구면수차는 최소가 된다.

4.4.2 코마수차

그림 4.13에 나타낸 것과 같이 광축에서 벗어난 물점으로부터 렌즈로 입사하는 광선의 높이에 따라 근축상점과 다른 곳에 결상하는 수차를 **코마수차**(coma)라고 한다. 그림에서 볼 수 있듯이 이 수차는 혜성의 꼬리를 늘여놓은 것처럼 보여서 코마라는 이름이 붙여졌다. 코마의 꼬리를 늘리는 방향이 스크린의 중심으로 향하는 것과 스크린 밖으로 향하는 것의 두 종류가 있어서 각각 내향 코마와 외향 코마라고 부른다.

그림 4.14(a)와 같이 렌즈의 중심을 지나가는 광선 0 및 입사광의 절댓값이 같은 광선(1,2,3,4)과 (1',2',3',4')의 두 개 조의 결상 위치를 조사하면, 그림 4.14(b)의 0,1,2, ..., 1',2', ... 에 대응하는 위치에 결상한다. 구체적으로 계산하면 이들의 결상원의 포락선(envelope)은 렌즈의 중심부근을 지나는 광선의 결상 0을 정점으로 60°의 각이 되는 것을 알 수 있다.

일반적으로 코마수차 원 위의 모든 점들은 동일한 영역에서 정반대의 두 지점을 통과하는 광선 쌍의 교차점으로 형성된다. 3차 수차이론에 의하면 그림 4.14(b)에 표시한 구결면 코마수차 원의 지름은

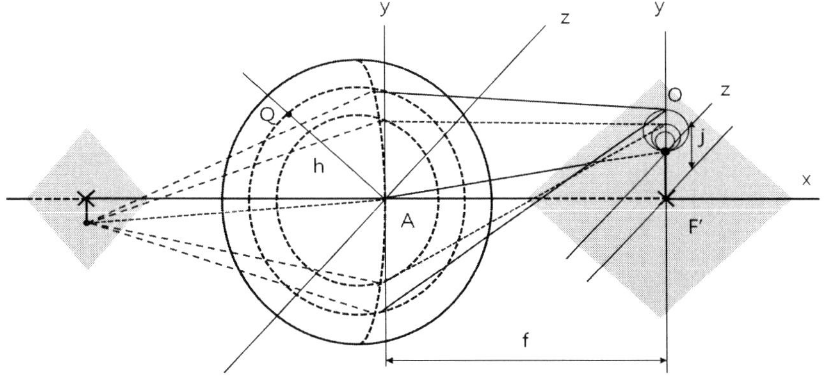

그림 4.13 코마수차의 원리

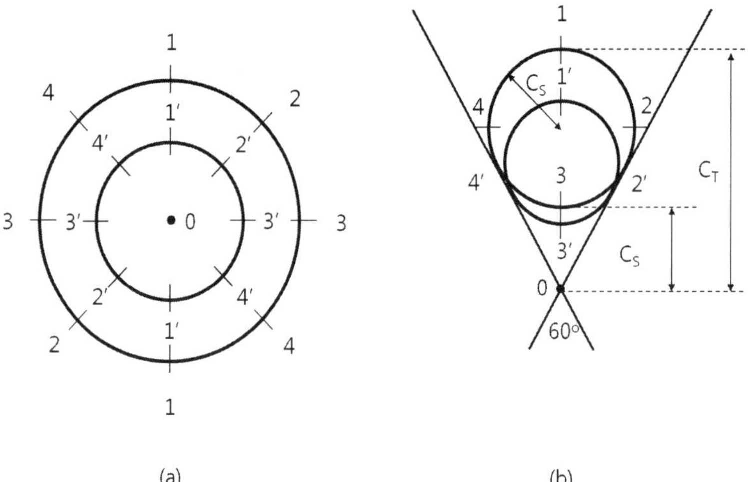

그림 4.14 렌즈의 중심부근을 지나는 광선의 결상 위치

$$C_s = \frac{jh^2}{f^3}(Gp + Wq) \tag{4.49}$$

로 주어진다. 여기에서 j, h와 f는 그림 4.13에 나타낸 거리들이고, q와 p는 각각 식 (4.42)와 식 (4.43)으로 주어진 코딩턴 형태인자와 위치인자이다. 그리고 G와 W는

$$G = \frac{3(2n+1)}{4n} \tag{4.50}$$

$$W = \frac{3(n+1)}{4n(n-1)} \tag{4.51}$$

로 정의되는 상수이다. 그림 4.14(b)와 같은 코마수차의 모양은

$$y = C_s(2 + \cos 2\psi) \tag{4.52}$$

$$z = C_s \sin 2\psi \tag{4.53}$$

로 주어진다. 따라서 자오면 코마수차 C_T는 구결면 코마수차 C_s의 3배가 되어서

$$C_T = 3C_s \tag{4.54}$$

와 같이 쓸 수 있다.

렌즈의 모양을 변화시키면 코마수차와 구면수차가 변화한다. 표 4.2는 h = 1.0 cm, f = +10.0 cm, y= 2.0 cm, n = 1.5000인 경우, 여러 가지 렌즈의 모양에 따른 자오면 코마수차 C_T와 구면수차를 계산한 것이고, 그 결과를 그림으로 나타낸 것이 그림 4.15이다.

그림 4.15에서 코마수차를 나타내는 직선이 코마수차가 0인 가로축을 지난다는 사실은 코마수차가 완전히 제거된 단일 렌즈를 만들 수 있다는 것을 의미한다. 코마수차가 0이 될 때의 형태인자 q = 0.800은 최소 구면수차에 해당하는 형태계수 q = 0.714에 매우 가까워서 C_T = 0이 되도록 설계된 렌즈는 거의 최소의 구면수차를 갖는다.

렌즈의 구면수차를 줄이는데 사용한 방법이 코마수차를 줄일 때에도 유용하다. 식 (4.42)의 코딩턴 형태인자는 그림 4.15에서와 같이 구면수차를 최소로 할 때 사용하지만, 코마수차를 제거할 수도 있다. 따라서 적절한 곡률 반지름을 가진 렌즈에 의해 두 수차를 상당히 줄일 수 있다. 식 (4.49)를 0으로 만드는 q의 값을 구하기 위하여 C_s를 0으로 놓으면

$$q = -\frac{G}{W}p \tag{4.55}$$

를 얻는다. 이 식에 G와 W에 대한 식 (4.50)과 식 (4.51)을 대입하면

표 4.2 초점거리는 같지만 모양이 다른 렌즈의 경우 코마수차와 구면수차

렌즈의 모양	형태인자	코마수차(cm)	구면수차(cm)
오목-볼록	-2.0	-0.0420	+0.88
평볼록	-1.0	-0.00270	+0.43
이중 볼록	-0.5	-0.0195	+0.26
등볼록	0	-0.0120	+0.15
이중 오목	+0.5	-0.0045	+0.10
평오목	+1.0	+0.0030	+0.11
볼록-오목	+2.0	+0.0180	+0.29

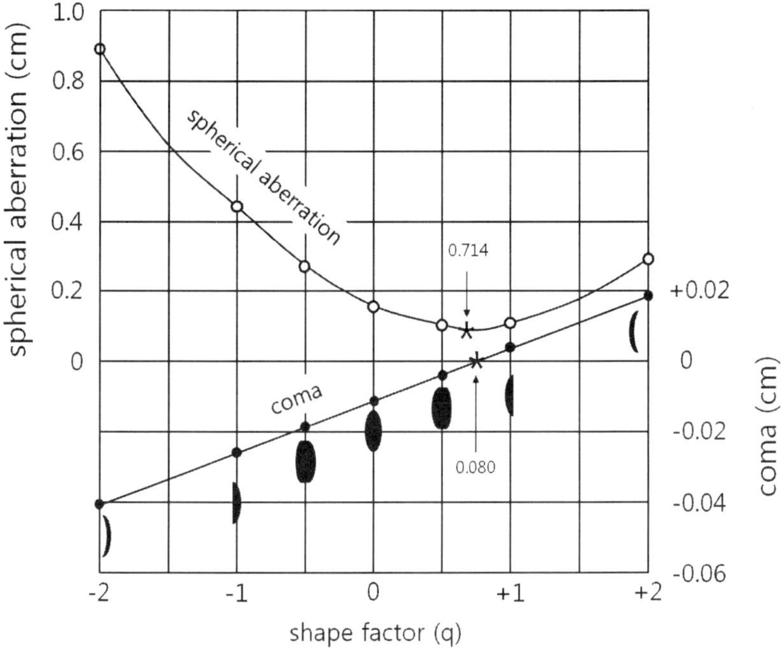

그림 4.15 렌즈의 모양에 따른 구면수차와 코마수차

$$q = \left(\frac{2n^2 - n - 1}{n+1}\right)\left(\frac{s - s'}{s + s'}\right) \tag{4.56}$$

을 구할 수 있다. 따라서 단일 렌즈의 위치인자와 형태인자가 식 (4.55) 또는 식 (4.56)의 관계를 따를 때 코마수차는 완전히 제거된다.

코마수차가 있는 결상은 주변부에서 선명도가 떨어진다. 이것을 피하기 위해서는 구면수차와 마찬가지로 조리개를 이용해서 렌즈의 중심부를 사용하면 좋다. 구면수차와 코마수차를 제거한 렌즈를 **무수차렌즈**(aplanatic lens)라고 한다.

코마수차를 제거하기 위해서는 그림 4.16과 같이 물측공간, 상측공간에서 광축과 이루는 각 θ, θ'가

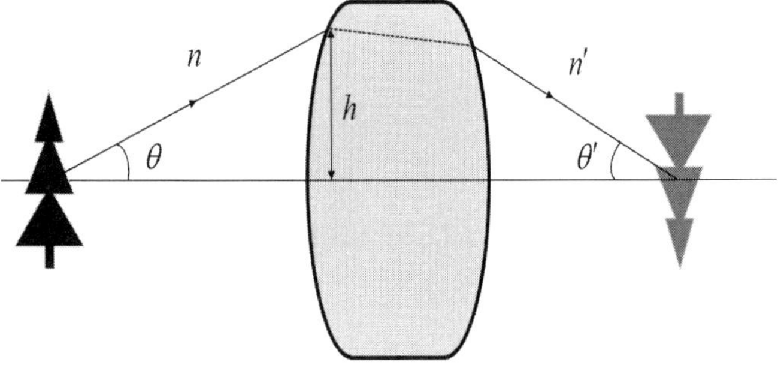

그림 4.16 코마수차를 제거하는 방법

$$\frac{\sin\theta'}{\sin\theta} = \frac{n}{n'}\frac{1}{m} \tag{4.57}$$

을 만족하는 것이 필요하다. 여기에서 m은 배율을 나타내고, n, n'은 각각 물측공간과 상측공간의 굴절률이다. 이것이 **아베의 사인 조건**(Abbe's sine condition)이다. 물체가 무한대에 있을 경우, 식 (4.57)은

$$\frac{h}{\sin\theta'} = f \tag{4.58}$$

로 표현할 수 있다. 여기에서 h는 광선의 입사 높이, f는 렌즈의 초점거리이다. 실제로 이 조건을 완벽하게 만족할 수는 없어서, h의 값에 대해서 $(h/\sin\theta - f)$의 값을 사인 조건의 불만족양이라고 하고, 이것을 코마수차의 크기로 나타낸다.

4.4.3 비점수차

비축상의 물점에서 나오는 광선 중에서 렌즈의 중심을 지나는 광선인 주광선과 광축이 이루는 각이 점점 커지면, 옆으로 긴 타원 모양 또는 위로 긴 타원 모양으로 결상되는데 이것을 **비점수차**(astigmatic aberration 또는 astigmatism)이라고 한다. 그림 4.17에서 볼 수 있듯이 주광선과 광축을 포함하는 평면을 그 물점의 **자오면**(tangential plane 또는 meridional plane)이라고 하고, 주광선을 포함한 자오

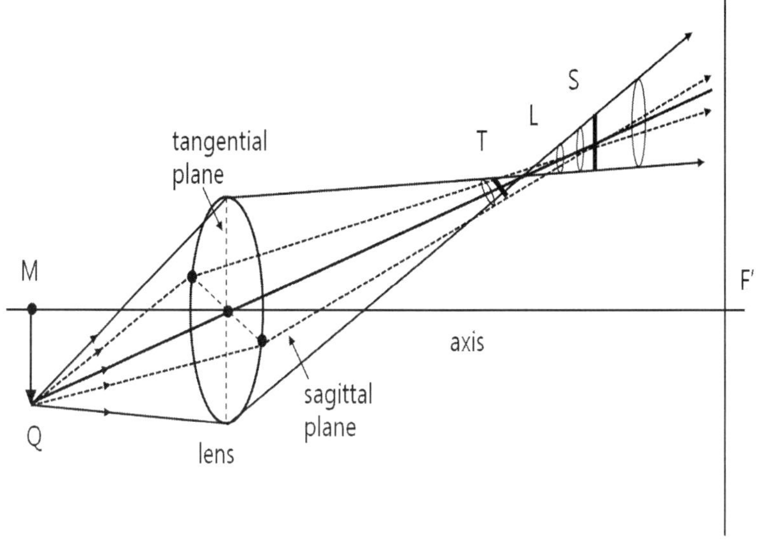

그림 4.17 비축물점 Q의 상을 구성하는 두 개의 초점

면에 수직한 평면을 그 물점의 **구결면**(sagittal plane)이라고 한다. 비점수차는 자오면 방향의 초점과 구결면 방향의 초점이 주광선상에서 서로 다른 위치에 초점을 맺기 때문에 발생한다.

그림 4.17은 렌즈에 의한 비점상을 보여준다. 비점수차로 인해 생기는 선명하지 못한 상을 비점적(astigmatic)이라고 한다. 물점 Q에서 나오는 모든 광선의 경우 수직 또는 자오면 안에 있는 광선은 모두 T에서 교차하고, 수평 또는 구결면 안에 있는 모든 광선은 S에서 교차한다. 이들의 초선(focal line)은 각각의 자오면과 구결면에 수직하며, L에서 상은 대체적으로 원반 모양을 가지며 최소착락원이 된다.

시야각이 넓고 물체들이 멀리 있을 때 T와 S의 상의 위치를 결정하면 그들의 궤적의 단면적은 그림 4.18과 같이 포물면을 형성한다. 광선에 대한 비점수차의 양 또는 **비점격차**(astigmatic difference)는 주광선을 따라서 측정된 두 면 사이의 거리로 주어진다. 두 면이 만나는 축 위에서 비점수차는 0이다. 축 위에서 멀어짐에 따라서 비점수차는 대략 상 높이의 제곱에 비례하여 증가한다. 그림 4.18과 같이 T면이 S면의 왼쪽에 있을 때 비점수차는 양(+)의 값을 갖고, 반대의 경우 음(-)의 값을 갖는다고 말한다.

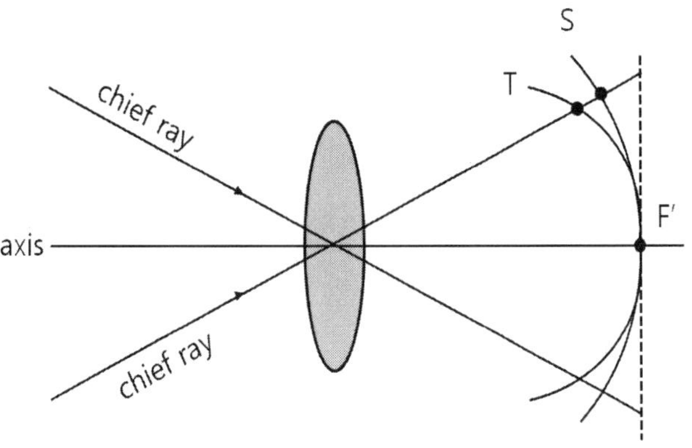

그림 4.18 자오면상과 구결면상의 위치. 두 면은 회전 포물면에 가깝다.

그림 4.19와 같이 방사형 수레바퀴 모양의 물체의 중심이 그림 4.17의 광축 위의 M에 있고, 광축과 수직인 경우 바퀴 둘레에는 T면에서 초점이 맞고, 방사형으로 나가는 면은 S면에서 초점이 맞는다. 이러한 이유 때문에 '자오면'과 '구결면'이라는 용어가 면과 상에 대해서 사용하게 되었다. T면 위에서 모든 상은 그림 4.19(a)와 같이 바퀴의 면에 평행한 선이고, S면에서는 그림 4.19(b)와 같이 바퀴의 면에 평행한 선이다.

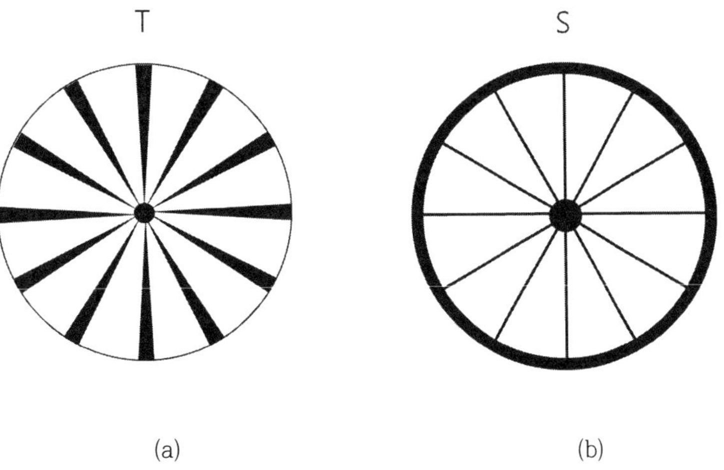

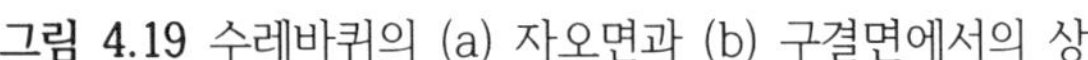

그림 4.19 수레바퀴의 (a) 자오면과 (b) 구결면에서의 상

단일 굴절면의 비점 상거리에 대한 방정식은 다음과 같이 쓸 수 있다.

$$\frac{n\cos^2\phi}{s}+\frac{n'\cos^2\phi'}{s_T'}=\frac{n'\cos\phi'-n\cos\phi}{R} \tag{4.59}$$

$$\frac{n}{s}+\frac{n'}{s_S'}=\frac{n'\cos\phi'-n\cos\phi}{R} \tag{4.60}$$

여기에서 ϕ와 ϕ'은 주광선의 입사각과 굴절각이고, R은 곡률 반지름, s는 물체거리, s_T'와 s_S'는 주광선을 따라 측정한 자오면상과 구결면상의 거리이다. 구면거울인 경우 이들에 대한 식은 다음과 같이 간단하게 쓸 수 있다.

$$\frac{1}{s}+\frac{1}{s_T'}=\frac{1}{f\cos\phi} \tag{4.61}$$

$$\frac{1}{s}+\frac{1}{s_S'}=\frac{\cos\phi}{f} \tag{4.62}$$

코딩턴은 공기 중에 있는 얇은 렌즈의 경우 구경조리개(aperture stop)가 렌즈의 위치에 있을 때 자오면상과 구결면상의 위치가 다음과 같이 주어짐을 보였다.

$$\frac{1}{s}+\frac{1}{s_T'}=\frac{1}{\cos\phi}\left(\frac{n\cos\phi'}{\cos\phi}-1\right)\left(\frac{1}{R_1}-\frac{1}{R_2}\right) \tag{4.63}$$

$$\frac{1}{s}+\frac{1}{s_S'}=\cos\phi\left(\frac{n\cos\phi'}{\cos\phi}-1\right)\left(\frac{1}{R_1}-\frac{1}{R_2}\right) \tag{4.64}$$

여기에서 ϕ는 입사 주광선의 경사각, ϕ'은 렌즈 내부에서 주광선의 경사각이다. 따라서 $n=\sin\phi/\sin\phi'$ 이다. 위의 식들로부터 비점수차는 대체로 렌즈의 초점거리에 비례하고, 렌즈의 모양을 변화시켜도 거의 개선되지 않는다는 것을 알 수 있다.

4.4.4 상면만곡

그림 4.18을 보면 비점수차를 제거하기 위해서는 자오면과 구결면이 같은 면을 이루도록 하여야 함을 알 수 있다. 렌즈의 모양을 변화시킬 때 이들 면의 곡률이 바뀐다면 이를 이용해서 두 면을 겹치게 해서 비점수차를 제거할 수 있다. 이러한 면을 **페츠발면**(Petzval surface)이라고 한다. 비점수차가 없어져서 자오상면과 구결상면이 일치하더라도 상면은 일반적으로 그림 4.20과 같이 구부려져 있어서 이상적인 결상의 경우와 다르다. 이상적인 결상면과 초평면의 차이를 **상면만곡**(curvature of field)이라고 한다. 자오면과 구결면과는 달리 페츠발면은 렌즈의 형태인자나 위치인자에 영향을 받지 않고, 광학계에 포함된 렌즈들의 굴절률과 초점거리에만 의존한다. 3차 수차이론에서 페츠발면은 구결면보다 자오면에 대해 3배 먼 곳에 있으며, 언제나 자오면과 반대인 구결면 근처에 있다.

페츠발면은 볼록렌즈의 경우 물체 평면을 향해서 안쪽으로 곡면을 이루고, 오목렌즈의 경우 바깥쪽으로 즉, 평면으로부터 멀어지는 곡면을 이룬다. 따라서 볼록렌즈와 오목렌즈를 적절히 결합하면 상면만곡을 없앨 수 있다. 굴절률과 초점거리가 각각 n_1, n_2과 f_1, f_2인 두 개의 얇은 렌즈로 이루어진 광학계에서 평면인 페츠발면을 갖고 상면만곡을 없애려면

$$\frac{1}{n_1 f_1{}'} + \frac{1}{n_2 f_2{}'} = 0 \qquad (4.65)$$

또는

$$n_1 f_1{}' + n_2 f_2{}' = 0 \qquad (4.66)$$

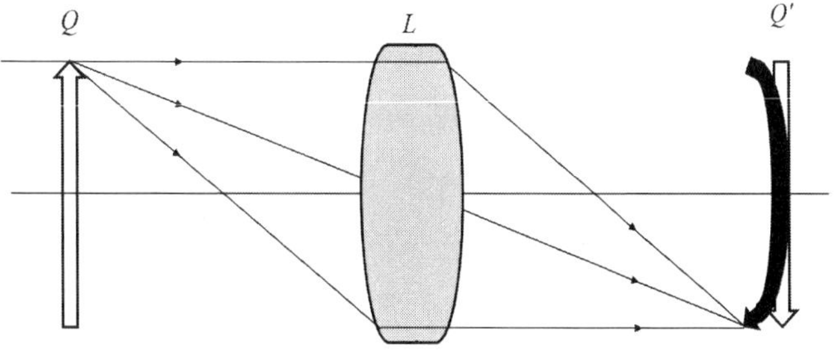

그림 4.20 상면만곡

인 조건을 만족해야 한다. 이와 같이 초평면을 평면으로 하는 상면만곡에 대한 보정 조건을 **페츠발 조건**(Petzval's condition)이라고 한다. 예를 들어 $f_1' = -f_2'$ 와 $n_1 = n_2$ 인 조건을 만족하는 오목렌즈와 볼록렌즈로 이루어진 두 개의 얇은 렌즈계에서 유효 초점거리는

$$\frac{1}{f'} = \frac{1}{f_1'} + \frac{1}{f_2'} - \frac{d}{f_1' f_2'} \qquad [4.27]$$

이므로, 이 광학계는 페츠발 조건을 만족하고, 평면인 상면을 가지며 $f' = f_1'^2/d$ 인 양의 초점거리를 갖는다.

일반적으로 공기 중에 있는 여러 개의 렌즈에 대해서

$$P = \sum_{i=1}^{m} \frac{1}{n_i f_i'} = \frac{1}{R_P} \qquad (4.67)$$

로 주어지는 P를 **페츠발 합**(Petzval's sum)이라고 하고 한다. 이때 n_i와 f_i'는 i번째 렌즈의 굴절률과 초점거리이고, R_P는 페츠발면의 곡률 반지름이다. 이상적인 결상에 가깝게 하려면 페츠발 합 P를 작게 해야 한다. P의 값은 상면만곡의 크기를 나타내는 양으로, 렌즈 설계에서 중요한 값이다.

비점수차와 상면만곡을 제거한 렌즈를 **아나스티그매틱 렌즈**(anastigmatic lens)라고 한다. 페츠발 합을 작게 하기 위해서 볼록렌즈만으로는 불가능하고 오목렌즈와 조합해야 한다.

4.4.5 왜곡수차

왜곡수차(distortion)는 렌즈를 통과한 빛이 한 점에 모이기는 하지만 배율이 상의 크기에 따라 달라서 물체의 기하학적 모양을 정확하게 재현할 수 없이 일그러지는 현상이다. 즉, 렌즈의 각 부분마다 다른 초점거리와 배율을 갖기 때문에 왜곡수차가 생긴다. 다른 수차가 제거되어 각 물점에 대응하는 선명한 상이 형성된다고 하

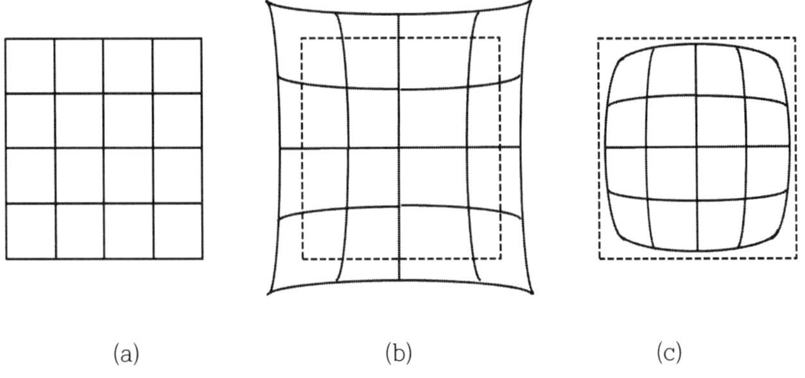

그림 4.21 왜곡수차의 종류. (a) 왜곡되지 않은 격자 모양의 상, (b) 실패형 왜곡수차, (c) 술통형 왜곡수차.

더라도 왜곡수차 때문에 전체의 상이 일그러진다.

그림 4.21(a)는 격자 모양으로 된 물체의 상으로 왜곡수차가 없는 경우이다. 그림 4.21(b)와 같이 **실패형**(pincushion) 왜곡수차를 갖는 광학계에서는 직사각형 배열이 중심에서 멀어질수록 횡배율이 증가하기 때문에 왜곡의 정도가 심해진다. 반면에 횡배율이 광축으로부터의 거리에 따라 감소하는 광학계에서는 그림 4.21(c)와 같이 **술통형**(barrel) 왜곡수차가 나타나고, 상의 각 점은 중심을 향해 안쪽으로 움직인다.

왜곡수차는 흔히

$$\text{왜곡수차} = \frac{y_p - y_g}{y_g} \times 100\,(\%) \tag{4.68}$$

와 같이 백분율로 표현한다. 여기에서 y_p는 시계각 β로 입사하는 주광선과 가우스 상면과의 교점이고, y_g는 가우스 상의 높이이다. 왜곡수차의 양은 상점이 실제 위치보다 바깥쪽(실패형)이면 양(+)의 값을 갖고, 이와 반대로 안쪽(술통형)이면 음(-)의 값을 갖는다. 왜곡수차는 두 렌즈 사이의 적당한 위치에 조리개를 설치하여 최소화할 수 있다. 상면만곡과 왜곡수차로부터 자유로운 광학계를 **정시계**(orthoscopic system)라고 한다.

4.4.6 색수차

지금까지 주로 빛의 파장이 일정한 단색광에 대한 수차를 다루었다. 그러나 실제의 결상에서는 보통 많은 파장을 포함한 빛 즉, 다파장(또는 백색광)인 경우가 많다. 광학재료의 굴절률은 파장에 따라 다른 값을 가지며 일정하게 취급할 수 없다. 이러한 현상을 **분산**(dispersion)이라고 한다. 이때 다음과 같은 식

$$\frac{n_F - n_C}{n_d - 1} \tag{4.69}$$

을 **분산능**(dispersion power)이라고 한다. 여기에서 n_C, n_d, n_F는 각각 C-선(656.3 nm), d-선(587.6 nm) 및 F-선(486.1 nm)에 대한 굴절률이다. 분산능의 값은 광학재료의 종류에 따라 다르고, 이 값이 클수록 파장에 따른 굴절률의 변화가 크다는 것을 나타낸다. 분산능의 역수를 **아베수**(Abbe's number)라고 하며 V로 나타낸다. 즉

$$V = \frac{n_d - 1}{n_F - n_c} \tag{4.70}$$

이다. 아베수 V가 55 이상을 크라운(crown) 계열, 55 이하를 플린트(flint) 계열로 분류한다.

앞의 4.2절에서 설명한 얇은 렌즈의 결상식

$$\frac{1}{f'} = (n-1)\left(\frac{1}{R_1} - \frac{1}{R_2}\right) \qquad [4.18]$$

에서 볼 수 있듯이 n이 파장의 함수로 변화하면, f'도 파장에 따라 달라진다. 따라서 결상식

$$\frac{1}{s} + \frac{1}{s'} = \frac{1}{f'} \qquad [4.20]$$

에서 물체의 위치 s가 일정하더라도 상의 위치 s'은 파장에 따라 달라진다.

다파장 광원의 상은 그림 4.22와 같이 스크린에 도달하는 상 주변의 색이 번져서 불분명한 상이 된다. 그림과 같이 파랑색 빛은 빨강색 빛보다 렌즈와 가까운 곳에 초점이 맺힌다. 이 두 초점 사이의 수평거리를 **종색수차**(longitudinal chromatic aberration)라고 한다.

한편 파장이 달라지면 형성된 상들의 크기도 달라져서 각 파장별 횡배율이 다르고, 이것이 **횡색수차**(lateral chromatic aberration)이다. 파랑색 빛은 렌즈에 가깝게 상이 형성되고 크기도 작으며, 빨강색 빛의 상은 렌즈에서 멀고 크다.

이제 C-선과 F-선 대한 렌즈의 초점거리를 일치시키는 것을 생각해 보자. 이때 렌즈의 C-선, d-선, F-선에 대한 초점거리를 f_C', f_d', f_F'라고 하고 결상식 (4.18)을 C-선, d-선, F-선에 대하여 적용하면

$$\frac{1}{f_C'} = (n_C - 1)\left(\frac{1}{R_1} - \frac{1}{R_2}\right) \tag{4.71}$$

$$\frac{1}{f_d'} = (n_d - 1)\left(\frac{1}{R_1} - \frac{1}{R_2}\right) \tag{4.72}$$

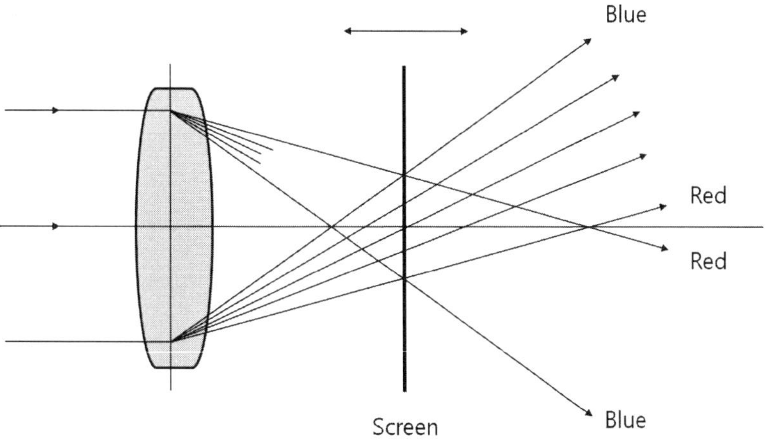

그림 4.22 색수차

$$\frac{1}{f_F'} = (n_F - 1)\left(\frac{1}{R_1} - \frac{1}{R_2}\right) \tag{4.73}$$

가 성립한다. 이로부터

$$\frac{1}{f_F'} - \frac{1}{f_C'} = (n_F - n_C)\left(\frac{1}{R_1} - \frac{1}{R_2}\right) = \frac{n_F - n_C}{n_d - 1}\frac{1}{f_d'} \tag{4.74}$$

를 얻을 수 있다. 광학유리에서는 언제나 $n_F > n_C$, $n_d > 1$이고, $f_d' \neq 0$ 이어서 식 (4.74)의 우변은 0이 되지 않기 때문에 $f_F' \neq f_C'$ 이다. 즉, 한 개의 렌즈로는 색수차를 제거할 수 없다.

색수차를 보정하기 위한 몇 가지 방법이 있지만 가장 잘 알려진 방법은 크라운 유리와 플린트 유리로 된 두 개의 렌즈를 결합하는 것이다. 첫 번째 렌즈의 C-선, F-선, d-선에 대한 초점거리와 아베수를 각각 f_{1C}', f_{1F}', f_{1d}', V_1이라 하고, 두 번째 렌즈에 대해서도 f_{2C}', f_{2F}', f_{2d}', V_2이라고 하면

$$\frac{1}{f_{1F}'} - \frac{1}{f_{1C}'} = \frac{1}{V_1}\frac{1}{f_{1d}'} \tag{4.75}$$

$$\frac{1}{f_{2F}'} - \frac{1}{f_{2C}'} = \frac{1}{V_2}\frac{1}{f_{2d}'} \tag{4.76}$$

가 된다. 따라서

$$\frac{1}{V_1}\frac{1}{f_{1d}'} + \frac{1}{V_2}\frac{1}{f_{2d}'} = 0 \tag{4.77}$$

가 성립할 수 있도록 하면, 두 개의 렌즈 조합으로 C-선과 F-선의 초점거리를 일치시킬 수 있다. 이렇게 조합된 렌즈의 합성 초점거리 f_d'은

$$\frac{1}{f_d'} = \frac{1}{f_{1d}'} + \frac{1}{f_{2d}'} \tag{4.78}$$

로 주어진다. 식 (4.77)와 (4.78)을 만족하면 C-선과 F-선의 초점거리를 일치시켜서 색수차를 제거할 수 있다. 이와 같이 색수차가 제거된 렌즈를 **색지움렌즈**(achromatic lens)라고 한다. 광학유리에서는 언제나 $n_F > n_C$, $n_d > 1$이어서 $V > 0$이다. 따라서 식 (4.77)을 만족시키기 위해서는 한 개의 렌즈가 볼록이라면, 다른 한 개는 오목이다.

예를 들어 그림 4.23과 같이 두 개의 렌즈를 밀착시켜서, 유효초점거리가 300 mm인 색지움렌즈를 n_d = 1.5175, V = 60.9인 크라운 유리 및 n_d = 1.6225, V = 36.0인 플린트 유리로 만들어 보자.

식 (4.77)로부터

$$\frac{1}{60.9}\frac{1}{f_{1d}'} + \frac{1}{36.0}\frac{1}{f_{2d}'} = 0 \tag{4.77)'}$$

이고, 식 (4.78)으로부터

$$\frac{1}{300} = \frac{1}{f_{1d}'} + \frac{1}{f_{2d}'} \tag{4.78)'}$$

이다. 따라서 식 (4.77)'과 식 (4.78)'을 만족하면, C-선과 F-선의 초점거리를 일치시킬 수 있다. 즉,

$$\frac{1}{f_{2d}'} = -\frac{36.0}{60.9}\frac{1}{f_{1d}'}$$

$$\frac{1}{300} = \frac{1}{f_{1d}'} - \frac{36.0}{60.9}\frac{1}{f_{1d}'}$$

이므로, f_{1d}' = 122.7 mm, f_{2d}' = -207.4 mm를 구할 수 있다. 식 (4.18)을 이용해서 렌즈의 곡률 반지름을 구하면

$$\frac{1}{R_1} - \frac{1}{R_2} = \frac{1}{0.5175}\frac{1}{122.7}$$

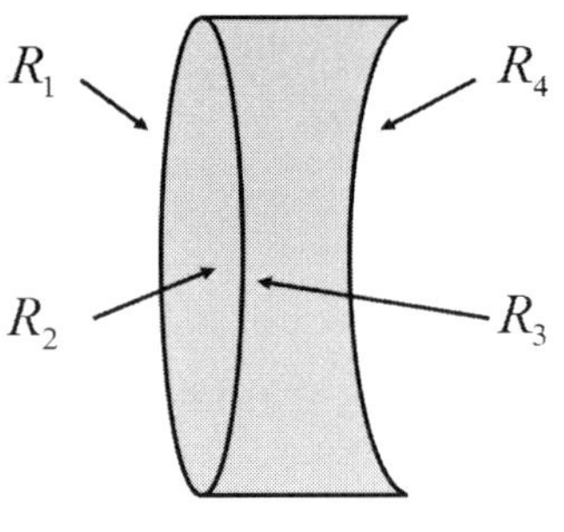

그림 4.23 색지움렌즈 구성의 예

$$\frac{1}{R_3} - \frac{1}{R_4} = - \frac{1}{0.6225} \frac{1}{207.5}$$

이 성립한다. 이제 그림 4.23과 같이 크라운 유리 렌즈를 양볼록렌즈로 하면, $R_1 = -R_2 = -R_3$로 놓을 수 있다. 이로부터 R_1 = 127 mm, R_2 = -127 mm, R_3 = -127 mm와 R_4 = -7783 mm의 결과를 구할 수 있다. 즉 앞쪽에 크라운 유리로 된 양볼록렌즈와 뒤쪽에 플린트 유리로 된 메니스커스렌즈를 밀착시켜서 색지움렌즈를 구성할 수 있다.

위에서 설명한 구면수차, 코마수차, 비점수차, 상면만곡, 왜곡수차 그리고 색수차 중에서 어떤 수차들이 다른 수차들보다 중요한가 하는 것은 렌즈를 어떻게 적용하는가에 달려 있을 것이다. 고속 사진기 렌즈는 구면수차에 대해서 잘 보정되어야 하지만 왜곡수차는 그다지 중요하지 않다. 지도를 제작하기 위하여 지형을 찍는 렌즈는 이와는 반대이다. 어떤 경우에도 모든 수차를 동시에 제거하는 방법은 없고, 수차들이 균형을 이루도록 하는 것이 최선의 방법이다. 표 4.3은 여러 가지 수차에 대한 특징과 보정 방법을 정리한 것이다.

표 4.3 수차들의 특징 및 보정 방법

수차	특징	보정 방법
구면수차	단색, 축상과 비축상, 흐림	휨, 높은 굴절률, 비구면, 구배형 굴절률, 이중렌즈
코마수차	단색, 오직 비축상, 흐림	휨, 중심 조리개를 갖는 분리된 이중렌즈
비점수차	단색, 비축상, 흐림	조리개를 갖는 분리된 이중렌즈
상면만곡	단색, 비축상	분리된 이중렌즈
왜곡수차	단색, 비축상	조리개를 갖는 분리된 이중렌즈
색수차	다색, 축상과 비축상, 상 흐림	접촉 이중렌즈, 분리된 이중렌즈

4.5 원통렌즈

위에서 설명한 구면렌즈의 경우 렌즈로 입사한 빛이 어느 방향으로도 굴절되거나 공간적으로 이동되지 않고 원래의 방향대로 진행하는 경우가 있다. 이러한 빛의 진행 방향을 **광축**(optical axis)이라고 한다. 구면렌즈에 대한 광축은 회전 대칭축(axis of symmetry)이다. 즉 광축에 대하여 임의의 각도로 구면 렌즈를 회전시켜도 렌즈 면의 곡률에 대한 방향이 회전에 대해서 변화가 없기 때문에 광학적인 상황에 변화가 없다.

그러나 원통을 위에서 아래로 자른 단면적 모양의 **원통렌즈**(cylindrical lens)는 광축에 대한 회전 대칭성이 없어서 비대칭적인 결상을 한다. 점물체에 대하여 구면렌즈는 점상을 만드는 반면, 원통렌즈는 직선상을 만든다. 그림 4.24는 원통렌즈의 종류를 보여주는 것으로 (a)는 평볼록 원통렌즈(plano-convex cylindrical lens)이고, (b)는 평오목 원통렌즈(plano-concave cylindrical lens)이다.

그림 4.25는 평볼록 원통렌즈의 볼록한 면 앞쪽의 무한대에 위치한 직사각형 모양의 물체에서 나오는 평행광선이 결상되는 과정을 보여준다. 이때 직사각형의 단면은 원통렌즈의 광축과 수직하다. 그림과 같이 원통렌즈는 곡률이 없는 수평 부분이 아닌 곡률이 있는 수직 부분을 따라가는 광선들만 초점을 맺고, 비대칭적인 결상을 하는 것을 알 수 있다.

그림에서 수직 부분에서 광선 1, 2, 3은 A점에 초점을 맺고, 광선 4, 5, 6은 B

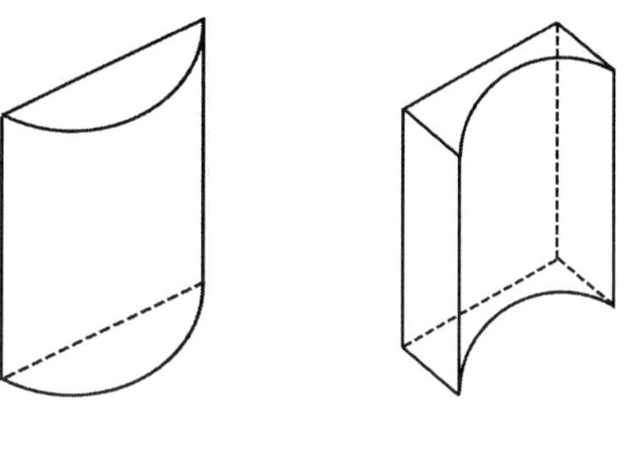

그림 4.24 원통렌즈의 종류. (a) 평볼록 원통렌즈, (b) 평오목 원통렌즈

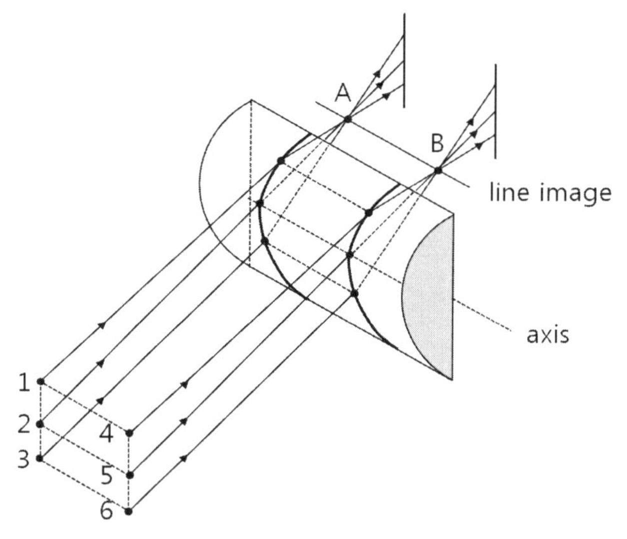

그림 4.25 평볼록 원통렌즈의 결상 과정

점에 초점을맺는다. 그러나 수평 부분에서는 광선 쌍인 1과 4, 2와 5, 3과 6은 초점을 맺지 못한다. 이와 같이 직사각형 모양의 물체는 광축에 평행한 **직선상**(line image)을 맺는다. 이때 직선상의 길이는 원통렌즈의 축상 길이와 같다. 만약 구경조리개를 원통렌즈 앞에 설치해서 렌즈를 통과하는 빛의 양을 제한하면, 직선상의 높이는 원통 축을 따라 구경조리개의 크기 또는 렌즈의 유효높이(effective height)

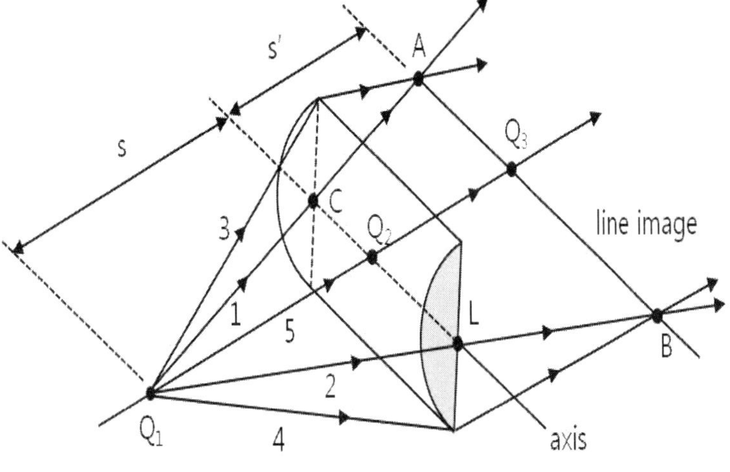

그림 4.26 평볼록 원통렌즈에 의한 점물체의 직선상

와 일치한다.

그림 4.25에서 직선상은 물체가 무한대에 있을 경우 만들어진 것이다. 그림 4.26과 같이 점물체 Q_1이 볼록 원통렌즈 가까이에 있다면 렌즈에 입사하는 광선 1과 3은 수평 부분에서 발산한다. 얇은 구면렌즈라면 광선 2와 4처럼 수직 부분을 따라 초점을 맺는다. 그림에서 볼 수 있듯이 렌즈의 수직 부분의 왼쪽에서 광선 1과 3은 A점에 초점을 맺고, 수직 부분의 오른쪽에서 광선 2와 4는 B점에 초점을 맺는다. 그러나 수평 부분의 광선 1, 2, 5는 한 점에 모이지 않는다. 그리고 렌즈에 입사하는 광선의 발산으로 인해 초점에 맺힌 직선상 AB는 더 이상 렌즈의 축상 길이 CL과 같지 않다. 렌즈의 양끝으로 들어가는 광선의 발산을 이용하면 렌즈의 길이보다 더 긴 직선상을 얻을 수 있다.

그림 4.26에서 Q_1에서 Q_2까지의 거리를 s, Q_2에서 Q_3까지의 거리를 s'이라고 하면, 기하학적 구조로부터

$$\frac{AB}{CL} = \frac{s + s'}{s} \tag{4.79}$$

또는

$$AB = \left(\frac{s+s'}{s}\right)CL \tag{4.80}$$

이다. 위의 식으로부터 평볼록 원통렌즈에 대한 점물체의 위치와 상의 위치에 따라서 상의 길이가 달라지는 것을 알 수 있다. 일반적으로 $(s+s')/s$의 값이 1보다 크기 때문에 상의 길이는 원통렌즈의 축상 길이보다 길다.

연습문제

4-1 초점거리가 15 cm인 볼록렌즈와 -15 cm인 오목렌즈가 60 cm 떨어져 있다. 물체가 첫 번째 렌즈로부터 25 cm에 있을 때 중간상과 최종상의 위치와 상의 종류를 구하라.

4-2 곡률 반지름이 10 cm, 굴절률이 1.50, 축상 두께가 5 cm인 얇은 평볼록 원통 렌즈가 공기 중에 놓여 있다. 이 렌즈로부터 25 cm 거리에 있는 점물체에서 나온 빛이 렌즈의 볼록한 원통면 쪽으로 입사한다. 이 렌즈로 만들어진 직선 모양 상의 위치와 크기를 구하라.

4-3 양볼록렌즈의 지름이 5 cm이고, 이 렌즈의 가장자리에서 두께는 0이다. 렌즈의 중심을 지나는 광축 상에 놓여 있는 점물체에 대한 실상이 렌즈의 반대면 쪽에 맺힌다. 물체거리와 상거리는 렌즈를 광축에 수직하게 렌즈를 양분하는 면으로부터 동등하게 30 cm이고, 렌즈의 굴절률은 1.52이다. 렌즈의 중심과 가장자리를 통과하여 지나가는 광경로의 길이가 같다는 것을 이용해서 렌즈 중심의 두께를 구하라.

4-4 두 개의 얇은 렌즈의 초점거리가 각각 -10 cm와 +10 cm이다.
(1) 두 렌즈를 붙였을 때의 유효 초점거리를 구하라.
(2) 두 렌즈 사이의 거리가 10 cm일 때 유효 초점거리를 구하라.

4-5 초점거리가 순서대로 10 cm, 15 cm, 20 cm인 렌즈계에서 첫 번째 렌즈로부터 20 cm 떨어진 곳에 작은 물체를 놓는다. 첫 번째 렌즈와 두 번째 렌즈는 30 cm 떨어져 있고, 마지막 렌즈는 20 cm 만큼 떨어져 있다. 다음과 같은 조건일 때 마지막 렌즈로부터 최종상이 생긴 곳의 위치와 원래 물체에 대한 이 최종상의 배율을 구하라.

(1) 세 개 렌즈 모두 양의 렌즈일 때
(2) 가운데 렌즈만 음의 렌즈일 때
(3) 첫 번째 렌즈와 마지막 렌즈가 음의 렌즈일 때

4-6 굴절률이 1.50인 얇은 볼록렌즈의 초점거리가 공기 중에서 30 cm이다. 이 렌즈를 어떤 투명한 액체에 담갔을 때, 이 렌즈는 120 cm인 초점거리를 갖는 음의 렌즈가 된다. 이 액체의 굴절률을 구하라.

4-7 두 개의 동등한 얇은 평볼록렌즈의 초점거리 비를 구하라. 하나의 렌즈는 평면을 거울 면으로 만들고, 또 다른 렌즈는 곡면을 거울 면으로 만든다. 빛은 거울 면이 아닌 쪽으로 입사한다.

4-8 물체와 얇은 렌즈가 결상한 상 사이의 최소 거리가 $4f$라는 것을 증명하라. 이러한 조건은 언제 생기는가?

4-9 두께가 5 cm인 평볼록렌즈에 평행한 빛이 입사한다. 이 렌즈의 굴절률은 1.50이고, 렌즈 구면의 곡률 반지름은 4 cm이며, 공기 중에 놓여 있다. 렌즈의 각 면에 입사하는 빛이 초점을 맺는 위치를 구하라.

4-10 곡률 반지름이 5 cm인 구면으로 이루어진 두께 10 cm의 양볼록렌즈의 속을 굴절률이 1.33인 물로 채웠다. 정점에서 30 cm 떨어진 공기 중에서 3 cm 높이의 물체가 놓여있을 때 상의 위치와 크기를 구하라.

4-11 초점거리가 10 cm인 양볼록렌즈의 굴절률이 1.5이다. 양면의 곡률 반지름이 같을 때 그 크기를 구하라. 물체가 렌즈 앞쪽 1.0 cm에 있을 때 상의 위치를 구하라.

4-12 굴절률이 1.5인 얇은 메니스커스 렌즈의 곡률 반지름이 +20.0 cm와 +10.0 cm라고 하자. 물체가 렌즈 앞쪽 20 cm에 놓여있을 때 상의 위치를 구하라.

4-13 초점거리가 10 cm인 얇은 볼록렌즈에서 오른쪽으로 5 cm 떨어진 곳에 높이 2 cm인 물체가 있다. 가우스 공식과 뉴턴 공식의 두 가지 방법으로 상의 위치를 구하라.

4-14 굴절률이 1.5이고 곡률 반지름이 10 cm인 평오목렌즈의 초점거리와 굴절능을 구하라.

4-15 렌즈의 오른쪽으로 100 cm 떨어진 곳에 물체가 있다. 물체의 허상을 50 cm 떨어진 곳에 맺기 위한 얇은 오목렌즈의 초점거리를 구하라. 상의 종류와 위치를 구하라.

4-16 물체를 렌즈 앞 50 cm에 놓고 상을 렌즈 뒤 100 cm 되는 곳에 생기게 하려면 볼록렌즈의 초점거리는 얼마가 되어야 하는가?

4-17 얇은 렌즈가 굴절률이 1.33인 물 속에 잠겨있을 때 렌즈의 초점거리 f_w를 공기 중에 있을 때의 초점거리 f_a로 표현하라.

4-18 초점거리 30 cm와 50 cm인 두 볼록렌즈가 20 cm 떨어져 있다. 이때 물체가 첫 번째 렌즈의 앞쪽 50 cm인 광축상에 있다. 이 물체의 상은 두 번째 렌즈에서 얼마 떨어진 곳에 형성되는가?

4-19 얇은 양볼록렌즈와 얇은 오목렌즈가 결합되어 있고, 공기 중에서 50 cm의 초점거리를 갖는다. 이 렌즈들의 굴절률이 각각 1.50과 1.55이고, 오목렌즈의 초점거리가 -50 cm일 때 각 렌즈들의 곡률 반지름을 구하라.

4-20 크기가 10 mm인 물체가 초점거리 100 mm인 볼록렌즈의 앞 150 mm에 있다. 이 렌즈 뒤쪽 250 mm 지점에 초점거리 -75 mm인 오목렌즈가 있다.

(1) 첫 번째 렌즈에 의한 상의 위치와 배율을 구하라.

(2) 두 렌즈에 의한 최종 상의 위치와 총 배율을 구하라.

4-21 초점거리가 각각 +5 cm와 -5 cm인 두 개의 얇은 렌즈가 60 cm 떨어져 있다. 볼록렌즈 앞 25 cm인 곳에 물체가 있을 때 상의 위치를 구하라.

4-22 초점길이가 무한대가 되는 이중 볼록렌즈의 두께 d에 대한 표현 식을 구하라.

4-23 양볼록렌즈의 초점거리가 50 mm이고, 굴절률이 1.52인 유리로 만들었다. 뒤쪽 면의 곡률 반지름이 앞쪽 면 값의 2배일 때 앞뒤 면의 곡률 반지름을 구하라.

4-24 사진기 렌즈의 물측 초평면으로부터 24.5 cm 떨어진 물체에 초점이 맺힐 때 사진기 속의 필름은 물체가 무한대에 있을 때보다 5 mm 더 멀리 움직여야 한다. 렌즈의 초점거리는 얼마인가?

4-25 굴절률이 1.5이고 초점거리가 10 cm인 렌즈에 평행한 빛이 입사할 때 최소 구면수차를 갖기 위한 렌즈의 곡률 반지름을 구하라.

4-26 지름이 50 mm이고 초점거리가 25.4 cm인 렌즈가 4 mm의 종구면수차를 가질 때 횡구면수차를 구하라.

4-27 굴절률이 1.6인 얇은 메니스커스 렌즈의 반지름이 R_1=+15 cm, R_2=+30 cm일 때,

(1) 코딩턴 형태인자를 구하라.

(2) 1.0 m 떨어진 위치인자를 구하라.

4-28 굴절률이 1.72인 플린트 렌즈의 초점거리가 5 cm이다. 평행한 빛이 최소 구면수차를 가진 렌즈에 입사할 때 위치인자와 형태인자를 구하고, 렌즈의 곡률 반지름을 구하라.

4-29 상면만곡을 제거하기 위한 페츠발 조건을 만족하려면 +10.00과 -10.00 디옵터의 굴절능을 가진 두 렌즈의 굴절률은 1.55이고 25 mm 떨어져 있다. 이때의 결합 굴절능을 구하라.

4-30 어떤 렌즈는 노란색 빛에 대해서 1.65의 굴절률과 60 cm의 초점거리를 갖는다. 빨간색 빛에 대해서는 초점거리가 60.5 cm일 때 빨간색 빛에 대한 굴절률을 구하라.

4-31 색지움 이중렌즈는 8 cm 떨어진 두 개의 볼록렌즈로 되어 있다. 첫 번째 렌즈는 12 cm의 초점거리를 갖는다.

(1) 두 번째 렌즈의 초점거리를 구하라.

(2) 전체 렌즈계의 초점거리를 구하라.

4-32 물체가 초점길이 0.5 m인 렌즈 앞 1.0 m에 있고, 렌즈 뒤 2.0 m에 광축과 수직한 평면거울이 있을 때 렌즈를 통해 본 상의 위치를 구하라.

4-33 한 렌즈가 다른 렌즈의 굴절능의 5배인 두 개의 렌즈가 60 cm 떨어져 있다. 이 거리에서 조합 렌즈가 무초점계가 될 때 두 개 렌즈의 굴절능을 구하라.

4-34 10 디옵터의 볼록렌즈에 마이너스 굴절능을 갖는 상면 보정렌즈를 추가하였다. 볼록렌즈로부터 떨어진 상면 보정렌즈의 위치를 구하라.

4-35 상이 물체의 4배로 커졌다. 이 물체를 4 m 뒤로 움직였을 때 원래 물체의 2배로 커진다. 렌즈의 초점거리를 구하라.

프리즘

프리즘은 분산을 이용한 빛의 분광, 반사를 이용한 광경로의 변화 및 상의 반전과 위치 변화, 그리고 편광 특성을 이용한 편광의 생성 등에 이용되는 광학부품의 하나이다. 프리즘은 그 특성에 따라 분산 프리즘, 반사 프리즘 및 편광 프리즘으로 분류할 수 있다.

5.1 분산 프리즘

프리즘에 입사한 빛은 프리즘 표면에서 반사 및 굴절된다. 이때 파장에 따라 굴절률이 다르기 때문에 입사하는 빛에 여러 가지 파장이 섞여 있을 경우 프리즘을 통과한 빛은 파장별로 분리된다. 이러한 현상을 **분산**(dispersion)이라고 하고, 이것을 이용한 프리즘을 분산(또는 굴절) 프리즘이라고 한다.

5.1.1 프리즘에 의한 꺾임각

그림 5.1은 **꼭지각**(apex angle)이 α인 굴절 프리즘에서 입사각과 **꺾임각**(deviation angle)의 관계를 나타내는 것이다. 단색성 빛이 첫 번째 면에 입사각 I_1으로 입사한 후 수직 법선에 대해서 I_1'의 각으로 굴절되고, 이 광선은 첫 번째 면

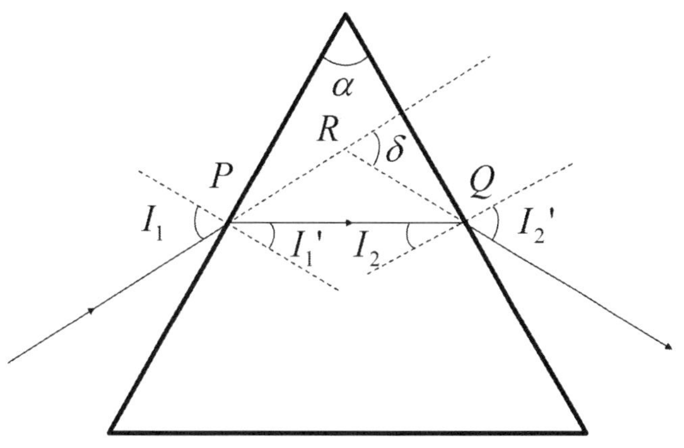

그림 5.1 분산 프리즘에서 빛의 입사각과 꺾임각

에 대하여 $(I_1 - I_1')$의 각으로 꺾인다. 두 번째 면에서는 광선이 I_2의 각으로 입사하여 수직 법선에 대하여 I_2'의 각으로 굴절되어 나오고, 이때 두 번째 면에서의 꺾임각은 $(I_2' - I_2)$이 되어서, 프리즘의 총 꺾임각 δ는

$$\delta = \angle RPQ + \angle RQP \tag{5.1}$$

이 된다. 그림 5.1의 기하학적인 관계로부터

$$\angle RPQ = I_1 - I_1' \tag{5.2}$$

$$\angle RQP = I_2' - I_2 \tag{5.3}$$

이다. 그리고

$$\alpha = I_1' + I_2 \tag{5.4}$$

이므로, 프리즘을 통과한 후 꺾임각은

$$\delta = I_1 + I_2' - \alpha \tag{5.5}$$

로 나타낼 수 있다. 즉, 프리즘의 꼭지각과 꺾임각의 합은 입사각과 최종 굴절각의 합과 같음($\delta+\alpha=I_1+I_2'$)을 알 수 있다.

이제 그림 5.1과 같이 꼭지각이 α이고, 굴절률이 n인 프리즘이 공기중에 있을 때 꺾임각 δ를 입사각 I_1의 관계로 나타내보자. 그림 5.1에서 프리즘의 첫 번째 면의 P에서 스넬의 법칙을 적용하면 $\sin I_1 = n\sin I_1'$ 이므로,

$$I_1' = \sin^{-1}\left(\frac{1}{n}\sin I_1\right) \tag{5.6}$$

이고, 프리즘의 두 번째 면의 Q에서 스넬의 법칙을 적용하면 $n\sin I_2 = \sin I_2'$ 이므로,

$$I_2' = \sin^{-1}(n\sin I_2) \tag{5.7}$$

이다. 식 (5.4)에서 $I_2 = \alpha - I_1'$ 이므로 식 (5.7)은

$$I_2' = \sin^{-1}[n\sin(\alpha - I_1')] \tag{5.8}$$

이 된다. 여기에 식 (5.6)을 대입하면

$$I_2' = \sin^{-1}\left[n\sin\left\{\alpha - \sin^{-1}\left(\frac{1}{n}\sin I_1\right)\right\}\right] \tag{5.9}$$

이고, 프리즘의 꺾임각은

$$\delta = I_1 - \alpha + \sin^{-1}\left[n\sin\left\{\sin^{-1}\left(\frac{1}{n}\sin I_1\right)\right\}\right] \tag{5.10}$$

와 같이 입사각과 꼭지각의 관계로 표현할 수 있다. 위의 식을 달리 표현하면

$$\delta = I_1 - \alpha + \sin^{-1}\left[(n^2 - \sin^2 I_1)^{1/2}\sin\alpha - \cos\alpha\sin I_1\right] \tag{5.11}$$

로 고쳐 쓸 수 있다(유도 과정은 독자들의 연습으로 남겨둔다).

입사각 I_1이 일정하다고 가정하고 식 (5.11)을 굴절률 n에 대하여 미분하면 파장에 따른 꺾임각의 변화를 나타내는 **프리즘 분산식**을

$$d\delta = \frac{\cos I_2 \tan I_1' + \sin I_2}{\cos I_2'} dn \tag{5.12}$$

와 같이 구할 수 있다. 여기에서 양변을 $d\lambda$로 나누면

$$\frac{d\delta}{d\lambda} = \frac{\cos I_2 \tan I_1' + \sin I_2}{\cos I_2'} \frac{dn}{d\lambda} \tag{5.13}$$

와 같이 파장에 대한 **각분산**(angular dispersion)을 구할 수 있다. 이때 $dn/d\lambda$는 프리즘 재질의 **굴절률 분산**(index dispersion)이다.

5.1.2 최소 꺾임각

식 (5.10) 또는 식 (5.11)과 같이 프리즘의 꺾임각은 입사각과 꼭지각에 따라 다른 값을 갖는다. 꼭지각이 작을 때에는 꺾임각은 입사각에 선형적으로 비례해서 증가한다. 그러나 꼭지각이 커질수록 입사각이 증가함에 따라 꺾임각은 점점 감소하여 최솟값을 가진 후 다시 증가하는데 이때 꺾임각을 **최소 꺾임각**이라고 한다. 그림 5.2는 굴절률이 1.523인 크라운 유리로 된 프리즘에 대하여 입사각의 변화에 따른 꺾임각을 식 (5.10)을 이용하여 계산한 결과이다. 그림 5.2에서 실선과 점선은 각각 꼭지각이 30°와 40°에 대한 것으로, 최소 꺾임각은 23°와 31°이다.

한편 프리즘의 꺾임각은 빛이 프리즘을 대칭적으로 지나갈 때, 즉 입사각과 최종 굴절각이 같을 때 최소 δ_m이 된다. 이러한 조건은 그림 5.1에서

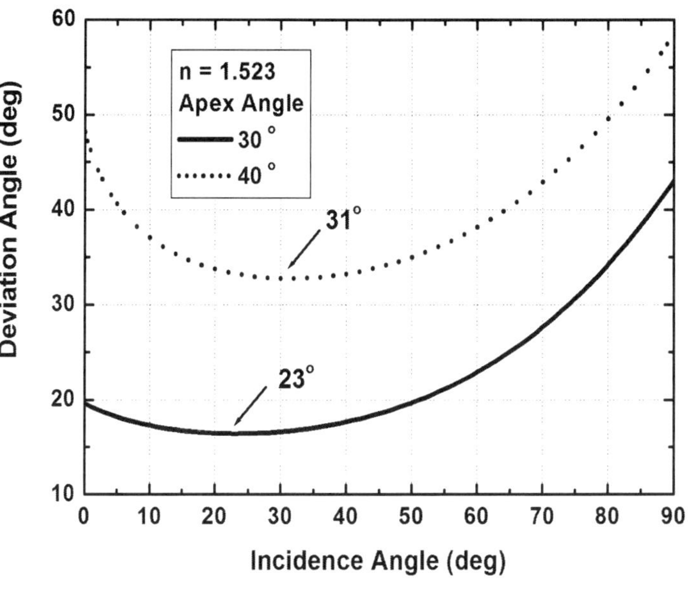

그림 5.2 입사각에 대한 꺾임각의 변화

$$I_1 = I_2' = \frac{(\alpha + \delta_m)}{2} \tag{5.14}$$

$$I_1' = I_2 = \frac{\alpha}{2} \tag{5.15}$$

이다. 프리즘의 두 번째 면 Q에서 스넬의 법칙을 적용하면

$$\sin I_2' = n \sin I_2 \tag{5.16}$$

이고, 여기에 식 (5.14)와 (5.15)을 대입하면

$$\sin\left(\frac{\alpha + \delta_m}{2}\right) = n \sin\left(\frac{\alpha}{2}\right) \tag{5.17}$$

가 된다. 이로부터 프리즘의 굴절률은

$$n = \frac{\sin\left(\frac{\alpha + \delta_m}{2}\right)}{\sin\left(\frac{\alpha}{2}\right)} \tag{5.18}$$

로 표현할 수 있다. 이 식을 **프리즘 공식**이라고 하며, 이로부터 입사각의 변화에 대한 최소 꺾임각을 측정하여 프리즘의 굴절률을 결정할 수 있다.

5.1.3 얇은 프리즘

얇은 프리즘은 꼭지각 α가 작아서 빛이 프리즘 면에 거의 수직으로 입사하는 경우이다. 이 경우 그림 5.1의 입사각 I_1는 작은 값을 가지며, 따라서 꺾임각 δ도 작아진다. 이때 근축광선의 경우와 같이 $I_1' = I_1/n$, $I_2 = \alpha - I_1' = \alpha - I_1/n$, $I_2' = nI_2 = n\alpha - I_1$으로 근사할 수 있다. 이 결과를 식 (5.5)에 대입하면 얇은 프리즘의 꺾임각은

$$\delta = I_1 + I_2' - \alpha = I_1 + n\alpha - I_1 - \alpha = \alpha(n-1) \tag{5.19}$$

로 나타낼 수 있다.

5.1.4 프리즘의 분산

프리즘을 통과한 단색광의 꺾임각과 프리즘 재질의 굴절률의 관계는 식 (5.18)과 같다. 따라서 여러 가지 파장으로 이루어진 빛이 프리즘을 통과할 때 파장에 대한 굴절률이 다르며, 꺾임각도 달라진다. 일반적으로 파장이 길면 굴절률이 작아지고, 프리즘을 통과한 빛은 파장별로 분리된다. 이것을 **정상분산**(normal dispersion)이라고 하며, 파장 λ에 따른 굴절률 $n(\lambda)$을 그린 곡선을 정상분산 곡선이라고 한다. 코시(Auguistin Cauchy, 1789~1857)가 도입한 이 곡선에 대한 경험적인 근사식은

$$n(\lambda) = A + \frac{B}{\lambda^2} + \frac{C}{\lambda^4} + \cdots \tag{5.20}$$

이다. 여기에서 A, B, C 등의 계수는 특정한 광학 물질의 분산 자료에 대하여 경험적으로 맞추어진 상수이다. 두 번째 항까지 만으로도 실제의 분산 곡선과 잘 맞는 경우가 있으며, 실험적으로 측정한 두 개의 파장에 대한 굴절률 n의 값으로부터 A와 B를 결정한다. 이때 코시의 분산식 (5.20)을 사용하면, 분산은

$$\frac{dn}{d\lambda} = -\frac{2B}{\lambda^3} \tag{5.21}$$

으로 표현할 수 있다.

그림 5.3은 분산 프리즘에 의한 세 가지 파장에 대한 분산을 나타낸 것이다. 여기에서 δ_C, δ_d, δ_F는 각각 프라운호퍼 선(Fraunhofer line)인 C-선(656.3 nm), d-선(587.6 nm) 및 F-선(486.1 nm)에 대한 꺾임각이다. 얇은 프리즘의 꺾임각에 대한 식 (5.19)을 이용해서 F-선과 C-선 사이의 꺾임각 차이 $d\delta$를 d-선에 대한 꺾임각 δ로 나눈 비는

$$\frac{d\delta}{\delta} = \frac{n_F - n_C}{n_d - 1} \tag{5.22}$$

와 같다. 분산 $d\delta$와 꺾임각 δ의 비에 대한 이러한 측정을 **분산능**(dispersion power) Δ라고 정의하고,

$$\Delta = \frac{n_F - n_C}{n_d - 1} \tag{5.23}$$

와 같이 표현한다. 분산능의 역수는 아베수로 알려져 있다. 표 5-1는 프라운호퍼 선들에 대한 크라운 유리와 플린트 유리의 굴절률을 정리한 것이다. 표 5-1에서 크라운 유리의 분산능은 1/65이지만, 플린트 유리 분산능의 거의 2배인 1/29임을 알

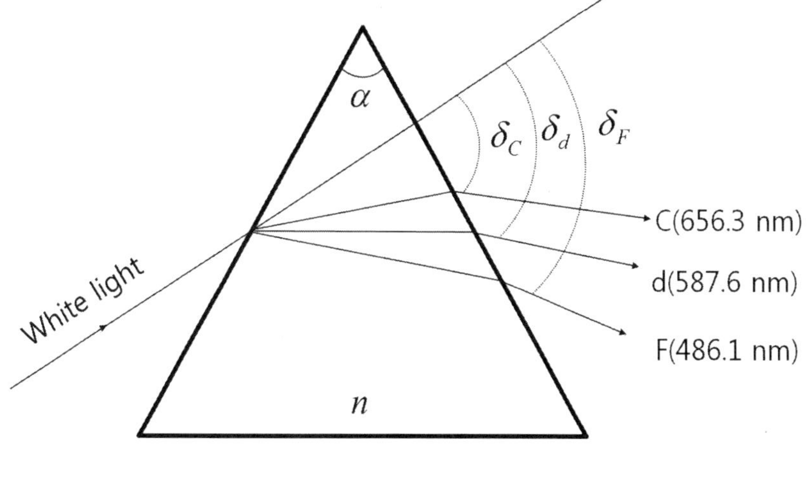

그림 5.3 세 가지 파장에 대한 프리즘의 분산

수 있다.

표 5.1 프라운호퍼 선들에 대한 유리의 굴절률

프라운호퍼 선	굴절률 n	
	크라운 유리	플린트 유리
F-선(486.1 nm)	1.5286	1.7428
d-선(587.6 nm)	1.5230	1.7205
C-선(656.3 nm)	1.5205	1.7076

5.1.5 프리즘 분광기

분산 특성을 가진 프리즘을 사용하면 미지의 파장을 분석할 수 있는데 이러한 분석기기를 **프리즘 분광기**(prism spectrometer)라고 한다. 그림 5.4는 파장 λ와 이웃한 파장 $\lambda' = \lambda + \Delta\lambda$ 인 평행광이 프리즘 면에 꽉 차게 입사하는 경우를 그린 것이다. 페르마의 원리에 따르면 파장 λ에 대한 광선 ACW는 광선 BD와 동일한 파면 BA에서 시작하여 동일한 파면 DW에서 끝나기 때문에 이 두 광선은 등시적이다. 따라서 이 광경로들에 대하여

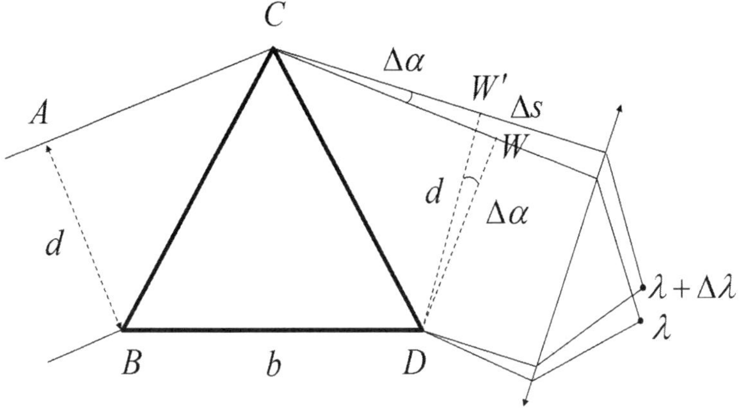

그림 5.4 프리즘의 색 분해능을 구하기 위한 광로도

$$\overline{AC}+\overline{CW}=nb \tag{5.24}$$

가 성립한다. 여기에서 n는 파장 λ에 대한 프리즘의 굴절률, b는 프리즘 밑변의 폭이다. 파장이 λ와 이웃한 파장 $\lambda' = \lambda + \Delta\lambda$ 이 입사할 때, λ'에 대한 굴절률은 $n' = n - \Delta n$ 이고, 정상분산에 대한 Δn은 작은 양수일 것이다. 그림 5.4에서 볼 수 있듯이 두 파장의 파면은 프리즘에서 $\Delta\alpha$ 만큼의 작은 각 차이로 분리되고, 망원경 대물렌즈로 보면 초점면에서 다른 지점에 초점을 맺는다. 파장 λ'에 대해서도 페르마 원리를 적용하면

$$\overline{AC}+\overline{CW}-\Delta s=(n-\Delta n)b \tag{5.25}$$

가 된다. 식 (5.24)과 (5.25)에서

$$\Delta s = b\Delta n \tag{5.26}$$

이 된다. 이 식과 분산은

$$\Delta s = b\left(\frac{dn}{d\lambda}\right)\Delta\lambda \tag{5.27}$$

의 관계에 있고, 경로차 Δs와 파장차 $\Delta\lambda$를 연결해 준다. 위의 식을 각도차 $\Delta\alpha$로 바꾸어 쓰면

$$\Delta\alpha = \frac{\Delta s}{d} = \left(\frac{b}{d}\right)\left(\frac{dn}{d\lambda}\right)\Delta\lambda \tag{5.28}$$

이 된다. 여기에서 d는 프리즘에 입사하는 광속의 폭이다.

회절에 의해 결상된 상을 겨우 구분할 수 있는 두 파면의 분리된 최소각을 **레일리 기준**(Rayleigh's criterion)이라 한다. 그림 5.4의 경우 파장 λ와 λ'이 결상되는 것을 구분하기 위해 레일리 기준을 적용하면 두 파면의 최소각 차이 $\Delta\alpha$는

$$\Delta\alpha = \frac{\lambda}{d} \tag{5.29}$$

와 같다. 따라서 식 (5.28)과 (5.29)을 결합하면

$$\frac{\lambda}{d} = \left(\frac{b}{d}\right)\left(\frac{dn}{d\lambda}\right)\Delta\lambda \tag{5.30}$$

이다. 이로부터 분해가능한 상에 대한 최소 파장 차이는

$$(\Delta\lambda)_{\min} = \frac{\lambda}{b(dn/d\lambda)} \tag{5.31}$$

이 된다. 분광기의 **분해능**(resolving power)은 분해한계를 알려주는 방법으로

$$R = \frac{\lambda}{(\Delta\lambda)_{\min}} = b\frac{dn}{d\lambda} \tag{5.32}$$

와 같이 정의한다. 프리즘 분광기의 분해능을 높이려면 프리즘의 분산을 크게 해야 하지만 프리즘의 재질의 종류에 따라 제한되기 때문에 밑변의 폭 b를 크게 한다. 그러나 이 방법은 크고 무거운 프리즘이 필요하기 때문에 비현실적이다.

5.1.6 색지움 분산 프리즘

색분산 없이 빛을 각분산시키는 **색지움 분산 프리즘**(achromatic prism)은 고분산 유리로 만든 프리즘과 저분산 유리로 만든 프리즘을 그림 5.5와 같이 결합하여 만든다. 프리즘에서 나가는 빛들은 서로 일치하지 않지만 같은 각분산을 가지고 평행하게 나간다. 각각의 프리즘 꼭지각을 α_1과 α_2, 굴절률을 n_1과 n_2, 꺾임각을 δ_1과 δ_2라고 하면, 색지움 분산 프리즘의 꺾임각 δ_{12}은

$$\delta_{12} = \delta_1 + \delta_2 = \alpha_1(n_1 - 1) + \alpha_2(n_2 - 1) \tag{5.33}$$

이고, 식 (5.22)를 참고로 하면

$$\begin{aligned} d\delta_{12} = d\delta_1 + d\delta_2 &= \frac{\delta_1}{V_1} + \frac{\delta_2}{V_2} \\ &= \frac{\alpha_1(n_1 - 1)}{V_1} + \frac{\alpha_2(n_2 - 1)}{V_2} \end{aligned} \tag{5.34}$$

이다. 색지움 프리즘이 되기 위해서 $d\delta_{12} = 0$ 이어야 하므로, 위의 두 식으로부터 프리즘의 꼭지각에 대한 해를

$$\alpha_1 = \frac{\delta_{12} V_1}{(n_1 - 1)(V_1 - V_2)} \tag{5.35}$$

$$\alpha_2 = -\frac{\delta_{12} V_2}{(n_2 - 1)(V_1 - V_2)} \tag{5.36}$$

와 같이 구할 수 있다. 식 (5.35)와 (5.36)에서 알 수 있듯이 프리즘의 꼭지각들은 부호가 서로 반대이고, 아베수 V가 커짐(상대 분산이 더 작아짐)에 따라 꼭지각들은 점점 더 커진다.

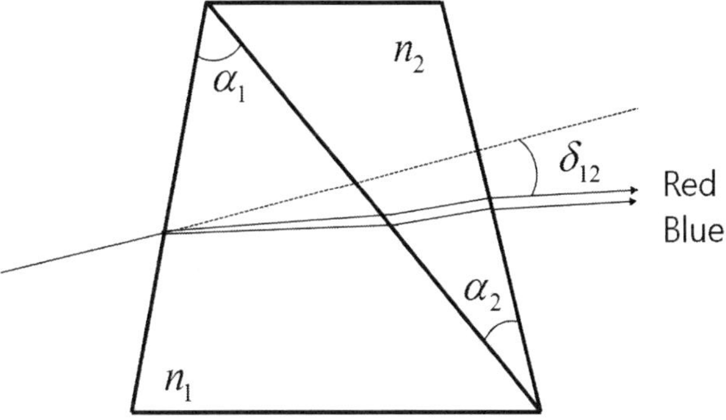

그림 5.5 색지움 분산 프리즘

5.1.7 직시 프리즘

직시 프리즘(direct vision prism)은 그림 5.6과 같이 프리즘을 통과한 빛이 입사하는 빛에 대하여 꺾이지 않고 분산이 생겨야 한다. 이 경우 식 (5.33)에서 $\delta_{12}=0$이고, 이 결과와 식 (5.34)으로부터 직시 프리즘의 꼭지각은

$$\alpha_1 = \frac{d\delta_{12} V_1 V_2}{(n_1 - 1)(V_2 - V_1)} \tag{5.37}$$

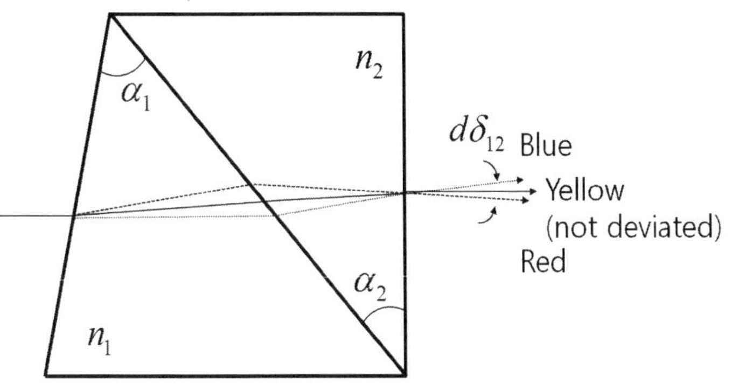

그림 5.6 직시 프리즘

$$\alpha_2 = -\frac{d\delta_{12} V_1 V_2}{(n_2 - 1)(V_2 - V_1)} \tag{5.38}$$

와 같이 구할 수 있다.

5.1.8 분산 프리즘의 종류

그림 5.7은 분산 프리즘 중에서 펠린-브로카(Pelin-Broca) 프리즘과 아베(Abbe) 프리즘의 두 가지 예로, 이들 중 펠린-브로카 프리즘이 일반적으로 많이 사용되고 있다. 이 프리즘들은 한 종류의 광학유리로 되어 있지만, **펠린-브로카 프리즘**은 30°-60°-90° 프리즘 두 개와 45°-45°-90° 프리즘 한 개로 구성되어 있다고 생각할 수 있다.

그림 5.7(a)와 같이 파장이 λ인 단색광이 프리즘 ABE를 대칭적으로 통과한 후 면 AD로부터 45°로 반사되고, 이 광선은 프리즘 CBD를 대칭적으로 통과해서 전체적으로는 90°의 꺾임각을 갖는다. 이 광선은 최소 꺾임각에서 보통의 60° 프리즘(CBD와 결합된 ADE)을 통과한 것처럼 생각할 수 있다. 프리즘으로 입사하는 모든 다른 파장은 다른 각도의 꺾임각으로 프리즘을 빠져 나올 것이다. 이제 프리즘이 지면에 수직한 축에 대하여 약간 회전하다면 들어오는 광선은 새로운 입사각을 가질 것이다. 이른바 λ_2의 다른 파장 성분은 다시 90°인 최소 꺾임각을 가지게 된다. 이 종류의 프리즘을 이용하면 고정된 각도(여기에서는 90°)에서 광원 및 관측 계통을 손쉽게 설치할 수 있으며, 특정한 파장에서 관찰하려면 단순히 프리즘을 회전시키기만 하면 된다. 이 장치에서는 프리즘 회전 다이얼이 직접 파장을 나타내도록 눈금을 교정하여 표시할 수 있다.

한편 그림 5.7(b)의 **아베 프리즘**은 30°-60°-90° 프리즘, 60°-60°-60° 프리즘, 30°-30°-120°의 프리즘 세 개로 구성된 것으로 생각할 수 있다. 프리즘에 입사한 빛이 AB 면에서 30°의 각도로 굴절된 후 BC와 평행하게 진행하고, AC 면에서 60°의 반사각으로 전반사되어 BC 면에 30°의 입사각으로 입사해서 마지막 굴절각은 처음의 입사각과 같다. 이때 입사광과 출사광의 꺾임각은 60°로 입사광의 파장이 달라도 일정한 값을 가진다.

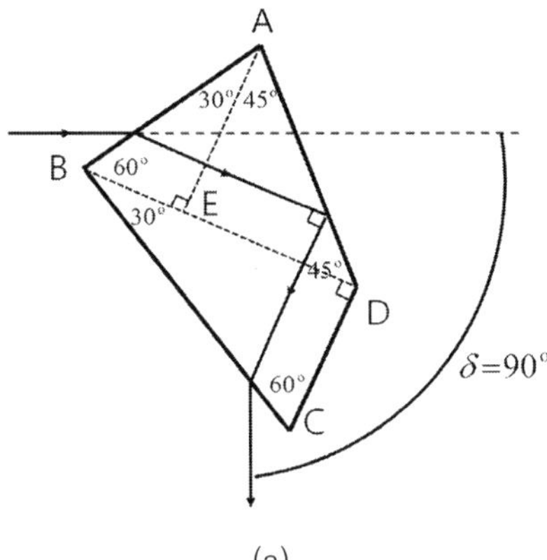

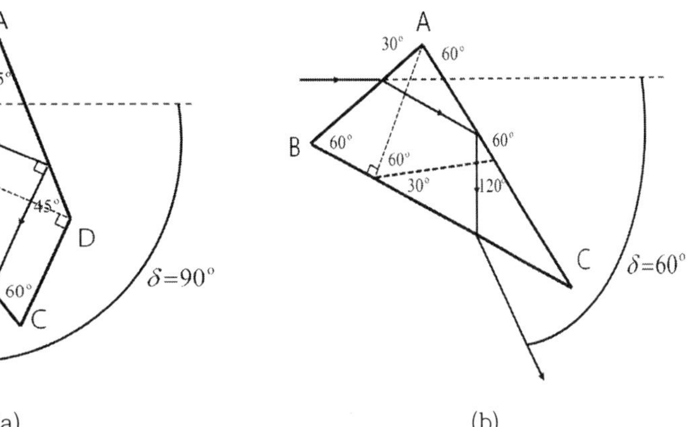

그림 5.7 분산 프리즘의 종류. (a) 펠린-브로카 프리즘, (b) 아베 프리즘

5.2 반사 프리즘

반사 프리즘은 내부 전반사를 이용해서 빛의 진행 방향 또는 위치를 변화시키거나 상의 위치와 방향을 바꾸는데 사용할 수 있다. 이러한 특성을 이용한 반사 프리즘은 카메라, 쌍안경(binoculars), 잠망경(periscope), 안과학기기 등의 광학기기에 널리 응용되고 있다.

5.2.1 반사 프리즘의 색지움 조건

반사 프리즘에서 꺾임각이 파장에 따라 차이가 없이 일정하게 할 수 있다. 그림 5.8과 같은 정삼각형 프리즘에서 빛은 P 점으로 입사하여 내부 전반사된 후 R 점으로 나온다. 이때 꺾임각은 $\delta = 180° - \angle PQR$, $\angle OPQ = 90° + I_1$, $\angle ORQ = 90° + I_2$이므로, $\alpha + \angle OPQ + \angle PQR + \angle ORQ = 360°$이다. 이로부터 꺾임각 δ는 다음과 같이 구할 수 있다.

$$\delta = I_1 + I_2' + \alpha \tag{5.39}$$

만약 $I_1 = I_2'$인 경우

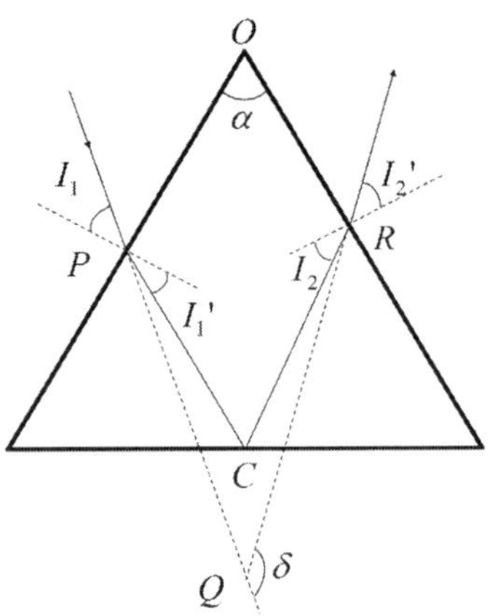

그림 5.8 반사 프리즘에서 입사각과 꺾임각

$$\delta = 2I_1 + \alpha \tag{5.40}$$

가 된다. 즉, 꺾임각은 굴절률 및 파장에 관계없이 일정하며, 이때 **색지움 반사 프리즘**으로 작용한다.

5.2.1 반사 프리즘의 종류

직각 프리즘(right angle prism)은 그림 5.9(a)와 같이 45°-90°-45°의 각도를 가지고 있고, 한 면에 수직으로 입사한 빛은 직각삼각형의 빗면에서 전반사되고, 90° 방향으로 꺾여서 직각 프리즘을 빠져나온다. 이때 상의 수직 위치가 바뀌지만, 좌우는 바뀌지 않는다. 빛이 들어가는 면과 나오는 면에 반사방지 코팅(anti-reflecting coating)을 하면 프리즘에서 빛의 손실은 프리즘 재질의 흡수와 이 면들에서 생기는 수 % 이하의 반사가 전부이므로 매우 좋은 반사용 광학계가 될 수 있다.

그림 5.9(b)의 **포로 프리즘**(Porro prism)은 직각 프리즘과 같은 구조이지만 다른 방향으로 빛을 입사시킨다. 프리즘 내부에서 두 번 전반사된 다음 입사 방향과 180° 방향으로 반사되어 나온다. 상의 좌우는 바뀌지 않지만 상하가 뒤집어지고, 입사각에 관계없이 출사하는 빛은 입사하는 빛과 항상 평행한 일정 편향 프리즘(constant deviation prism)의 하나다. 이러한 특성을 이용한 포로 프리즘은 렌즈

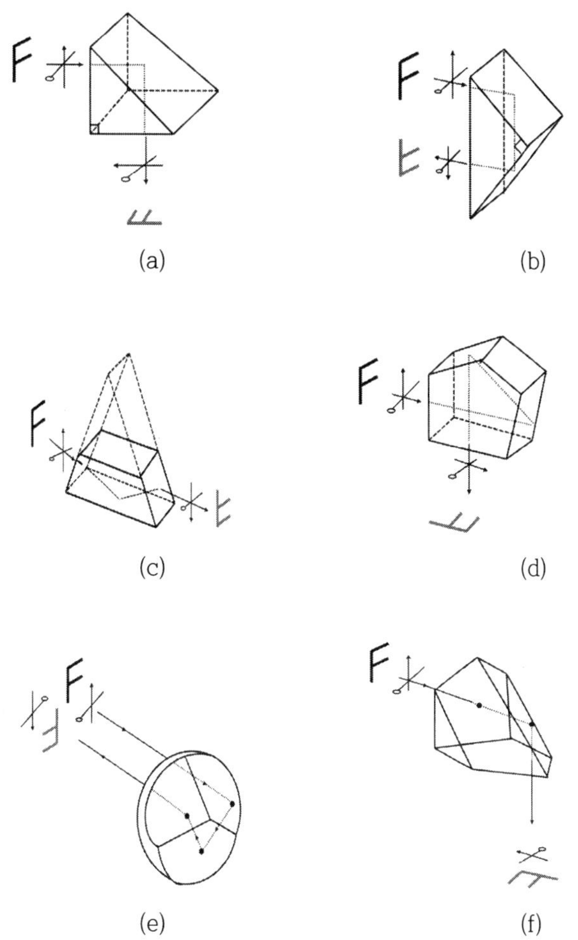

그림 5.9 반사 프리즘의 종류. (a) 직각 프리즘, (b) 포로 프리즘, (c) 도브 프리즘, (d) 펜타 프리즘, (e) 코너큐브 프리즘, (f) 아미치 프리즘

계에서 만들어진 상의 역전을 수정하기 위한 망원경 광학계에 활용된다.

도브 프리즘(Dove prism)은 그림 5.9(c)와 같이 직각 프리즘의 90° 꼭지각 부분을 밑면과 평행하게 자른 모양의 프리즘이다. 도브 프리즘에 입사한 빛은 내부 전반사되고, 프리즘을 통과한 빛은 좌우는 바꾸지 않지만 상하는 반전된다. 입사면이 광속과 수직하지 않기 때문에 비점수차가 생긴다. 그리고 도브 프리즘을 시선을 중심으로 θ의 각도로 회전시키면 상은 2θ 만큼 회전된다.

펜타 프리즘(penta prism)또는 오각 프리즘은 그림 5.9(d)와 같은 구조로 되어 있어서 프리즘에 입사한 빛은 내부 전반사가 두 번 일어나고, 상의 방향은 상하, 좌우 모두 바뀌지 않으며, 항상 입사하는 빛의 방향에 대하여 90° 방향의 변화를 얻을 수 있는 일정 편향 프리즘의 하나이다. 이러한 특성을 이용한 펜타 프리즘은 프리즘을 정확하게 정렬하지 않고도 완벽한 90° 편향이 필요한 곳에 사용한다. 거리 측정기의 마지막 반사체로 사용하기도 하고, 광학장비 제작이나 정밀한 정렬 작업 시에 사용한다.

코너큐브 프리즘(corner cube prism)은 직육면체 또는 정육면체의 한 모서리를 비스듬하게 자른 모양으로 그림 5.9(e)와 같이 밑면을 제외한 다른 세 면은 모두 직각으로 만난다. 빛이 밑면으로 들어가면 세 번 내부 전반사된 후 되돌아 나오고, 이때 입사하는 빛과 출사하는 빛은 입사각에 관계없이 평행하고, 상은 상하, 좌우 모두 반전된다. 아폴로 11호가 달에 착륙하였을 때 코너큐브 프리즘을 달에 설치하였다고 알려져 있다. 지구상에서 달에 레이저 빔을 보내고 되돌아오는 빔을 측정해서 지구와 달 사이의 거리를 측정한 결과 달이 매년 지구로부터 3.8 cm씩 멀어지고 있다는 사실을 발견하였다.

아미치 프리즘(Amici prism)은 그림 5.9(f)와 같이 90°로 만나는 두 면과 이들 두 면을 가로지르는 면이 빗면과 일치하도록 만든 프리즘이다. 이는 직각 프리즘의 경사면 위에 지붕형 단면이 추가된 모양으로 루프(지붕형) 프리즘이라고도 한다. 지붕면에서 빛의 입사각은 직각 프리즘에서와 같이 45°가 아니고 약 60°이다. 지붕의 가장자리에 수직인 빛의 입사각은 45°이어서 지붕면에서 직각 프리즘의 빗면을 지나간 빛에 대해서 내부 전반사가 일어난다. 그 결과 프리즘의 지붕은 상의 좌우 반전을 일으키고, 이 현상을 이용하여 망원경의 상반전용으로 활용된다.

5.2.2 정립 프리즘

그림 5.10은 정립상을 만드는 프리즘 몇 가지를 보여주고 있다. 이들의 특징은 지붕을 가지고 있고, 90°의 지붕각을 이용하여 상의 좌우를 반전시키고 홀수 번 반사로 인해 상하를 반전시킨다. 그림 5.10에서 (f)를 제외하고 각 프리즘들에서 축상 광선이 프리즘 면에 수직으로 입사했다가 나가도록, 그리고 프리즘 내에서 모두 내부 전반사가 되도록 정렬한다. 레만-스프링거(Leman-Springer) 프리즘과 괴르츠

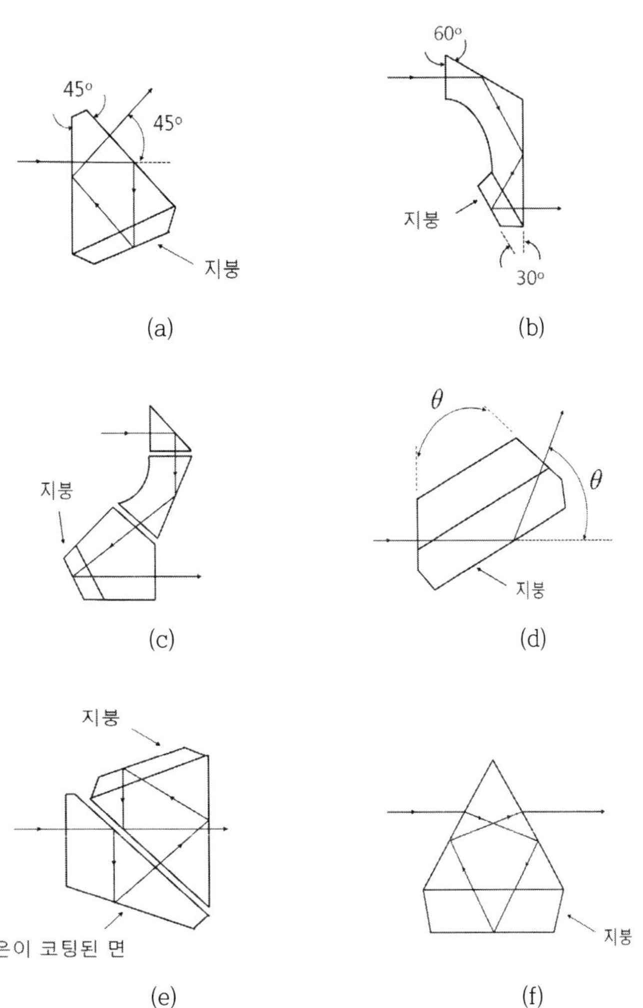

그림 5.10 정립 프리즘의 종류. (a) 슈미트 프리즘, (b) 레만-스프링거 프리즘, (c) 괴르츠 프리즘, (d) 변형된 아미치 프리즘, (e) 지붕이 있는 페찬 프리즘, (f) 지붕이 있는 델타 프리즘

(Goerz) 프리즘에서는 횡변위가 생기지만 편향이 일어나지 않는다. 슈미트(Schmidt) 프리즘과 변형된 아미치(Amici) 프리즘에서는 광축이 일정한 각도로 편향되는데, 이는 광학설계자가 내부 전반사의 한계를 벗어나지 않는 범위 안에서 이를 충분히 고려하여 설계할 수 있다.

5.2.3 도립 프리즘

그림 5.11은 도립상을 만드는 프리즘들의 예이다. 이들 프리즘은 모두 지붕이 없고, 한쪽 방향으로만 상을 반전시킨다. 이들 프리즘에 지붕을 추가하면 정립 광학계에서 상의 좌우를 바꿀 수 있다.

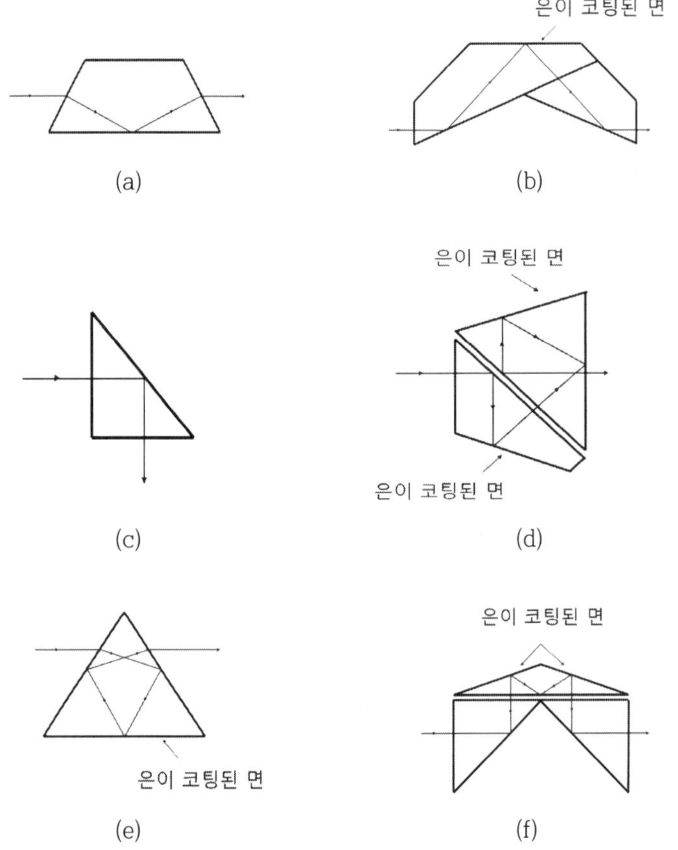

그림 5.11 도립 프리즘의 종류. (a) 도브 프리즘, (b) 상 역전 프리즘, (c) 직각 프리즘, (d) 페찬 프리즘, (e) 델타(또는 테일러) 프리즘, (f) 컴팩트 프리즘

5.3 편광 프리즘

5.3.1 복굴절

그림 5.12와 같이 글씨 또는 그림이 있는 종이 위에 방해석($CaCO_3$)과 같은 결정을 놓고 보면 두 개의 상이 보인다. 이때 결정을 돌리면 한 개의 상은 움직이지 않고, 다른 한 개의 상은 그 주위를 돌고 있는 것을 관찰할 수 있다. 이러한 현상은 편광되지 않은 빛이 방해석을 진행하면서 편광 상태와 진행 방향에 따라 서로 다른 방향으로 굴절되어 나타나는 것으로, 이것을 **복굴절**(birefringence)이라고 하며, 1669년 바르톨리누스(Erasmus Bartholinus, 1625~1698)*에 의해 발견되었다. 이때 움직이지 않는 상을 만드는 광선을 **정상광선**(ordinary ray), 움직이는 상을 만드는 광선을 **이상광선**(extraordinary ray)이라고 한다. 정상광선은 등방성 매질에서와 같이 스넬의 굴절법칙을 따라 굴절하고, 이상광선은 스넬의 법칙을 따르지 않는 방향으로 굴절한다.

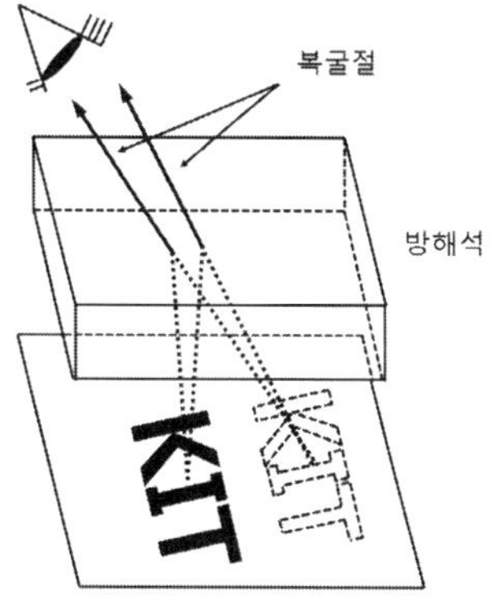

그림 5.12 복굴절 현상과 이중 상의 관찰

* 덴마크의 의학자이자 물리학자. 로스킬드(Roskilde) 출생. 의학을 수업하고, 서부 유럽과 이탈리아에 유학한 후 1656년 코펜하겐에서 수학 및 의학을 가르쳤다. 방해석 결정의 물리적, 화학적 성질을 자세히 연구하고, 1669년 빛의 복굴절 현상을 발견하였다.

표 5.2는 몇 가지 복굴절 결정들의 정상광선과 이상광선에 대한 굴절률 n_o와 n_e를 정리한 것이다.

표 5.2 복굴절 결정들의 굴절률(λ_0 = 589.3 nm)

Crystal	n_o	n_e
Tourmaline	1.669	1.638
Calcite	1.6584	1.4864
Quartz	1.5443	1.5534
Sodium nitrate	1.5854	1.3369
Ice	1.309	1.313
Rutile(TiO_2)	2.616	2.903

5.3.2 편광 프리즘의 종류

빛의 편광 상태에 따라 굴절 및 반사 특성을 이용하여 편광자나 검광자로 사용한다. 편광 프리즘은 주로 방해석이나 수정과 같은 복굴절성 재료를 이용하여 만들고, 편광되지 않은 빛을 편광 상태에 따라 분리하는데 사용된다.

널리 사용되고 있는 편광 프리즘은 니콜(Nicol) 프리즘, 글랜-톰슨(Glan-Thompson) 프리즘, 글랜-푸코(Glan-Foucault) 프리즘 및 월라스톤(Wollaston) 프리즘이고, 그림 5.13은 이들을 나타낸 것이다.

그림 5.13(a)의 **니콜 프리즘**은 스코틀랜드 물리학자 니콜(William Nicol, 1768 ~ 1851)이 복굴절을 이용하여 만든 최초의 편광 프리즘이다. 폭이 좁고 긴 삼방정계형 방해석의 끝 부분을 연마하여 광택을 내고, 마름모의 대각선으로 잘라 이 두 조각을 다시 연마하고 캐나다 발삼 접착제로 붙여서 만든다. 발삼 접착제는 투명하고, 굴절률은 1.55로 n_o와 n_e 사이이다. 편광되지 않은 빛을 니콜 프리즘에 입사시키면 정상광선과 이상광선으로 굴절되고, 서로 분리되어 발삼 층에 도달한다. 정상광선에 대해 방해석과 발삼 사이에서의 임계각이 약 69°이므로, 정상광선은 내부 전반사된다. 이상광선은 횡으로 변위되어 프리즘 밖으로 나오기 때문에 프리즘을 회전했을 때 광선이 이동하는 단점이 있다.

그림 5.13(b)는 **글랜-톰슨 프리즘**으로 니콜 프리즘에서 출사광이 프리즘의 회전

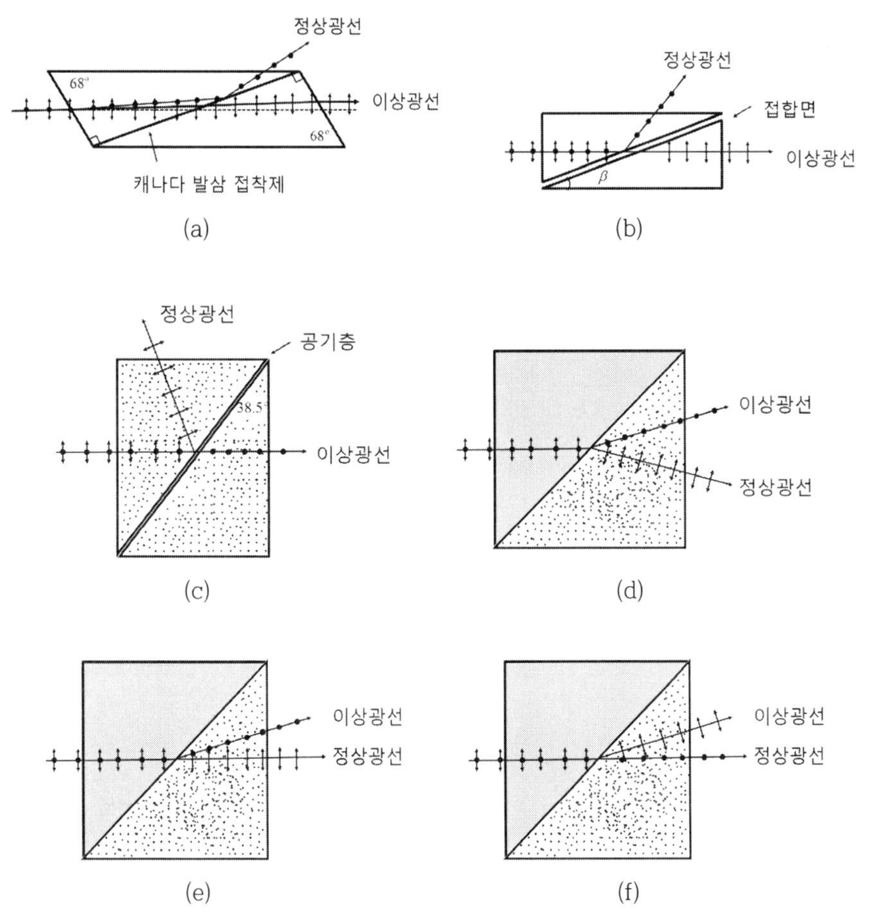

그림 5.13 편광프리즘의 종류. (a) 니콜 프리즘, (b) 글랜-톰슨 프리즘, (c) 글랜-푸코 프리즘, (d) 월라스톤 프리즘, (e) 로숀 프리즘, (f) 세나몬트 프리즘

에 의해 벗어나는 단점을 없애기 위해서 고안되었다. 수정이나 방해석의 결정으로 같은 모양의 프리즘을 만들고 캐나다 발삼으로 접합시킨 것이다. 방해석을 사용할 때는 발삼의 굴절률이 1.55로 프리즘 꼭지각 β는 19°36′이 적당하다. 빛의 입사면과 출사면이 입사광에 대해 수직이고, 출사광은 입사광과 동일한 직선 위에 있다. 편광되지 않은 빛을 글랜-톰슨 프리즘에 입사시키면 이상광선은 접합면을 감쇠 없이 통과하고, 정상광선은 접합면에서 반사된다. 입사하는 빛의 입사각의 허용범위는 30° 정도로 넓어서 쓰기에 편리하고, 대표적인 편광 프리즘으로 널리 사용되고 있

다.

그림 5.13(c)와 같은 **글랜-푸코 프리즘**은 방해석으로만 제작하는데 꼭지각이 약 38.5°인 두 개의 동일한 프리즘을 접착제 없이 공기접촉(air contact)으로 붙여서 만든다. 이 프리즘에 편광되지 않은 빛을 입사시키면 이상광선은 접합면을 감쇠 없이 통과하고, 정상광선은 접합면에서 반사되어 감쇠가 크다. 글랜-푸코 프리즘은 접합면이 공기층이기 때문에 자외선용의 편광자나 출력이 큰 레이저에 사용하기에 적당하다. 예를 들어 글랜-톰슨 프리즘에 사용할 수 있는 최대 세기는 약 1 W/cm^2 (연속 발진 레이저의 경우)인 반면에, 글랜-푸코 프리즘의 경우 최대 100 W/cm^2 (연속 발진 레이저의 경우)이다. 그러나 입사광이 공기층에서 다중반사에 의한 간섭이 일어나고, 광잡음이 생기는 단점이 있어서, 입사각을 조절하여 간섭을 막아야 한다. 또한 입사 허용각도가 10° 정도로 좁다.

월라스톤 프리즘은 그림 5.13(d)와 같이 서로 수직인 편광 성분을 모두 통과시켜서 편광 광속 분할기(polarizing beam splitter)라고 한다. 월라스톤 프리즘은 두 개의 방해석이나 수정으로 만든 프리즘의 결정축을 직교시켜 접착제로 붙인다. 방해석에서 $n_e < n_o$ 이므로 프리즘의 대각 면에서 나오는 정상광선은 법선 쪽으로 구부러지고, 이상광선은 대각면의 법선으로부터 멀리 구부러진다. 정상광선과 이상광선의 편향각 ϕ는 프리즘의 꼭지각 θ에 의해 결정된다. 상업적으로는 ϕ가 약 15°~45°인 프리즘을 제작하여 판매한다. 그러나 정상광선과 이상광선 모두 굴절되어 편향되기 때문에 입사광이 백색광인 경우 출사광은 색수차가 있는 편광으로 된다.

로숀(Rochon) 프리즘은 월라스톤 프리즘의 입사 방향을 90° 바꾼 것으로 방해석 혹은 수정으로 두 개의 직각 프리즘을 만들고, 그것을 캐나다 발삼으로 접착시킨다. 그림 5.13(e)와 같이 정상광선은 입사광과 평행하게 직진하고, 이상광선은 편향된다. 따라서 입사광이 백색광이라도 색수차가 없는 정상광선의 편광을 얻을 수 있다. 편향각 ϕ는 프리즘의 꼭지각 θ에 따라 결정된다.

세나몬트(Senarmont) 프리즘은 로숀 프리즘과 같은 구조이다. 그러나 그림 5.13(e)와 (f)를 비교해 보면, 입사광과 평행한 출사광과 굴절된 출사광들의 편광 성분이 로숀 프리즘의 경우와 수직이다.

연 습 문 제

5-1 꼭지각이 60°이고, 굴절률이 1.52인 프리즘의 총 꺾임각 대 입사각의 곡선을 그려 보라.

5-2 꼭지각이 60°인 유리 프리즘에 평행하게 입사하는 백색광이 꺾임각이 최소가 되는 위치에서 굴절한다. 이 프리즘에서 나오는 빨간색(n = 1.525) 빛과 파란색(n = 1.535) 빛의 꺾임각 사이의 간격을 구하라.

5-3 굴절률이 높은 바륨(barium) 크라운 유리로 만든 등변 프리즘을 분광용으로 사용한다. 이 프리즘 유리의 굴절률은 빛의 파장이 656.3 nm, 587.6 nm, 486.1 nm일 때 각각 1.63461, 1.63810, 1.64611이다.

(1) 파장이 589.3 nm인 나트륨광에 대한 최소 꺾임각을 구하라.

(2) 프리즘의 분산능을 구하라.

(3) 만약에 어떤 프리즘으로 파장 656.2716 nm와 656.2852 nm인 수소 이중선을 분광한다면, 이 프리즘의 밑변의 최소 길이는 얼마인가?

5-4 분광기를 사용하면 60°인 굴절각을 갖는 프리즘의 최소 꺾임각은 프라운호퍼 C-선, F-선, d-선에 대해 각각 38°20′, 38°33′, 39°12′이다. 이 프리즘의 분산능을 구하라.

5-5 n_C = 1.527, n_d = 1.530, n_F = 1.536인 크라운 유리와 n_C = 1.630, n_d = 1.635, n_F = 1.648인 플린트 유리가 있다. 두 유리는 d-선에 대해서 직시 프리즘이 되는 이중 프리즘을 만드는데 같이 사용한다. 플린트 프리즘의 굴절각은 5°이다.

(1) 직시 프리즘이 되기 위한 크라운 유리 프리즘에 필요한 굴절각을 구하고,

(2) 이 결과로 나온 C-선과 F-선을 갖는 광선 사이의 분산각을 구하라. 프리즘은 얇은 프리즘이고, 최소 꺾임각 조건이 만족된다고 가정한다.

5-6 n_C = 1.5205, n_d = 1.5230, n_F = 1.5286인 크라운 유리와 n_C = 1.7076, n_d = 1.7205, n_F = 1.7328인 플린트 유리가 있다. 크라운 유리 프리즘의 꼭지각이 15°라면,

(1) 플린트 유리 프리즘의 꼭지각을 구하고,

(2) 이 결과로 생긴 d-선에 대한 평균 꺾임각을 구하라.

5-7 프리즘 ABC는 ∡BCA = 90°와 각 ∡CBA = 45°를 갖는다. 프리즘은 공기중에 있고, AC 면을 통과한 광속이 BC 면에서 내부 전반사를 한다면 이 프리즘의 최소 굴절률은 얼마인가?

5-8 꼭지각이 60°인 프리즘의 굴절률이 빨간색에 대해서 1.618이고, 파란색에 대해 1.652이다. 각분산을 구하라.

5-9 꼭지각이 60°인 프리즘이 어떤 파장의 빛에 대한 최소 꺾임각이 56°이다. 이 파장에 대한 프리즘의 굴절률을 구하라.

5-10 속이 비어있고 꼭지각이 60°인 프리즘이 굴절률이 1.74인 액체 속에 들어있다. 최소 꺾임각을 구하라.

5-11 굴절률이 1.62인 유리로 만든 프리즘의 최소 꺾임각이 48.2°일 때 프리즘의 꼭지각을 구하라.

5-12 파란색 빛에 대한 굴절률이 1.7, 빨간색 빛에 대한 굴절률이 1.6인 유리판에 백색광이 30°의 각도로 입사할 때 유리 안에서 파란색과 빨간색 빛의 각분산을 구하라.

5-13 직시 프리즘(황색광에 대한 편의가 없음)에 대하여

(1) 굴절률이 1.523인 크라운 유리로 된 부분의 꼭지각이 11°이면 굴절률이 1.72인 플린트 유리로 된 부분의 꼭지각을 구하라.

(2) 파란색 빛과 빨간색 빛의 분산을 구하라.

6장 눈

사람은 시각, 청각, 촉각, 미각, 후각의 다섯 가지 감각을 가지고 있다. 이들 오감을 통해서 외부 상태에 대한 정보가 뇌로 전달되고, 뇌는 여러 가지 상태를 경험한다. 이 경험에 의해 '오감을 통해 뇌 속으로 들어온 정보를 어떻게 처리하고 판단하면 좋을까?'라는 능력이 완성된다고 생각할 수 있다. 시각적인 감각으로 모을 수 있는 정보는 모양, 크기, 원근, 색깔, 명암 등이다. 이와 같이 많은 종류의 정보를 모을 수 있는 것은 오감 중에서도 시각뿐이기 때문에 뇌는 다른 감각을 통하는 것 보다 시각을 통해서 외부와 많이 접촉하고, 다양한 상태를 경험하게 된다. 따라서 사람은 눈을 통해 바깥 세상을 보기도 하고, 시각정보만으로도 외부 상태를 어느 정도 정확하게 판단할 수 있는 능력이 있다. 또한 눈을 통해 자신의 마음 상태를 표현하기도 한다.

6.1 눈의 종류

일반적으로 눈에는 세 가지의 종류가 있다. 첫 번째는 단일 공심 렌즈로 물체의 상을 맺는 시각 렌즈계, 두 번째는 작은 렌즈들이 광섬유 다발과 같이 배열된 복합 렌즈 형태의 눈이고, 세 번째는 렌즈 없이 바늘구멍을 통해 상을 맺는 눈이다.

시각 렌즈계는 유기체 생물에서 독립적이지만 매우 비슷하게 진화해 왔다. 낙지와 같은 연체동물, 애비쿨라리아(avicularia)와 같은 거미들, 그리고 인간을 포함한 척추동물 등의 눈은 모두 빛에 민감한 상면이나 망막에 연속적인 하나의 실상을 맺는다. 이에 반해 많은 홑눈으로 이루어진 복합눈은 관절로 이루어진 절지동물들 사이에서 독립적으로 진화되었다. 이 눈의 각 부분을 통해서 보는 작은 시야의 점들이 모자이크 형태로 상을 맺는다. 복합눈의 경우 망막의 상면에 형성된 실상은 없고, 상의 합성은 신경계에서 전기적으로 이루어진다. 말파리는 홑눈이 약 7,000 개 이상이고, 잠자리는 30,000 개 정도이어서 약 50 개를 가지고 있는 개미보다 시야가 훨씬 좋다. 홑눈이 많을수록 상점이 많아지고 분해능이 더 좋아지며, 합성된 상은 더 선명해진다.

6.2 사람 눈의 구조

사람의 눈은 망막이라는 빛에 민감한 면에 각막과 수정체라는 두 개의 볼록렌즈로 실상을 형성하는 소형 광학기기라고 할 수 있다. 이러한 기본 개념은 독일의 케플러(Johann Kepler, 1571~1630)가 "시각은 외부 세계의 상이 오목한 망막에 맺힐 때 생긴다."라고 언급하면서 제안하였고, 1625년 독일의 샤이너(Christoph Scheiner, 1575~1650)가 행한 실험을 통해서 더욱 지지받게 되었다. 샤이너는 동물의 안구 뒤쪽에 있는 막을 제거하여 뒤쪽의 투명한 망막을 통해 눈 밖의 광경이 축소된 상을 볼 수 있었다.

사람의 눈은 그림 6.1과 같은 구조를 가지고 있다. 물체에서 나온 빛이 각막, 수양액, 수정체, 유리액 등을 통하여 망막에 결상되고, 여기에 연결된 시신경을 통해서 뇌로 전달되어 물체를 인식하게 된다. 일반적으로 사람 눈으로 볼 수 있는 파장의 범위는 390 nm ~ 780 nm로 알려져 있다. 그러나 약 310 nm까지의 자외선과 약 1,050 nm까지의 적외선까지도 가능하다는 연구결과가 있고, X-선을 볼 수 있다고 보고된 바도 있다.

사람 눈의 각 부분의 이름과 기능은 다음과 같다.

- **안구**(eyeball) : 둥근 모양이 유지될 정도의 충분한 압력을 갖는 젤리와 같은 물질을 단단한 플라스틱과 같은 껍질이 둘러싸고 있다. 두개골의 뼈로 된 소켓 내

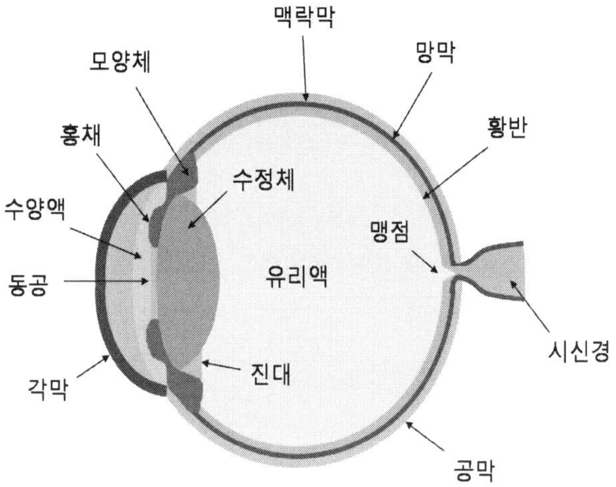

그림 6.1 사람 눈의 구조

의 푹신한 살과 지방으로 된 틀 위에 안구가 위치하고 있으며, 6 개의 근육으로 움직인다.

- **각막**(cornea) : 안구 앞쪽 표면에 있는 투명하고 혈관이 없는 조직으로 수정체를 외부로부터 보호한다. 볼록렌즈 역할을 하며, 공기와 각막의 경계면에서 빛은 눈으로 들어가자마자 큰 각도로 휘어진다. 눈의 전체 굴절력에서 실제로 약 73 % 정도가 각막의 표면에서 이루어진다. 각막의 굴절률은 약 1.376으로 물의 굴절률인 1.333과 비슷하기 때문에 물속에서는 잘 보이지 않는다. 성인의 각막 두께는 중심부가 0.5~0.6 mm, 주변부가 0.65~1.0 mm이고, 지름은 수직방향으로 10.6 mm, 수평방향으로 11.7 mm 정도이다.
- **수양액**(aqueous humor) : 눈의 각막과 수정체, 홍채 사이를 채우고 있는 맑은 용액으로 굴절률은 1.336이고, 눈에 들어오는 빛을 굴절시킨다.
- **동공**(pupil) : 특별히 있는 조직은 아니고 홍채 안쪽 중앙의 비어 있는 공간으로, 동공의 크기에 따라 안구로 들어오는 빛의 양이 결정된다.
- **수정체**(crystalline lens) : 하나의 매질로 이루어져 있지 않고 약 22,000 개의 미세한 섬유질이 쌓여서 이루어져 있으며, 지름이 약 9 mm, 두께가 약 4 mm인 볼록렌즈 역할을 한다. 수정체의 굴절률은 균일하지 않고 위치마다 굴절률이 다른 GRIN (graded-index) 구조로 이루어져 있어서 중심부근의 1.407에서 가장자리의 1.386까지 연속적으로 변하며, 구면수차가 거의 없는 구조로 되어 있

다. 수정체 양끝에 있는 모양체로 두께를 바꿔가며 수정체의 초점거리를 조절한다. 가까운 곳을 볼 때에는 모양체의 수축으로 좀 더 통통하고 두꺼운 모양이 되어 굴절력을 증가시킨다.

- **홍채**(iris) : 각막과 수정체 사이에 위치하며 눈으로 들어오는 빛의 양을 조절하는 조리개 역할을 하고, 주변 밝기의 감소에 따라 지름이 2 mm부터 8 mm까지 변한다. 홍채의 색은 인종별로 개인적으로 차이가 있어서 갈색, 파란색, 회색, 녹색, 엷은 갈색 등이 있다.
- **모양체**(ciliary body) : 수정체의 모양을 변화시켜서 눈의 초점거리를 바꾸는 역할을 한다. 무한대의 물체를 볼 때는 수정체가 이완상태로 당겨진 상태이고, 유한 거리의 물체를 볼 때는 수정체가 수축상태로 곡률 반지름이 감소한다. 이와 같이 눈의 초점 조절을 눈의 조절작용(accommodation)이라고 한다. 눈이 초점을 맺을 수 있는 가장 가까운 점을 근점(near point)이라고 하며, 10대의 경우 7~10 cm, 중년은 20~40 cm이고, 60대에는 100 cm 정도로 늘어난다.
- **진대**(zonule of zinn) : 모양체와 수정체에 연결되어 있는 섬유상 끈으로 수정체가 일정한 위치에 놓이도록 하고, 모양체 근육의 수축과 이완에 의해서 진대의 장력을 변화시켜 수정체의 두께를 조절하고, 눈의 초점 능력을 변화시킨다.
- **유리액**(vitreous humor) : 안구 내 공간을 채워서 안구의 정상적인 형태를 유지하고, 각막이나 수정체와 마찬가지로 광학적으로 투명하여 동공을 통해 들어온 빛이나 물체의 상이 망막에 맺힐 수 있게 한다. 유리액 성분의 98~99 %는 물이고, 콜라겐 섬유의 망상 조직이 있어서 젤 형태를 띠며, 콜라겐 섬유 사이사이의 공간은 히알루론산(hyaluronic acid) 등의 글리코사미노글리칸(glycosaminoglycan)이 채워져 있어 부피를 유지하는 역할을 한다. 나이가 듦에 따라 이러한 정상적인 구조의 변화가 나타나 젤과 같던 구조가 점차 물과 같이 바뀌는 액화가 진행된다.
- **망막**(retina) : 안구의 뒷부분 2/3 정도를 덮고 있는 투명한 신경조직으로 두께는 앞쪽은 0.1 mm, 뒤쪽은 0.2 mm 정도이다. 카메라의 필름에 해당하는 부위로 눈으로 들어온 빛이 최종적으로 도달하는 곳으로 망막의 시세포들이 시신경을 통해 뇌로 신호를 보내는 기능을 한다. 빛의 진행 방향 순서대로 혈관단지(blood vessel), 신경섬유(never fiber), 간상세포(rod cell), 원추세포(cone

cell), 그리고 색소층(pigment layer) 등으로 구성되어 있다. 망막에는 지름이 약 6 μm인 600~700만 개의 원추세포, 지름이 약 2 μm인 1억 2500만 개의 간상세포, 지름이 1.2~30.0 μm인 신경섬유가 약 100만 개 있다.

- **황반**(macula lutea) : 망막의 뒤쪽에 있는 부위로 빛이 들어와서 초점을 맺는 부위이며, 이 부분에 망막이 얇고 색을 감지하는 세포인 원추세포가 많이 모여 있다. 황반부의 시세포는 신경섬유와 연결되어 있는 시신경을 통해 뇌로 영상신호가 전달된다.
- **맹점**(blind spot) : 시신경의 통로로 원통세포와 원추세포가 분포되어 있지 않아 이 부분에 상이 맺히면 감지할 수 없다.
- **중심와**(fovea) : 황반 중심의 작은 영역으로 지름이 약 0.3 mm이다. 중심와에서 망막은 얇아지고, 지름이 1~1.5 μm인 원추세포가 약 2~2.5 μm 간격으로 분포한다. 망막 상에서 가장 자세한 정보를 알려주는 부분이고 물체를 관찰할 때 안구 운동을 통해 상을 중심와로 계속 이동시킨다.
- **시신경**(optic nerve) : 약 1백만 개의 시신경이 존재하는데 간상세포는 여러 개가 하나의 시신경에 연결되어 있지만, 중심와의 원추세포는 각각 하나의 시신경에 연결되어 있다.
- **공막**(sclera) : 각막을 제외한 안구의 뒤쪽 5/6을 차지하는 흰색의 질긴 섬유조직으로 눈의 형태를 유지하고 안구를 보호한다. 눈의 움직임을 담당하는 근육이 붙어 있고 조직이 매우 치밀하여 눈이 공처럼 유지되도록 해준다. 단면으로 보면 눈 앞쪽에서는 결막 아래에 있고, 뒤쪽에서는 안구의 가장 바깥 부위에 위치한다.
- **맥락막**(choroid) : 사람의 눈을 구성하는 세 개의 층 중 망막과 공막 사이에 존재하는 층으로 빛의 산란을 막는 기능을 한다. 안구 벽의 중간층을 형성하는 막으로 혈관과 멜라닌 세포가 많이 분포하며, 외부에서 들어온 빛이 분산되지 않도록 막는다. 맥락막은 안구의 뒤쪽 5/6을 차지하고 있으며, 암실 역할을 한다. 사진을 찍을 때 가끔 눈이 붉게 나오는 적목현상(red-eye)은 망막의 바깥쪽을 싸고 있는 맥락막에 혈관이 많이 있어서 색이 붉기 때문이다.

6.3 사람 눈의 모형

사람 눈의 구조는 매우 복잡해서 광학적으로 취급하기 쉽지 않아서 어느 정도 모형화 할 필요가 있다. 정상적인 눈인 정시안은 각막에서부터 망막까지의 거리가 22 mm 정도인 회전타원체이다. 빛을 집속시키는 굴절능을 제공하는 광학 면은 공기-각막 경계면, 수양액-수정체 경계면, 그리고 수정체-유리액 경계면 등 세 가지이다. 전반적으로 눈은 얇은 볼록렌즈로 나타낼 수 있으며, 근육이 이완된 상태(원거리 시)에서는 17 mm, 수축된 상태에서는(근거리 시) 14 mm의 초점거리를 갖는다.

눈의 굴절능을 정확히 표현하고자 **모형안**(schematic eye)이 제안되었다. 근사적인 모형안은 실제 생물학적인 눈의 특징들을 잘 나타내고 있다. 그리고 여러 가지 광학 상수가 보고되어 있어서 공통의 기준이 될 모형도 필요하다. 지금까지 헬름홀츠(H.V. Helmholz)와 로렌스(L. Laurance)의 모형안, **굴스트란드**(Allvar Gullstrand, 1862~1930)* 모형안 및 엠슬리(Emsley) 표준 환산 60 디옵터 모형안 등이 제시되었다. 그중에서 그림 6.2와 같은 굴스트란드의 체계화된 눈의 모형에서는 굴절률을 각막은 1.376, 수양액은 1.336, 유리액은 1.336으로 한다. 그리고 수정체의 굴절률은 1.386과 1.406 사이의 값을 가지며, 평균 굴절률은 1.413으로 한다. 그 외의 값은 표 6.1에 정리하였다.

---

* 스웨덴의 안과의사. 란스크로나 출생. 웁살라 대학교와 스톡홀름 대학교에서 공부하였으며, 1890년에 의학 박사학위를 취득하였고, 1894년에 웁살라 대학교 최초의 안과학 교수가 되었다. 눈의 시각적 영상형성을 설명하고 이와 관련된 일반적인 법칙을 완성하였으며, 렌즈의 굴절력에 영향을 미치는 곡률의 변화에 관하여 규명하는 등 눈의 굴절광학 분야에서 선구적인 연구를 수행하였다. 또한, 그는 백내장 수술 후에 사용하는 교정 렌즈를 개선하고 안과에서 사용하는 중요 기구중 하나인 '굴스트란드 슬릿 램프'를 제작하였고, 1911년 노벨 생리·의학상을 수상하였다.

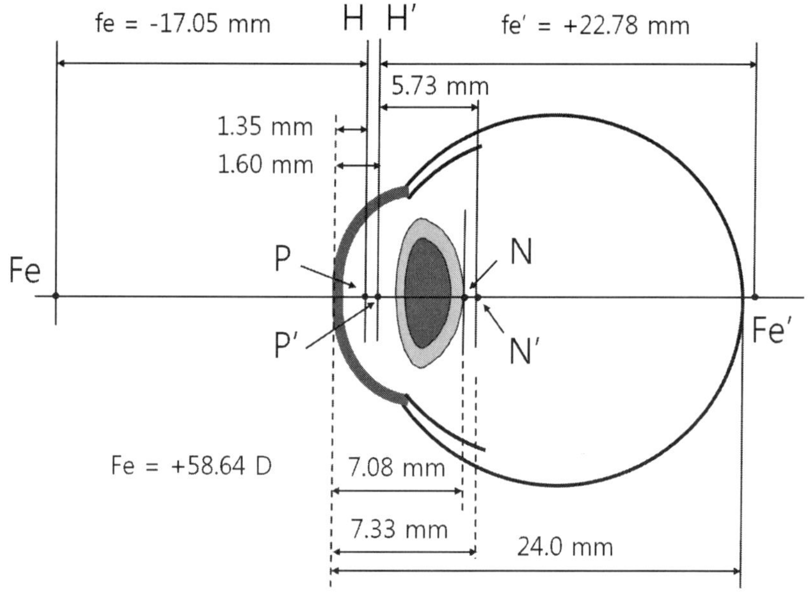

그림 6.2 굴스트란드의 눈의 모형

표 6.1 굴스트란드 모형안의 상수들

곡률 반지름		두께		굴절률
R_1(공기에서 각막)	+7.8 mm	t_1(각막)	0.6	n_1 1.376
R_2(각막에서 수양액)	+6.4 mm	t_2(수양액)	3.0	n_2 1.336
R_3(수양액에서 수정체)	+10.1 mm	t_3(수정체)	4.0	n_2 1.386-1.406
R_4(수정체에서 유리액)	-6.1 mm	t_4(유리액)	16.9	n_4 1.336

그림 6.2에서 보는 것과 같이 눈의 굴절능은 약 58.64 디옵터(1 디옵터 = 1/m)이고, 이 중 각막이 43 디옵터, 수정체가 19 디옵터 정도이다. 제1주점 P와 제2주점 P'은 각각 각막 뒤 1.35 mm와 1.6 mm에 있고, 제1절점 N과 제2절점 N'은 각각 각막 뒤 7.08 mm와 7.33 mm에 있다. 제1초점은 눈 밖 17.05 mm에 있고, 제2초점은 당연히 망막에 있다. 제2절점에서 망막까지의 거리는 16.67 mm이다. 따라서 이 거리 때문에 망막 위에서 상의 크기는 16.67 mm ×(제1절점에서 물체를 바라보는 탄젠트 각)으로 주어진다. 눈이 조절작용을 하는 동안 모양체 근육이 수축

하여 수정체는 더욱 원형이 된다. 이러한 변화는 주로 앞면에서 일어나며, 곡률 반지름이 +10.1 mm에서 +5.3 mm으로 줄어들어 수정체는 거의 등볼록렌즈가 되고, 절점들은 망막 쪽으로 수 mm 이동한다. 안구의 회전 중심은 각막 뒤로 13 mm에서 16 mm 사이에 있다.

실제 눈의 경우 각 면들은 구면이 아니어서 표 6.1에 나타낸 일반적인 눈에 대한 값들은 실제 눈의 값과는 다르다. 특히 수정체는 가장자리로 갈수록 곡률이 작아져서 과보정된(overcorrected) 구면수차가 발생한다. 또한 수정체 중심부의 굴절률이 주변보다 크기 때문에 과보정된 구면수차가 발생한다. 이 과보정된 구면수차는 각막의 바깥 면 때문에 생기는 미보정된(undercorrected) 구면수차와 어느 정도 상쇄되고, 약 ±2 D 정도의 잔류 구면수차가 존재한다.

6.4 눈의 작용

눈을 통해 물체를 보기 위해서는 눈의 몇 가지 기능 및 작용이 필요하다. 물체의 거리에 따라 초점거리를 조절하는 조절작용과 빛의 밝기에 따라 명암적응 및 물체의 입체를 감지하는 입체시 등의 과정이 일어난다.

6.4.1 조절작용

사람 눈은 물체의 거리에 따라 망막에 선명한 상을 맺도록 하는 작용을 하는데 이를 **조절작용**(accommodation)이라고 한다. 조절작용은 수정체를 통해 이루어진다. 물체가 멀리 있을 경우 수정체에 붙어 있는 모양체 근육은 이완되어 수정체의 모양이 편평하게 되고 곡률 반지름은 커지며, 초점거리가 길어진다. 가까운 물체를 볼 때에는 모양체 근육이 수축되어 수정체는 볼록하게 되고, 곡률 반지름과 초점거리가 짧아진다. 수정체의 두께를 조절할 수 있는 능력이 떨어지는 노화가 일어나기 전의 정상적인 눈의 경우 무한대에서부터 근점에 있는 물체까지 망막에 선명한 상을 만드는 조절작용이 일어난다. 근점은 10대에는 7~10 cm, 중년에는 20~40 cm, 노년에는 약 100 cm까지 길어진다. 평균적으로 노안(presbyopia)은 40대 초반에 나타나며, 이때부터 25 cm 정도에 있는 물체를 편하게 보기 위해 안경을 사용하는 경우가 있다.

6.4.2 명암적응

사람의 눈은 매우 어두운 빛이나 밝은 빛에 대하여 반응하는데 이를 **명암적응**(adaption)이라고 한다. 눈이 반응하는 어두운 빛과 밝은 빛의 세기는 10^5 배 정도 차이가 난다. 빛이 눈으로 들어오면 동공과 홍채가 가장 먼저 빛의 양을 조절한다. 동공의 지름은 2 mm부터 8 mm까지 조절되는데 이것만으로는 빛의 세기를 전부 조절할 수 없다. 다른 명암조절은 망막에 있는 간상세포(rod cell)와 원추세포(cone cell)에 의해 일어난다. 간상세포는 세기가 낮은 빛(야간시)에 의해 시홍(visual purple)이라는 한 종류의 색소세포가 자극을 받는다. 원추세포는 세기가 높은 빛과 여러 가지 색이 섞인 빛(주간시)에 모두 민감하다. 수없이 많은 간상세포들은 하나의 신경섬유(never fiber)를 작동시킬 수 있도록 복합적으로 신경섬유와 연결되어 있다. 원추세포는 간상세포들보다 많지 않고 폭이 넓으며, 황반 영역에 있다. 간상세포와 달리 신경섬유와 개별적으로 연결되어 있어서 각각 개별적으로 신경을 활성화시킨다.

신경섬유들의 활성화 과정에서 간상세포와 원추세포를 포함하는 색소층(pigment layer)에 화학적인 변화가 일어나고, 전기적 신호나 신경섬유 자극으로 변환된다. 간상세포나 원추세포에 있는 색소층의 상태 변화는 전기적 출력 신호나 신경섬유 자극으로 변환된다. 이러한 전기적 자극은 시신경계를 통해 뇌까지 전달되고, 빛의 세기를 인식하게 된다. 명암적응 과정에서 약한 빛(또는 야간시)에서 강한 빛(또는 주간시)로의 변화할 때 간상세포가 더 빨리 포화되고 간상세포 수용체가 무감각해진다. 역으로 매우 밝은 빛에서 매우 어두운 빛으로 적응하는 것은 간상세포 색소의 재생과 '야간시'로의 복구로 이루어진다. 명암적응 과정 전체에서 야간 반응은 상현달이 뜬 밝기로부터 달이 없는 밤하늘의 별빛 정도의 범위에서 작동한다. 주간 반응은 대략 해질녘 빛의 밝기에서부터 매우 밝은 햇빛의 범위 사이에서 작동한다. 상현달과 해질녘의 빛의 수준 사이에서는 간상세포와 원추세포 모두 빛을 받아들이고 신경 자극을 전달한다.

6.4.3 입체시

3차원 물체의 위치나 깊이를 판단하는 능력을 **입체시**(stereoscopic vision)라고 한다. 두 눈의 시신경은 뇌 근처의 시신경 교차(optic chiasma) 지점에서 만난다. 이 지점부터 각 눈의 왼쪽 반에서 나오는 신경섬유들은 뇌의 왼쪽 반에 닿아 있고, 각 눈의 오른쪽 반에서 나오는 신경섬유들은 뇌의 오른쪽 반에 닿아 있다. 따라서 왼쪽과 오른쪽의 반쪽 뇌들이 각각 왼쪽과 오른쪽의 두 눈으로 들어오는 상을 받지만, 뇌는 이를 합쳐서 하나의 상으로 인식한다. 이러한 현상을 **양안시**(binocular vision)이라고 한다. 왼쪽과 오른쪽 눈으로 들어오는 상들은 실제로 약간의 차이가 있으며, 이 차이 때문에 물체를 입체적으로 볼 수 있는 입체시가 만들어진다. 이에 비해 **단안시**(monocular vision)은 깊이에 대한 어떠한 인식을 못하기 때문에 물체를 입체적으로 볼 수 없다.

6.5 눈의 결함

위에서 설명한 것과 같이 사람의 눈은 볼록렌즈의 조합으로 되어있기 때문에 망막에 상이 거꾸로 맺히지만, 뇌는 이것을 바로 선 것으로 인식한다. 물체의 거리에 따라 눈의 조절작용에 의해 초점거리를 조절한다. 정상적인 사람의 경우 약 10 cm 정도부터 매우 멀리 떨어진 곳에 있는 물체까지 선명하게 볼 수 있다. 그러나 여러 가지 요인에 의해 눈에 결함이 생기면 가까운 곳의 물체를 잘 볼 수 없는 사람도 있고, 멀리 떨어진 물체를 잘 볼 수 없는 사람도 있다. 사람 눈의 결함에는 근시, 원시, 난시 및 노안 등이 있다.

6.5.1 근시

근시(nearsighted 또는 myopia)는 수정체와 각막의 굴절력이 너무 크거나 안구가 너무 긴 경우에 생기는 초점 결함이다. 그 결과 멀리 있는 물체의 상이 망막 앞쪽에 맺히고, 이로 인하여 선명한 초점이 눈에 맺히지 않는 것이다. 근시는 양의 굴절능이 너무 커서 생기는 것이기 때문에 눈 앞에 음의 렌즈를 놓아서 교정할 수 있다. 음의 렌즈의 굴절능을 선택함으로써 근시인 눈이 망막에 초점을 맺을 수 있도록 하여 현재의 상점보다 멀리 떨어진 지점에 상을 형성한다. 예를 들어 2 디옵터의 근시인 사람은 0.5 m 이상의 거리에 놓인 물체는 선명하게 볼 수 없는데, 이러한 근시를 교정하기 위해서는 -2 디옵터인 렌즈(초점거리 -0.5 m)를 사용해야 한다. 종종 근시의 시작은 신체의 성장이 대부분 빨라지는 사춘기 시절과 일치한다.

장비 근시(instrument myopia)는 관찰자(특히 훈련되지 않은 관찰자)가 현미경이나 망원경과 같은 광학장비들로 상을 볼 때 생긴다. 광학장비들로 초점을 맺을 때 상이 약 0.5 m(2 디옵터) 정도 멀리 떨어진 곳에서 나타나는 경향이 있다. 이것은 상이 장비 내부에 있고, 이로 인하여 상이 근거리에 있게 된다고 생각하는 관찰자의 인식에 기인한다. 경험이 있는 대부분의 관찰자들은 이러한 장비로 무한대에 있는 물체를 볼 때 훨씬 더 가까운 곳에 초점을 맺는다. 이들은 초점을 맺기 위해서 물체 쪽으로 현미경을 움직여서 초점을 맺는다. 그래서 상이 초점에 맞을 때까지 상은 관찰자의 눈 뒤쪽에 있게 된다(이 때문에 초점이 잘 벗어난다). 장비 근시는 **야간 근시**(night myopia)와 관련이 있는데, 야간 근시란 어둠 속에서 아무런 자극이 없을 때 눈이 1.5~2.0 m 정도의 근거리에 초점을 맺는 현상을 말한다.

보통은 근시안의 경우 각막부터 망막까지의 거리가 정상적인 눈의 거리인 22 mm보다 길게 나타난다. 그림 3.6(a)와 같이 교정되지 않은 근시안은 멀리 있는 물체의 상을 망막 앞에 결상시켜서 망막에는 흐린 상이 맺힌다. 무한대에 있는 물체가 눈 쪽으로 와서 **근시 원점**(myopic far point)에 도달하기 전까지 근시안은 망막에 선명한 상을 만들지 못한다(그림 3.6(b)). 근시 원점은 그림 3.6(c)와 같이 근시안이 뚜렷한 시야를 가지게 되는 가장 먼 지점이다. 이 근시 원점보다 가까운 거리에서는 근시안은 적절한 조절작용으로 물체를 상당히 선명하게 볼 수 있으며, 심지어 정상 근점보다 더 가까운 거리의 물체까지도 선명하게 볼 수 있다.

물체가 눈에 가까워질수록 각배율이 증가해서 근시안은 가까이에 있는 물체를 잘 볼 수 있다. 따라서 근시안의 사람은 시력의 범위가 줄어들어 정상안의 사람보다 원점도 멀지 않고, 근점도 더 가깝다.

근시는 일반적으로 그림 3.6(d)와 같이 음의 도수의 오목렌즈 안경이나 콘택트렌즈를 사용해서 근시 원점과 근점 모두 뒤로 이동시켜서 정상적인 지점에 올 수 있도록 교정한다. 멀리 있는 물체에서 오는 평행한 빛이 렌즈에서 발산되어 굴절하고,

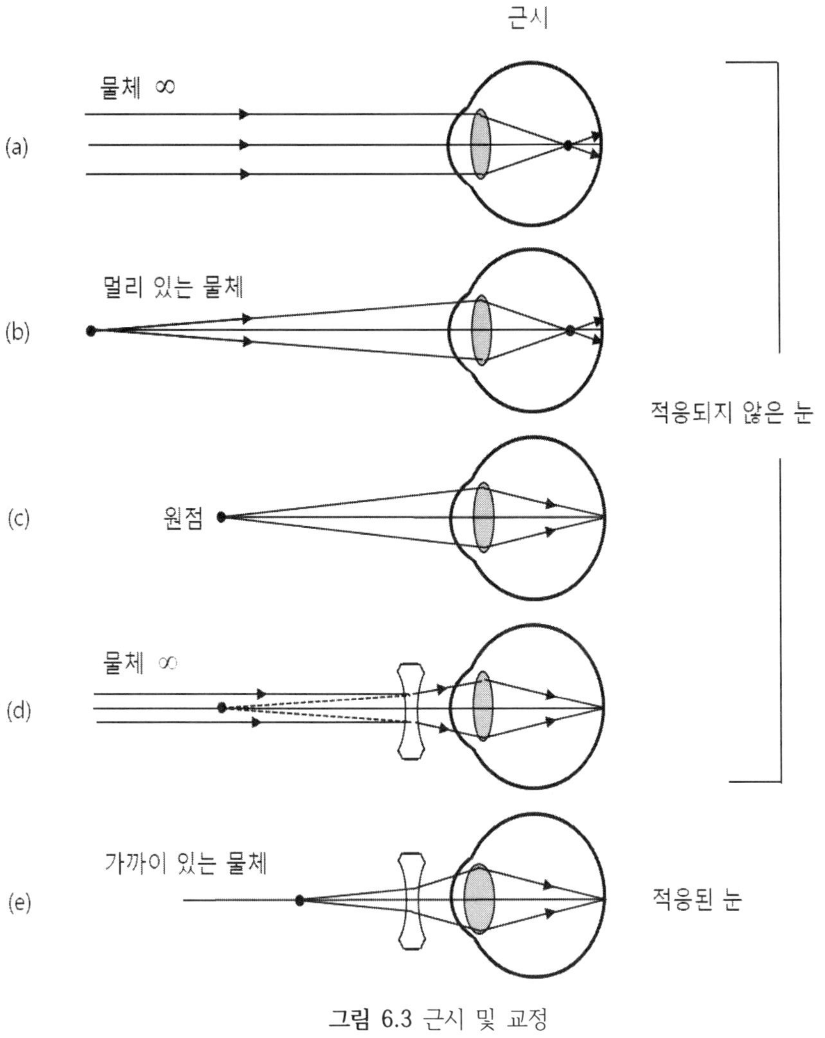

그림 6.3 근시 및 교정

이를 보는 눈은 물체가 근시 원점에 있는 것과 같이 선명한 상을 보게 된다. 이와 비슷하게 그림 3.6(e)는 근거리에 대한 조절작용을 나타낸다. 시력 교정 후 정상 근점에 위치한 물체에서 나오는 빛은 근시 근점에 근접한 곳에서 나오는 것처럼 보이게 되고 근시안은 뚜렷하게 보게 된다. 그림 3.6(d)와 (e)는 오목렌즈를 이용하면 물체가 무한대의 거리부터 정상 근점 내의 어느 곳에 있더라도 선명하게 볼 수 있다는 것을 보여준다.

예를 들어 눈이 2 m의 근시 원점을 가졌다고 생각해보자. 만약 안경렌즈가 더 먼 거리의 물체를 2 m 보다 더 가까운 곳으로 가져오면 모든 것은 잘 보일 것이다. 만약 무한대에 있는 물체의 허상이 오목렌즈에 의해 2 m에서 형성된다면 적응되지 않은 눈으로도 선명하게 상을 볼 수 있을 것이다. 따라서 얇은 렌즈 근사법(안경은 일반적으로 무게와 크기를 축소하기 위해 얇다)을 사용하여 다음의 결과를 얻는다.

$$\frac{1}{f'} = \frac{1}{s} + \frac{1}{s'} = \frac{1}{\infty} + \frac{1}{-2}$$

따라서 f' = - 2 m이고, 굴절능은 -0.5 디옵터이다. 교정 렌즈로부터 측정된 원점까지의 거리는 그것의 초점거리와 같다. 눈은 교정 렌즈에 의해 형성된 정립허상을 보며 이들의 상은 원점과 근점 사이에 놓여 있다. 근시안인 사람은 바늘에 실을 꿸 때 또는 작게 인쇄된 것을 읽을 때 안경을 벗게 되는데, 그 이유는 근점이 조금 뒤로 멀어지기 때문이다. 물체를 눈에 가깝게 가져오면 배율은 증가한다.

6.5.2 원시

원시(farsighted 또는 hyperopia)는 근시와 반대로 눈의 길이가 너무 짧거나 눈의 굴절력이 너무 낮아서 생기는 결과이다. 수정체가 이완되었을 때 멀리 떨어져 있는 물체의 상은 망막 뒤쪽에 맺힌다. 원시는 양의 굴절능을 가진 안경 렌즈를 사용하여 교정할 수 있다. 이러한 안경 렌즈를 사용하면 원시의 눈에서 조절작용을 하는 수정체의 굴절능을 추가로 더 조절하여 상을 망막에 초점을 다시 맺히게 하는 것이 가능해진다. 이런 안경을 오래 사용하면 두통이 생길 수 있다.

정상보다 안구 거리가 긴 근시안을 교정하기 위해 오목렌즈를 사용하지만, 정상보다 안구 거리가 짧은 원시안은 볼록렌즈를 사용해서 교정한다. 그림 6.4(a)는 아주 먼 곳의 물체에서 오는 평행한 빛이 이완된 안구에 입사해서 망막 뒤쪽에 초점을 맺고 시야가 뿌옇게 되는 것을 보여준다. 이때 망막 뒤에 위치한 초점이 **원시 원점**(hyperoptic far point)이다. 원시안의 경우 **원시 근점**(hyperoptic near point)은 그림 6.4(b)와 같이 물체에서 나온 광선이 망막에 선명한 상이 맺도록 수렴되는 위치로 정의된다. 이로부터 물체를 선명하게 보기 위해서 원시 근점이 정상안의 근점

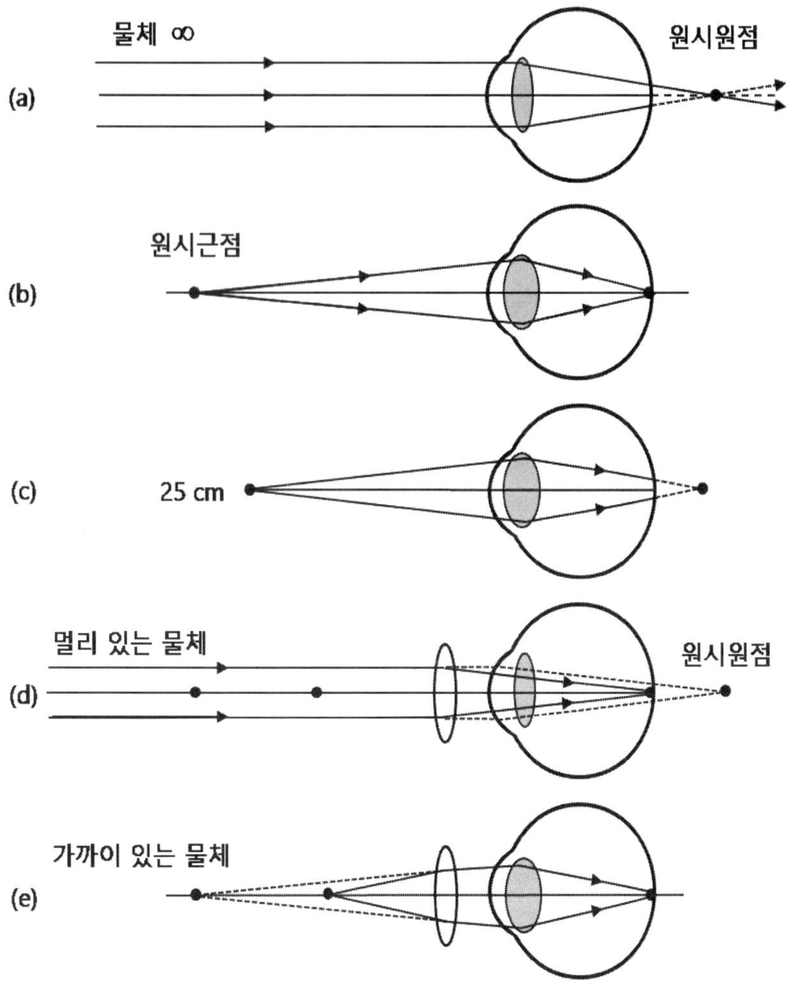

물체 ∞
원시원점
(a)
원시근점
(b)
(c)
25 cm
멀리 있는 물체
원시원점
(d)
가까이 있는 물체
(e)

그림 6.4 원시 및 교정

인 25 cm(그림 6.4(c))보다 훨씬 먼 곳에 있어야 함을 알 수 있다. 즉 원시 근점보다 가까운 곳에 있는 물체는 최대로 조절을 해도 초점이 맞지 않을 것이다. 그림 6.4(d)는 볼록렌즈를 사용해서 멀리 있는 물체의 상이 망막에 선명한 상을 맺도록 교정하는 것이다. 교정 후 조절작용 없이 멀리 있는 물체를 볼 수 있고, 정상 근점에서는 최대의 조절작용과 함께 물체를 선명하게 볼 수 있다.

예를 들어 원시안이 125 cm의 원시 근점을 가지고 있다고 가정하자. 상이 $s'=-125$ cm에서 맺히는 +25 cm에 있는 물체에 대해 정상적인 눈처럼 보이게 하려면,

이 초점거리는

$$\frac{1}{f'} = \frac{1}{(-1.25)} + \frac{1}{0.25} = \frac{1}{0.31}$$

이므로, f' = 0.31 m이고 굴절능은 +3.2 디옵터이다. 일반적으로 $s < f$이므로 이러한 안경은 실상을 만들 것이다.

6.5.3 난시

난시(astigmatism)는 눈의 굴절면들의 곡률 반지름이 고르지 않아서 생긴다. 난시는 주로 불완전한 형태의 각막 때문에 발생한다. 이러한 비대칭으로 인해 굴절력이 달라지고 각막으로부터 다른 위치에 상을 맺게 되어 선명하지 못한 상을 보게 된다. 난시가 있을 경우 가까운 곳과 먼 곳 양쪽에 대하여 심한 시력장애가 오고, 눈이 쉽게 피로하며, 물체가 이중으로 겹쳐 보이기도 하고 머리가 몹시 아플 때도 있다.

난시에는 정난시(regular astigmatism)와 부정난시(irregular astigmatism)가 있으며 보통 원이 타원으로 보이는 정난시가 많다. **정난시**는 각막이나 수정체의 비점수차에서 비롯된 것으로 원통형 렌즈를 통한 자오선의 강약 굴절을 통해 교정하면 정상안으로 된다.

위대한 천문학자 에어리 경(Sir George Biddell Airy, 1801~1892)은 1825년에 그 자신의 근시와 난시를 개선하기 위해 오목한 구-원통형(sphero-cylindrical) 렌즈를 사용했다. 이것이 아마도 난시를 처음으로 보정했던 렌즈일 것이다. 그러나 네덜란드인인 던더(Franciscus Cornelius Donders, 1818~1889)에 의해 '원통 렌즈와 난시'라는 논문이 1862년 발표되고 나서야 안과의사들이 이 방법을 채택하기 시작했다. 한 자오면에서 결함이 있는 난시는 적당한 볼록 또는 오목의 평면-원통형(planar cylindrical) 안경렌즈에 의해 보정할 수 있다. 두 개의 수직 자오면에서 보정이 필요할 때 렌즈는 구-원통형 렌즈 또는 토릭 렌즈(toric lens)를 사용해야 한다.

부정난시는 각막 표면에 요철이 있어 구면이 불규칙하게 되는 경우에 일어나는 것으로, 때로는 생리학적으로 발생하는 경우도 있다. 이 경우 안경을 이용한 교정은 불가능하고 콘택트렌즈나 각막이식 수술로만 교정이 가능하다.

전형적으로 흐리게 보이는 것은 근시와 원시가 같이 있는 난시의 결과이다. 예를 들어 근시성 난시의 경우 시력이 두 가지 요인에 의해 저하된다. 근시 자체는 멀리 있는 물체를 잘 보지 못하고, 난시는 이 문제와 더불어 한 자오선에 대해 상을 더욱 흐리게 만든다. 두 결함 모두를 교정하기 위해서는 구-원통형 렌즈가 필요하고, 구면은 근시를 교정하고 원통형은 난시를 교정한다.

6.5.4 노안

노안(presbyopia)은 원시와 비슷한 것으로 착각할 수 있으며, 나이가 들어감에 따라 수정체 물질이 딱딱하게 굳어져서 탄력성이 감소되어 가까이 있는 물체에 초점을 맞추는 능력을 잃는 것이다. 가까이 있는 것과 멀리 있는 것에 초점을 맞추는 조절 능력은 수정체의 탄력성과 모양체의 작용으로 생긴다. 대체로 수정체는 나이가 듦에 따라 점점 탄력성을 잃어 조절 능력을 잃게 되며, 이는 40대에 가장 빠르게 진행된다.

노안을 교정하는 방법은 원시를 교정하는 것과 비슷하게 가까운 물체의 상을 망막에 선명하게 맺게 하기 위하여 볼록렌즈를 사용한다. 그러나 하나의 도수를 갖는 교정 렌즈로는 조절 능력이 없는 사람이 먼 거리와 가까운 거리의 물체를 동시에 선명하게 볼 수 없다. 그보다는 눈에서 아주 먼 곳에서부터 25 cm 정도의 거리까지에 있는 물체를 선명하게 보기 위해 다중 도수의 교정 렌즈가 필요하다. 윗부분 반쪽과 아랫부분 반쪽에 서로 다른 도수의 렌즈가 들어 있는 이중초점 렌즈를 사용하면 먼 거리와 가까운 거리의 물체를 모두 선명하게 볼 수 있다. 한편 이미 근시안인 사람에게 노안이 오는 경우에는 근시와 노안을 동시에 해결하기 위하여 **다중 초점 렌즈**(progressive lens)를 사용한 특수한 안경을 착용하는 것이 효과적이다.

6.5.5 기타 질환

색맹과 색약

사람 눈의 망막에는 간상세포와 원추세포가 연결되어 있다. 원추세포는 다시 적추체, 녹추체와 청추체의 세 종류로 이루어져 있어서 각각 빨간색, 녹색과 파란색의 세 가지 색을 감지하여 색을 구별한다. 이때 색을 전혀 인식하지 못하거나 잘 구별할 수 없는 경우를 **색각이상**(dyschromatopsia)이라고 한다. 색각이상은 그 정도에 따라서 **색맹**(color blindness)과 **색약**(color amblyopia)으로 구분된다. 색각이상은 망막의 원추세포에 존재하는 추체색소의 결핍이상이나 망막, 시신경의 손상 등에 의해 발생한다.

색맹은 색을 식별하는 능력이 없거나 부족할 때를 의미하고 대부분이 선천적이며, 후천적으로는 망막 질환이나 시신경 질환의 경우에 볼 수 있으나 그 예는 몹시 드물다. 색맹은 크게는 전색맹과 부분색맹으로 나누어지고, 부분색맹은 적록색맹과 청황색맹으로, 적록색맹은 적색맹과 녹색맹으로 세분된다. 색을 식별하는 능력이 없거나 부족한 정도가 색맹보다 가벼울 경우를 색약이라고 한다.

색맹과 색약을 포함한 색각이상은 반성열성 유전(sex-linked inheritance)되는 것으로 성 염색체 중에서 X-염색체에 의해서 유전되며, 우리나라 인구 중 남자의 약 6%, 여자의 약 0.5%가 색각이상이라고 보고되었다. 이 중 색을 전혀 구별할 수 없는 전색맹자는 0.003% 정도이다. 대부분의 색각이상은 색각검사를 통하여 발견되기 전에는 스스로 느끼지 못하는 경우가 대부분이며, 대부분 큰 불편 없이 사회생활이 가능하다.

백내장

백내장(cataract)은 수정체가 혼탁해져 빛을 제대로 통과시키지 못하게 되면서 안개가 낀 것처럼 시야가 뿌옇게 보이게 되는 질환이다. 선천성 백내장은 대부분 원인이 분명하지 않고 유전성이거나 태내 감염(자궁 내의 태아에게 발생하는 감염), 대사 이상에 의해 발생한다. 후천성 백내장은 나이가 들면서 발생하는 노년 백내장이 가장 흔하고, 외상이나 전신질환, 눈 속의 염증에 의해 생기는 백내장도 있다.

수정체 혼탁의 정도와 위치, 범위에 따라서 시력 감소가 나타난다. 부분적인 혼탁이 있을 경우에는 단안복시(한쪽 눈으로 볼 때 물체가 두 개로 겹쳐 보이는 증상)가 나타날 수 있다. 수정체 중심부가 딱딱해져서 굴절률이 증가하면 근시 상태가 되고, 가까운 거리가 이전보다 잘 보이게 될 수 있다. 즉, 나이가 들면서 노안이 와서 잘 안 보이던 글자가 갑자기 잘 보이게 되었다면 눈이 좋아졌다고 생각할 것이 아니라 백내장으로 인한 증상으로 생각해 볼 필요가 있다.

혼탁해진 수정체는 약물치료만으로는 맑게 할 수 없다. 백내장의 진행을 더디게 해주는 안약들의 경우 큰 부작용은 없지만 그 효과는 아직 확실하지 않다. 백내장으로 인해 일상생활에 불편을 겪을 경우 수술을 하게 된다. 수술은 초음파로 혼탁이 생긴 수정체의 내용물을 제거한 후 개개인의 시력 도수에 맞는 **인공 수정체**(intraocular lens)를 삽입해 준다. 전형적인 인공 렌즈는 지름이 5~7 mm이며 플라스틱 유리라고도 하는 폴리메틸아크릴수지(polymethyl methacrylate)로 만들어지며, 햅틱스(haptics)라고 불리우는 신축성 있는 끈에 의해 고정된다. 대부분의 인공 렌즈는 단초점이지만 최근에는 이중초점 심지어 다중초점 렌즈도 만든다. 인공 수정체는 영구적이며, 특별한 합병증이 없는 한 제거하지 않는다.

연 습 문 제

6-1 어떤 사람의 근점이 50 cm이고, 눈의 길이가 약 2.0 cm이다.

(1) 무한대에 놓여있는 물체에 대해 초점을 맞출 때 굴절계의 굴절능을 구하라.

(2) 50 cm의 거리에 있는 물체를 보기 위해 어느 정도의 적응이 요구되는가?

(3) 25 cm의 근점에 있는 물체를 뚜렷하게 보기 위한 눈의 굴절능을 구하라.

(4) 환자의 시력계를 보정하기 위해서는 굴절능을 얼마만큼 높여야 하는가?

6-2 검안사는 원시인 사람이 125 cm의 근점을 가지고 있음을 알았다. 책을 편하게 읽을 수 있도록 콘택트렌즈로 이 근점을 보다 더 적당한 거리인 25 cm 안으로 옮길 수 있게 하려면 콘택트렌즈의 굴절능을 얼마로 해야 하는가? 물체가 근점에 맺히면 뚜렷하게 보인다는 사실을 이용하라.

6-3 원시인 사람이 +3.2 디옵터의 콘택트렌즈를 끼고 이완된 눈으로 매우 멀리 있는 산을 볼 수 있었다. 각막의 앞쪽으로 17 mm인 곳에 안경을 쓴다면 콘택트렌즈와 같은 효과를 보이기 위한 안경 렌즈의 굴절능은 얼마인가? 두 경우에 대해 원점의 위치를 구하고 비교하라.

6-4 어떤 사람이 -32.00 디옵터의 콘택트렌즈 위에 +20.00 디옵터의 안경을 써서 시력을 교정하였다. 무한대에 있는 물체의 초점을 맺을 때 각배율과 두 렌즈 사이의 거리를 구하라.

6-5 근시인 사람이 눈에서 40 cm 이상 떨어진 물체를 뚜렷하게 보지 못한다면 이 거리의 물체를 선명하게 보기 위해 필요한 렌즈의 굴절능을 구하라.

6-6 근시인 사람이 안경을 벗고 천체 망원경을 사용한다면, 망원경의 대안렌즈를 어떤 방향으로 이동해야 하는가?

6-7 5.0 디옵터 근시인 사람이 책을 보기 위해서 2.0 디옵터의 조절작용이 필요하다.
(1) 안경을 벗고 조절작용 없이 볼 수 있는 원점은 어디인가?
(2) 거리 조절을 할 경우 볼 수 있는 근점은 어디인가?

6-8 중심와 근처에서 눈의 분해능이 1분일 때 시야각이 20°가 되면 눈의 분해능은 어떻게 달라질까?

6-9 2.0 디옵터 근시인 사람은 몇 m 이상 떨어진 물체를 제대로 보지 못할까?

6-10 2.0 디옵터 원시인 사람은 물체가 몇 m 이하로 접근하면 제대로 보지 못할까?

6-11 근시인 사람이 눈에서 40 cm 이상 떨어진 물체를 분명하게 보지 못한다면, 이 거리의 물체를 선명하게 보기 위해 필요한 렌즈의 굴절능을 구하라.

6-12 물속에 들어가면 시력이 떨어지는 이유를 설명하라.

7장 사진기

사진기는 가장 흔한 광학기기 중의 하나일 것이다. 사진기는 기본적으로 사람의 눈과 거의 같은 구조로 되어 있어서 렌즈로 결상된 물체의 도립 실상을 검광기에 만들어 기록한다. 고대의 어둠상자로부터 발달해 온 사진기는 지난 100여 년 이상 검광기로 필름을 사용하였으나 요즈음에는 CCD(charge coupled device) 또는 CMOS(complementary metal-oxide semiconductor) 등의 전자식 검광기를 사용한다. 현재 전문가가 아니더라도 고해상도의 사진을 편리하고 쉽게 찍을 수 있는 각종 사진기들이 개발되어 시판되고 있다.

7.1 바늘구멍 사진기

7.1.1 사진기 옵스큐라

고대 로마 시대의 대중적인 오락 중 하나는 라틴어로 '어두운 방'을 의미하는 **사진기 옵스큐라**(camera obscura)라고 하는 곳을 구경하는 것이었다. 그림 7.1이 보여주듯이 사진기 옵스큐라에는 바깥 세상과 통하는 단 한 개의 작은 구멍이 있다. 이 곳에 들어가서 어둠에 적응하면 흐리기는 하지만 색깔을 갖고 있는 바깥 세상의 모습이 뒤쪽 벽면에 거꾸로 된 상태로 나타나는 것을 볼 수 있다. 사진기 옵스큐라

는

그림 7.1 초기의 옵스큐라

바로 오늘날 사용하는 '사진기'라는 말의 어원이기도 하고, 사진기의 원리이다.

사진기 옵스큐라의 원리는 아리스토텔레스(Aristotle, BC 384~BC 322)에 의해 알려졌고, 유럽의 긴 암흑시대 동안 아랍 과학자들에 의해 지속적으로 연구되었다. 아라비아 학자인 알하젠(Alhazen, 965~1039)은 구멍의 크기에 따라 상의 선명도가 달라진다는 광학적 원리와 일식을 관찰하는 방법에 대해 자세히 설명하였다. 15세기경 이탈리아 화가 레오나르도 다빈치(Leonardo da Vinci, 1452~1519)는 원근법적 시각의 정확한 표현을 위해 사진기 옵스큐라를 언급하였다. 이탈리아 과학자 지오바니 바티스타 델라 포르타(Giovanni Battista della Porta, 1535~1615)는 처음으로 사진기 옵스큐라를 만들었다고 알려져 있고, 그의 저서인 「자연의 마술(1558)」에서 자세하게 다루었다. 그는 이 사진기 상자를 그림 그리는 보조기구로 추진하였고 곧 대중적으로 사용되었다. 이탈리아의 다니엘로 바르바로(Daniello Barbaro, 1514~1570)가 사진기 옵스큐라에 조리개를 사용하였고, 프리드리히 리스너(Friendrich Risner, 1533~1580)는 이동 가능한 사진기 옵스큐라를 만들었으며, 요한 크리스토프 슈트럼(Johann Christoph Strum, 1635~1703)은 사진기 옵스큐라

내부에 45° 각도의 거울을 단 지금의 반사식 사진기의 원형을 고안하였다.

사진기 옵스큐라는 초기에 렌즈가 없던 상태에서 이탈리아의 지롤라모 카르다노(Girolamo Cardano, 1501~1576)가 렌즈를 부착하면서 한 단계 발전하게 된다. 이때 사용된 렌즈가 볼록렌즈였는데, 이로 인해 상의 끝 부분에 왜곡이 나타나게 되었다. 이후 이 문제를 개선하기 위해 오목렌즈와 볼록렌즈를 조합해서 사용하게 되었다. 사진기 옵스큐라는 화질을 개선하기 위해 작은 구멍 대신 더 발전된 렌즈를 끼워 넣고, 반사경을 부착하여 거꾸로 보이는 상을 바로 보이게 함으로써 비약적인 발전을 하게 되었다. 초기에는 사람이 들어갈 만한 크기였지만 점점 작아져 가지고 다니기 편리하게 되었고, 18~19세기에는 화가들의 밑그림을 그리기 위한 필수 도구가 되었다.

7.1.2 바늘구멍 사진기의 원리

가장 간단한 사진기는 바늘구멍 사진기로, 이것은 사진기 옵스큐라의 축소판이라고 할 수 있다. 바늘구멍 사진기는 그림 7.2와 같이 단순한 장치이며 아직까지도 사람들이 흥미롭게 생각하고 있으며 실제로 뛰어난 결상 효력이 있다. 이것으로 꽤 넓은 각도의 물체와 매우 멀리 떨어진 물체에 대한 왜곡되지 않은 상을 맺을 수 있다.

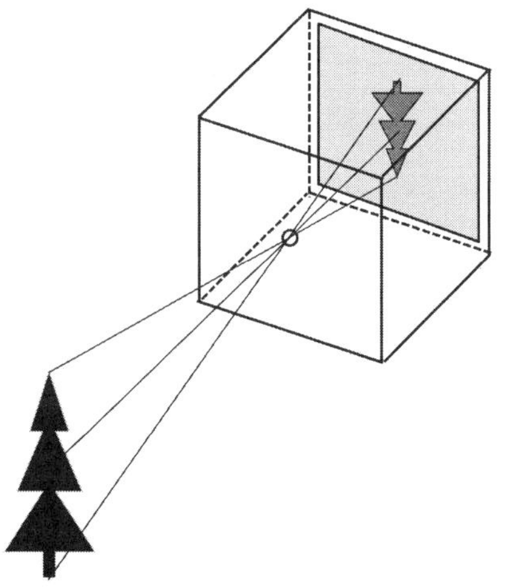

그림 7.2 바늘구멍 사진기의 구조

물체로부터 나온 빛은 사방이 막힌 상자에 있는 작은 바늘구멍을 통해서만 필름에 도달할 수 있으며, 이 구멍에 셔터를 부착할 수도 있다. 물체의 상은 상자의 뒤쪽 면에 거꾸로 투영되며, 이 면에는 필름이 위치한다.

바늘구멍은 빛을 집속시키는 역할은 하지 않으며 단지 물체로부터 나오는 대부분의 빛을 차단하는 역할을 한다. 물체의 모든 지점에서 스크린으로 향하는 빛이 나오고, 이 빛의 양은 작은 바늘구멍에 의해서 제한을 받게 되며, 스크린 위에 작은 원을 만든다. 각 물점에 의해 만들어진 이 원들이 겹쳐져서 상을 만들고, 상의 선명도는 각각 원의 반지름에 의해 결정된다. 즉 이 원의 반지름이 클수록 상은 흐려진다. 따라서 바늘구멍의 크기가 작아질수록 상이 선명해지지만, 구멍의 크기가 계속 작아지면 회절에 의한 효과 때문에 상의 질은 다시 나빠진다. 따라서 최대 선명도에 대한 구멍 크기는 상면으로부터 거리에 비례한다는 것을 알 수 있다. 실험적으로 바늘구멍에서 필름까지의 거리가 25 cm일 때 최적의 바늘구멍 지름은 0.5 mm이다.

바늘구멍 사진기의 가장 큰 장점은 구조가 간단해서 특별하게 빛을 집속시키는 과정이 없기 때문에 물체 전체가 스크린 위에 상을 맺는다는 것이다. 이것을 다르게 표현하면 **시야심도**(depth of field)가 무한대라는 것이다. 한편 실용적인 관점에서 바늘구멍 사진기의 가장 큰 약점은 바늘구멍을 통과할 수 있는 빛의 양이 매우 적기 때문에 노출시간이 매우 길다는 것이다. 따라서 바늘구멍 사진기는 움직이는 물체를 순간적으로 포착하여 찍는 데에는 적당하지 않다. 그러나 바늘구멍 사진기는 안정된 물체에 대해서는 더 좋은 사진을 찍을 수 있다.

그림 7.3은 작은 구멍을 통과하는 빛에 대한 광선 모형을 사용하여 바늘구멍 사진기가 어떻게 작동되는지를 보여준다. 그림에서 보는 것처럼 광선의 기하학적 배치는 상이 거꾸로 있게 한다. 실제로 물체의 각 점은 작지만 약간 퍼져 있는 모습으로 벽면에 나타난다. 이때 구멍의 크기가 0이 아니기 때문에 물체의 한 점으로부터 나오는 광선들이 약간 다른 각도를 가지고 구멍을 통과하여 상이 약간 흐려지고, 초점이 맞지 않는다. 이와 반대로 구멍이 너무 작으면 회절에 의한 문제가 생긴다.

그림 7.3의 삼각형의 닮은꼴 관계를 이용하면 물체의 높이와 상의 높이의 관계가 아래와 같이 주어짐을 알 수 있다.

$$\frac{h'}{h} = \frac{s'}{s} \tag{7.1}$$

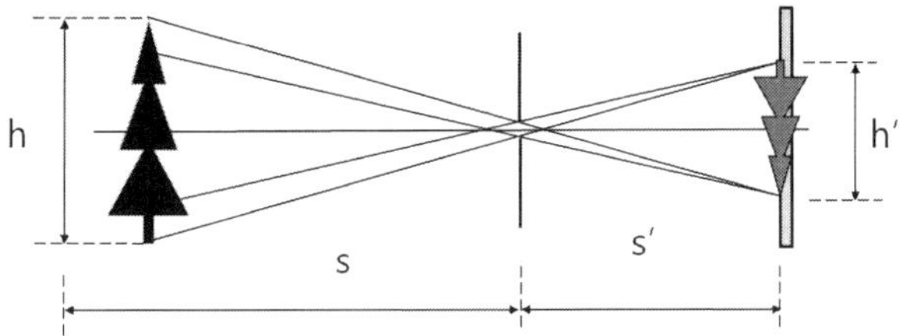

그림 7.3 바늘구멍 사진기에 의한 결상

여기에서 s는 물체거리, s'은 상거리이고, h는 물체의 크기, h'은 상의 크기이다. 대부분의 바늘구멍 사진기의 경우 $s > s'$이어서, 상의 크기는 물체의 크기보다 작다. 바늘구멍과 필름 사이의 거리가 짧아지면 필름에서 바늘구멍을 바라보는 각이 커져서 더 넓은 범위의 물체를 찍을 수 있고, 물체에 대한 상의 상대적인 크기는 작아진다. 또한 상에 형성되는 원의 크기도 작아져서 더욱 선명한 상을 얻을 수 있다.

7.2 사진기의 구조

바늘구멍 대신 크기를 조절할 수 있는 조리개와 수렴렌즈가 있다면 기본적인 요소를 갖춘 사진기가 된다. 그림 7.4는 현재 대중적으로 많이 사용하고 있는 사진기 중 하나인 **일안 반사식**(single lens reflex, SLR) 사진기의 구조를 보여주고 있다. 사진기는 빛이 새어 들어가지 않는 상자, 실상을 만드는 수렴렌즈, 그리고 렌즈 뒤에 위치하여 상이 맺히는 필름 등으로 구성된다. 처음 몇 개의 렌즈를 통과한 빛은 노출시간 또는 같은 의미인 f-수를 조절하는 가변 조리개를 통과한다. 이 빛은 45° 로 기울어진 이동 가능한 거울에 입사되고, 초점면을 통과하여 위쪽 펜타 프리즘을 통해 뷰파인더의 접안렌즈로 전달된다. 셔터 릴리스를 누르면 조리개는 조여지며 거울은 밑에서 위로 올라간다. 그리고 초점면의 셔터가 열려 필름은 빛에 노출된다. 필름에 노출이 끝난 후 셔터는 닫히고 조리개는 완전히 열리고 거울은 다시 내려온다. 오늘날 대부분 SLR 광학계는 조리개와 셔터가 동시에 동작되는 동시작동 방식을 채택하고 있다.

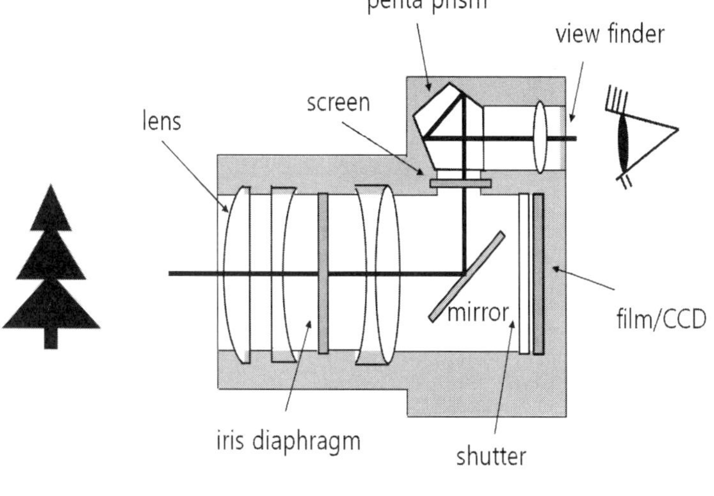

그림 7.4 일안 반사식 사진기의 구조

렌즈 뒤에 있는 셔터는 기계적 장치로서 선택된 시간 동안만 열린다. 이러한 구조로 노출시간을 짧게 하여 움직이는 물체의 사진을 찍을 수도 있고, 노출시간을 길게 하여 어두운 장면의 사진을 찍을 수도 있다. 이러한 구조가 없다면 정지 사진을 찍는 것은 불가능할 것이다. 예를 들어 빠른 속력의 자동차는 셔터가 열려 있는 시간 동안 움직이는 거리가 길기 때문에 흐릿한 상을 만들게 된다. 상이 흐려지는 다른 한 가지 이유는 셔터가 열려 있는 동안 사진기가 움직이는 것이다. 이러한 이유 때문에 짧은 노출 시간이 필요하고 또한 정지된 물체를 찍을 때에도 삼각대가 필요한 것이다. 전형적인 셔터 빠르기는 1/30 초, 1/60 초, 1/125 초, 그리고 1/250 초이다. 정지된 물체의 사진은 보통 1/60 초의 셔터 빠르기로 찍는다.

사진기가 초점을 맺기 위해서는 렌즈계가 필름의 앞 또는 뒤로 움직여야 한다. 이 기능은 구형 사진기에서는 조절 가능한 주름관(bellows)에 의해서, 최신 사진기에서는 기타 다른 전자기계적인 부품들에 의해 이루어진다. 올바른 초점 조절 즉 선명한 상을 위한 렌즈와 필름 사이의 거리는 렌즈의 초점거리 뿐 아니라 물체거리에 따라서도 달라진다.

사진을 찍을 물체의 크기를 결정하고 상의 질을 만족하는 범위 내에서 **시야각**(angular field of view)을 결정한다. 그림 7.5와 같이 필름을 둘러싼 원과 렌즈가

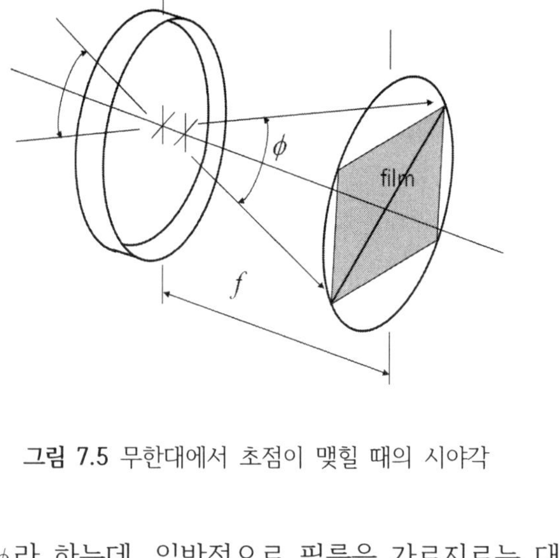

그림 7.5 무한대에서 초점이 맺힐 때의 시야각

이루는 각을 시야각 ϕ라 하는데, 일반적으로 필름을 가로지르는 대각선 길이를 초점거리와 같게 한다. 그러면 $\phi/2 \approx \tan^{-1}(1/2)$, 즉 $\phi \approx 53°$이다. 만약 물체가 무한대에 있다면 상거리는 증가해야하고, 상을 맺기 위해서 렌즈는 필름에서 멀어져야 하며 시야조리개가 필름 그 자체일 때 시야각은 감소한다. 보통 표준 SLR 렌즈는 50 mm 정도의 초점거리를 가지고, 시야각은 53° 정도인데 시야각의 크기에 따라 광각 및 망원으로 나눈다. 일반적으로 교환렌즈를 사진기 앞에 붙이면 15 mm(광각) ~ 200 mm(망원)까지 초점거리를 바꿀 수 있다. 이로 인해 시야각은 27°(광각) ~ 84°(망원) 사이에서 변한다. 즉 가까이 있는 물체의 사진은 광각 렌즈로 찍을 수 있고, 멀리 있는 물체는 망원렌즈로 찍을 수 있다. 표 7.1은 교환렌즈의 종류 및 이들의 초점거리와 시야각을 정리한 것이다.

표 7.1 교환렌즈의 종류에 따른 초점거리와 시야각

	어안렌즈	광각렌즈	표준렌즈	망원렌즈	초망원렌즈
초점거리(mm)	7~15	15~35	38~58	70~200	>200
시야각(°)	>180	60~80	40~60	<40	<40

7.3 f-수, 초점심도, 시야심도, 상의 밝기

7.3.1 f-수

사진기에서 조리개의 크기는 필름에 도달하는 빛의 양을 조절하는 역할을 한다. 대부분의 사진기는 그림 7.4와 같이 렌즈들 뒤나 렌즈군 사이에 크기를 조절할 수 있는 구경조리개가 있어서 필름에 도달하는 빛의 세기를 조절할 수 있도록 되어 있다. 구경조리개를 작게 할수록 렌즈의 중앙 부분을 통과하는 빛만이 필름에 도달하게 되므로 필름에 도달하는 빛의 양이 줄어들고 상은 더욱 어두워지며, 수차를 어느 정도 줄일 수 있다. 그러나 구경조리개는 렌즈의 초점거리, 상의 위치나 크기는 변화시키지 못하고 시야각도 제한하지 않는다.

상면에 입사되는 빛의 세기 I는 조리개의 넓이에 비례하고, 상의 크기에 반비례한다. 그림 7.6과 같이 원형조리개의 지름이 D이고, 조리개의 상이 지름 d인 원형이라고 하자. 빛이 상면에 일정하게 분포한다고 가정하면 상면에서의 빛의 세기는

$$I \propto \frac{\text{조리개의 넓이}}{\text{상의 크기}} = \frac{D^2}{d^2} \tag{7.2}$$

와 같이 쓸 수 있다. 그림 7.6에서 상의 크기는 렌즈의 초점거리에 비례하므로

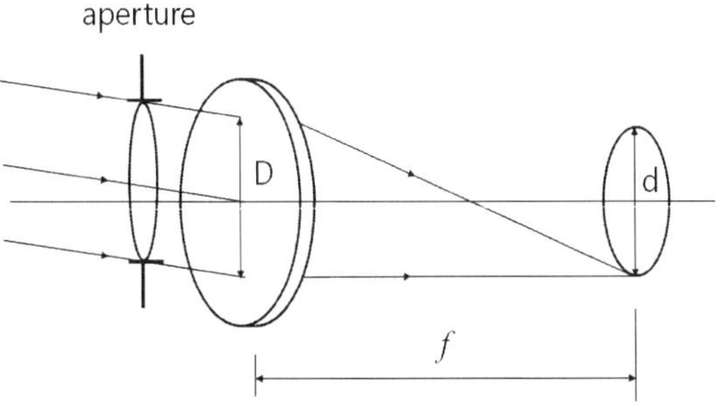

그림 7.6 구경조리개와 상의 밝기의 관계

$$I \propto \left(\frac{D}{f}\right)^2 \tag{7.3}$$

와 같이 표현할 수 있다.

렌즈의 초점거리와 구경조리개의 지름의 비 f/D를 렌즈의 **f-수**(f-number)라고 하며, 보통 F로 나타내고

$$f-\text{수} = F = \frac{f}{D} \tag{7.4}$$

와 같이 쓴다. 예를 들어 초점거리가 4 cm인 렌즈를 지름이 0.5 cm인 조리개로 가렸을 때 f-수는 8이 되고, 흔히 $f/8$로 쓴다. f-수를 이용해서 필름에 입사되는 빛의 세기를

$$I \propto \frac{1}{(f/D)^2} = \frac{1}{(f-\text{수})^2} \tag{7.5}$$

와 같이 바꾸어 쓸 수 있다.

f-수는 렌즈의 빛을 모으는 능력의 척도이며 렌즈의 빠르기를 결정한다. 빠른 렌즈는 작은 f-수를 가진다. 약 1.4 정도까지의 작은 f-수를 가지는 빠른 렌즈는 받아들일 수 있을 정도로 수차를 작게 하기가 어렵다. 사진기 렌즈에 $f/1$, $f/1.4$, $f/2$, $f/2.8$, $f/4$, $f/5.6$, $f/8$, $f/11$, $f/16$, $f/20$ 등과 같이 여러 가지 f-수가 표시되어 있는 것을 볼 수 있다. 이때 각 단계마다 구경조리개의 크기는 표 7.2와 같이 $\sqrt{2}$배씩 작아지고, 이에 따른 빛의 상대적인 세기는 1/2씩 감소한다. 가장 작은 f-수는 조리개를 크게 열어 렌즈의 전체 영역을 전부 사용하는 경우에 해당한다. 스냅사진에 흔히 사용되는 간단한 사진기는 보통 초점거리와 렌즈 지름이 고정되어 있으며 f-수는 $f/11$ 정도이다.

필름의 노출은 빛의 세기와 노출시간을 곱한 양에 의해 결정된다. 예를 들어 노출시간이 1/50 초이고 $f/8$의 조리개로 어떤 장면을 선명하게 찍었다면, 노출시간을 1/100 초, 조리개를 $f/5.6$으로 해도 같은 노출을 줄 수 있다. 이 경우 노출시간은 반으로 줄었지만 다음 단계의 f-수로 바꾸면 노출이 2배가 되어서 노출양은 변

표 7.2 사진기에서 사용하는 표준 조리개와 상대적 빛의 세기

f-수	$(f\text{-수})^2$	상대적 빛의 세기
1	1	1
1.4	2	1/2
2	4	1/4
2.8	8	1/8
4	16	1/16
5.6	32	1/32
8	64	1/64
11	128	1/128
16	256	1/256
22	512	1/512

하지 않는다. 이와 같이 노출을 조절하는 방법은 여러 가지가 있다

7.3.2 초점심도

그림 7.7에서와 같이 물점 O에서 출발한 빛들은 한 곳의 상점 O'에 모이고, 스크린이 정확하게 상점과 일치할 경우에 가장 선명한 상을 얻을 수 있다. 그러나 스크린이 M' 또는 N'에 있을 때에는 스크린 위에 한 점으로 모이지 못하고, 원형으로 넓게 퍼져 착락원을 이룬다. 만약 착락원의 크기가 허용한계 내에 있다면 물체의 형태를 인식하는데 큰 어려움이 없다. 따라서 특정한 물체에서 출발한 광선이 상을 맺을 때 선명한 상으로 인식될 수 있는 스크린 위치의 최대 허용범위 $\delta s' = \overline{M'N'}$를 **초점심도**(depth of focus)라고 한다.

그림 7.7에서 $\tan(\alpha/2) \simeq (D/2)/s'$ 와 $\tan(\alpha/2) \simeq (d/2)/x$ 이고, 이로부터

$$x \simeq \frac{ds'}{D} \tag{7.6}$$

를 얻는다. 따라서 초점심도 $\delta s' = 2x$은

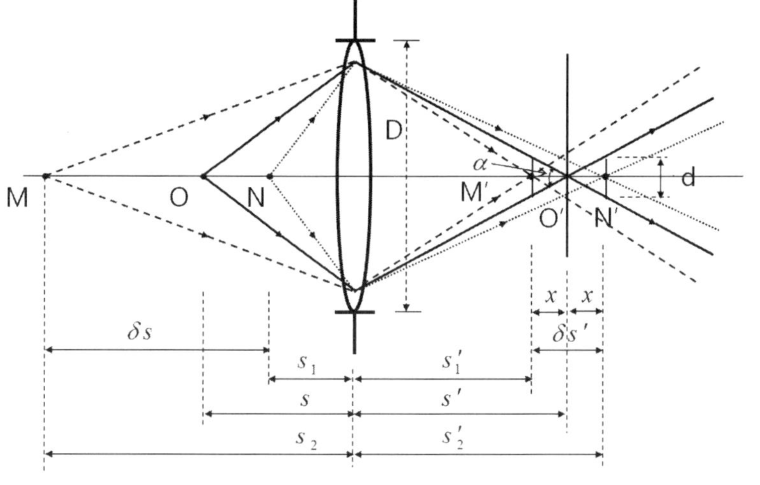

그림 7.7 초점심도와 시야심도

$$\delta s' = 2\frac{ds'}{D} \tag{7.7}$$

와 같이 나타낼 수 있다. 렌즈가 공기 중에 있는 것으로 가정하고 가우스 결상식

$$\frac{1}{s} + \frac{1}{s'} = \frac{1}{f'} = -\frac{1}{f} \qquad [4.20]$$

으로부터 구한 상거리 s'을 식 (7.7)에 대입하면 초점심도를

$$\begin{aligned} \text{초점심도} &= \frac{2d}{D}f'\left(1 - \frac{f'}{s}\right) \\ &= 2dF\left(1 - \frac{f'}{s}\right) \end{aligned} \tag{7.8}$$

와 같이 쓸 수 있다. 여기에서 $F(= f'/D)$는 f-수이다. 위의 식에서 알 수 있듯이 초점심도 $\delta s'$는 렌즈의 지름 D가 작을수록, 선명한 착락원의 최대 허용 지름 d가 클수록, 초점거리 f'이 길수록, 물체거리 s가 짧을수록($\because s < 0$), f-수가 클수록 깊어(길어)진다.

7.3.3 시야심도

이제 그림 7.7에서 스크린을 하나의 상점에 고정시켰을 때 물체의 위치가 좌우로 바뀌면 스크린에 맺히는 상은 착락원이 된다. 이 착락원의 크기가 상을 선명하게 인식할 수 있는 한계까지 물점의 한계범위 $\delta s = \overline{MN} = s_2 - s_1$ 를 **시야심도**(depth of field)라고 한다. 그림 7.7에서 상거리가 $(s' + x)$에 해당하는 물체거리 s_1과 상거리가 $(s' - x)$에 해당하는 물체거리 s_2를 구하면

$$s_1 = \frac{sf'(f' + Fd)}{f'^2 + Fds} \tag{7.9}$$

$$s_2 = \frac{sf'(f' - Fd)}{f'^2 - Fds} \tag{7.10}$$

이다. 따라서 시야심도 $\delta s = s_2 - s_1$ 는

$$\text{시야심도} = \frac{2Fds(s - f')f'^2}{f'^4 - F^2d^2s^2} \tag{7.11}$$

와 같이 나타낼 수 있다.

예를 들어 $f/16$이고 초점거리가 5 cm인 렌즈 앞 2.00 m에 있는 물체를 최소 착락원의 지름이 0.06 mm으로 결상하려고 한다. 이때 위의 식 (7.9)와 식 (7.10)로부터 s_1과 s_2를 구하면 각각 115 cm, 845 cm이다. 따라서 이 렌즈의 시야심도는 $\delta s = s_2 - s_1$ = 730 cm이고, 115 cm부터 845 cm 사이의 모든 물체를 선명하게 결상할 수 있을 것이다. 그리고 식 (7.8)을 이용해서 구한 초점심도는 $\delta s' \simeq$ 0.19 cm이다.

착란원의 크기 d에 따라 사진의 질이 달라진다. 슬라이드와 같이 상을 확대할 경우 d는 더 작아져야 한다. 대부분의 사진 작업에서 d는 수천분의 1 인치 정도이다. 일반적으로 사진기에는 s_1과 s_2 사이의 시야심도 범위를 읽을 수 있는 눈금이 표시되어 있고, 이에 따라 물체거리와 조리개를 선택할 수 있다. 조리개가 작을수록, 초점거리가 짧을수록, 그리고 물체거리가 멀수록 시야심도가 깊어져서 멀리 있

는 배경과 가까이 있는 물체 모두 선명하게 나타난다. 반대로 인물사진을 찍을 때 사람을 가까이 두고 조리개 지름을 아주 크게 하면 인물만 정확하게 초점이 맞아 선명하게 되고, 뒤의 배경은 형체를 알아볼 수 없을 정도로 흐려진다.

7.3.4 상의 밝기

상면에 맺히는 상은 상면에 도달하는 빛의 양이 많을수록, 상의 면적이 작을수록 밝아진다. 사진기에서 상의 밝기는 식 (7.5)와 같이 f-수의 제곱에 반비례하고, 노출시간이 길수록 빛의 양이 많아지므로 사진이 밝아진다. 즉, 사진의 밝기 L은

$$L \propto \left(\frac{1}{f-수}\right)^2 \cdot t \tag{7.12}$$

이 된다. 따라서 조리개를 작게 해서 f-수가 증가하면, 노출시간을 길게 해야 사진을 밝게 할 수 있다.

7.4 사진기 렌즈의 종류

사진기의 표준 대물렌즈는 노출시간을 짧게 하기 위해서 상대적으로 큰 지름을 가져야 한다. 상은 초점이 잘 맞아야 하고, 초점면에 있는 필름 전체에 걸쳐서 색수차 및 구면수차, 코마, 비점수차, 상면만곡, 왜곡수차 등이 적어야 한다. 한 가지 수차를 지나치게 줄이면 나머지 다른 수차들이 매우 심각하게 나타나게 되므로 광학적으로는 여러 가지 수차를 적절히 줄일 수 있는 방법들을 절충해야 한다. 이렇게 허용 가능한 수차 범위 안에서 원하는 특성을 갖는 적당한 렌즈를 설계하여야 한다. 과거에는 렌즈 설계를 하기 위해서 직감력, 경험, 이미 개발된 렌즈의 자료에 의존했다. 오늘날은 번거로운 작업을 컴퓨터를 사용함으로서 줄일 수 있다. 좋은 렌즈를 설계하였더라도 주어진 특정 조건을 만족하는 렌즈는 여러 가지 형태가 될 수 있으므로 그 선택에 있어서 인간의 독창성은 아직도 필수적인 요소로 남아 있다.

현재 사용되고 있는 사진기에 사용되는 대물렌즈의 종류는 크게 (1) 메니스커스

렌즈, (2) 쿠크 삼중렌즈(Cooke triplet), (3) 페츠발(Petzval) 렌즈, (4) 망원렌즈, (5) 줌렌즈 계열로 나눌 수 있다.

7.4.1 메니스커스 렌즈

16세기 후반에 알려진 가장 간단한 형태의 사진기 렌즈는 양볼록렌즈였다. 이 렌즈는 모든 형태의 수차를 포함하기 때문에 초보적인 상태의 사진을 얻는 것 이외에는 쓸모가 없었다. 이후 발견된 **메니스커스**(meniscus) 단일 렌즈는 오목한 면이 물체를 향하고 있으며 약간의 비점수차와 코마수차를 갖는다. 그러나 구면수차, 색수차, 왜곡수차, 그리고 상면만곡 등이 포함되어 있고, 렌즈의 크기를 $f/16$보다 좋게 할 수 없었다. 그러나 그림 7.8(a)와 같이 오목한 면이 서로 마주보는 색지움 메니스커스 이중렌즈를 조합하여 사용하면 성능이 훨씬 좋아진다. 이것의 한 예가 1866년에 개발된 **래피드 렉티리니어 렌즈**(rapid rectilinear) 렌즈이다(그림 7.8(b)). 래피드 렉티리니어 렌즈에서 상면이 평면이 되면 상당한 양의 비점수차가 생기고, 구면수차가 있어서 구경은 약 $f/8$로 제한되어 있다.

메니스커스 비점수차 지움(meniscus anastigmat) 렌즈 계열에 속하는 것이 두꺼운 메니스커스를 사용하여 시야 보정을 유도한 대물렌즈들이다. 두꺼운 메니스커스 소자는 같은 굴절능의 양볼록 소자와 비교할 때 안쪽으로 휘는 페츠발 곡률을 매우 감소시킨다. 실제로 페츠발 합은 두께가 충분히 두껍게 만들어진다면 초과보정될 수 있다.

구경을 늘리기 위해서 구면수차와 색수차를 보정하는 것이 필요하다. 이것은 그림 7.8(c)의 **토포곤**(Topogon) 렌즈와 같이 음의 플린트 소자를 추가하면 된다. 이와 같은 렌즈의 구조는 조리개 근방에서 공심에 매우 가깝고, $f/6.3$~$f/11$에서 시야각은 75°~90° 정도이다.

19세기 후반에 **접합 대칭 메니스커스 이중렌즈**(symmetrical cemented meniscus doublet)로 이루어진 광학계의 설계가 시도되었다. 구면수차를 발산하는(음의 굴절능을 가지는) 접합면으로 보정한다면, 고차의 초과보정된 비점수차가 광각에서 매우 크게 되는 경향이 있는 자오시야(tangential field)를 인위적으로 편평하게 하는 것을 필요로 한다. 페츠발 상면만곡의 감소를 위해서 고굴절률 크라운

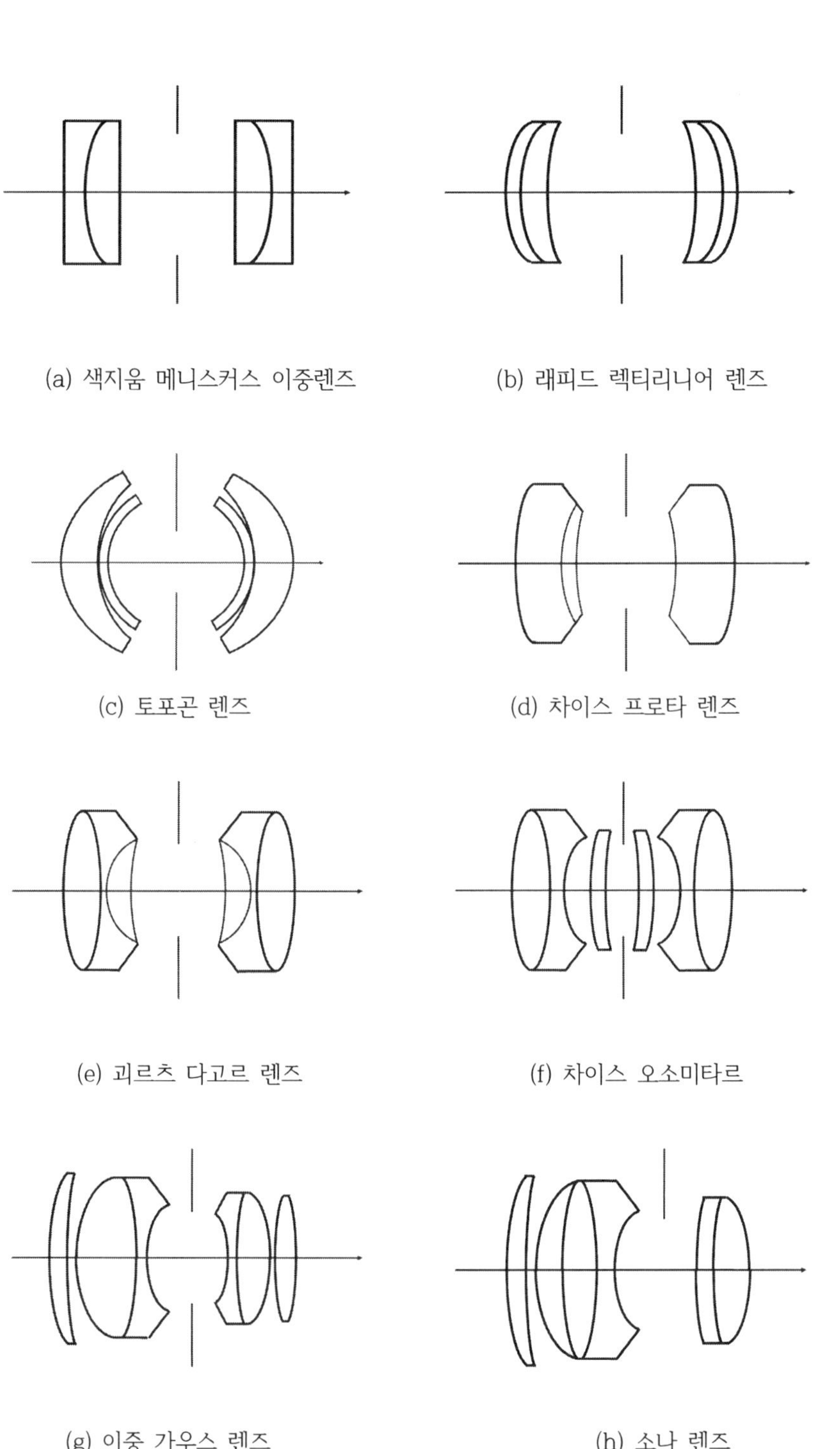

(a) 색지움 메니스커스 이중렌즈

(b) 래피드 렉티리니어 렌즈

(c) 토포곤 렌즈

(d) 차이스 프로타 렌즈

(e) 괴르츠 다고르 렌즈

(f) 차이스 오소미타르

(g) 이중 가우스 렌즈

(h) 소나 렌즈

그림 7.8 메니스커스 사진기 렌즈들

렌즈와 저굴절률 플린트 렌즈를 사용한다면, 이 접합면은 구면수차를 보정하는데 사용할 수 없을 것이다. 1890년 루돌프(Paul Rudolph, 1858~1935)는 그림 7.8(d)와 같은 **차이스 프로타**(Zeiss Protar) 렌즈를 설계하였다. 그는 기존의 저굴절능 색지움 이중렌즈(저굴절률 크라운 렌즈와 고굴절률 플린트 렌즈)를 앞쪽에 두었고, 새로운 색지움 이중렌즈(고굴절률 크라운 렌즈와 저굴절률 플린트 렌즈)를 뒤쪽에 두었다. 비점수차를 조정하기 위해 뒤쪽의 접합면을 사용한 반면, 앞쪽의 분산 접합면은 구면수차를 보정하기 위해 사용하였다. 각 성분들은 페츠발 합을 감소시키는 두꺼운 메니스커스이고, 전반적인 대칭 형태는 코마수차와 왜곡수차를 조정하는데 도움이 된다. 프로타 형의 렌즈들은 $f/8$~$f/18$에서 시야는 60°~90° 정도이다.

몇 년 뒤 루돌프와 본 호그(Emil von Höegh, 1865~1915), 그리고 괴르츠(Carl Paul Goerz, 1854~1923)는 서로 독자적으로 작업을 했지만, 프로타 렌즈의 두 성분을 단일의 접합된 성분으로 결합하였다. 그림 7.8(e)는 **괴르츠 다고르**(Goerz Dagor) 렌즈를 보여주는 것으로 이 렌즈는 접합된 삼중렌즈가 대칭으로 배치된 것을 알 수 있다. 이와 같은 렌즈의 각각의 반은 사용자가 두 개의 다른 초점거리를 얻기 위해 앞쪽 렌즈를 제거할 수 있게 이들 각 부분을 독립적으로 보정하여 설계한다. 프로타 렌즈와 다고르 렌즈는 광시야에 걸쳐서 얻어지는 높은 선명도 때문에(특히 작은 구경에서 사용할 때) 현재에도 여전히 광시야 사진촬영에 사용한다.

다고르(Dagor) 렌즈 내부의 크라운 렌즈들의 접촉면을 분리하여 얻어지는 추가적인 자유도는 렌즈를 추가시키는 것보다 더 가치가 있다. 이러한 형태의 렌즈들은 아마 광각 메니스커스 광학계 중에서 최상의 성능을 보여주고 $f/5.6$에서 70°의 시야를 갖는다. 마이어(Meyer)의 플라스마트(plasmat) 렌즈, 로스(Ross)의 익스프레스(express) 렌즈, **차이스 오소미타르**(Orthometar) 렌즈(그림 7.8(f)) 등은 이 구조로 되어 있고, 최근의 우수한(대칭적인) 1:1 복사기 렌즈도 이 구조이다. 접촉면을 분리시킬 때 내부 크라운 렌즈는 더 높은 굴절률의 유리로 바뀐다.

비록 더 큰 구경과 더 작은 시야를 사용한다는 점에서 앞의 메니스커스 렌즈 형태와는 다르지만, 그림 7.8(g)의 **이중 가우스**(double Gauss) 비오타(Biotar) 대물렌즈와 그림 7.8(h)의 **소나**(Sonar) 렌즈는 둘 다 두꺼운 메니스커스 원리를 사용하여 설계한다. 그림 7.8(g)와 같은 비오타 대물렌즈의 기본형은 두 개의 두꺼운 음-메니스커스 내부 이중렌즈와 두 개의 단일 양-외부 소자로 이루어져 있다. 이것은 아주 강력한 설계 형태인데, 많은 고성능의 렌즈들이 이 형태들의 변형들이다. 만약 정점거리가 매우 짧고 소자들이 중심 조리개 주변에서 강한 곡률을 가진다면, 넓은 시야를 확보할 수 있다. 이중 가우스 렌즈는 초점거리 35 mm 사진기 렌즈의 기본이고, 아주 고성능이 필요한 많은 렌즈에 응용되고 있다. 이 렌즈는 편의적으로 광각 렌즈로도 만들어질 수 있고 $f/1.0$보다 빠르게 동작하도록 변경할 수도 있다.

7.4.2 쿠크 삼중렌즈

1893년 Cook and Sons 회사의 테일러(H. D. Taylor)가 **쿠크 삼중렌즈**(Cooke triplet)를 설계한 이후 사진기 렌즈는 비약적인 발전을 하게 된다. 이것은 세 개의 렌즈로 구성된 광학계로 좋은 렌즈 설계의 예로 많이 소개되고 있다. 쿠크 삼중렌즈는 그림 7.9(a)와 같이 앞과 뒤에는 크라운 유리로 제작된 두 볼록렌즈, 가운데에는 납유리로 제작된 오목렌즈로 구성되어 있고, 오목렌즈가 결정적인 역할을 한다. 첫 번째 볼록렌즈에서 오목렌즈 사이의 거리가 상대적으로 길어서 오목렌즈로 입사하는 빛의 수렴도가 매우 높다. 굴절능이 큰 오목렌즈에 의해 구면수차와 색수차가 보정될 뿐 아니라 코마수차, 비점수차, 상면만곡과 왜곡수차를 줄이면서도 광학계의 전체 능력을 충분히 유지시킨다. 이와 같은 수차의 보정으로 말미암아 쿠크 삼중렌즈는 이전에 알려진 어떤 사진기 렌즈보다 높은 $f/6.3$ 이상의 빠르기와 넓은 시야를 제공하였다.

쿠크 삼중렌즈의 개념으로부터 수많은 사진기 렌즈들이 개발되었다. 이들 중에서 가장 성공적인 것은 그림 7.9(b)의 **테사**(Tessar) 렌즈로, 뒤쪽에 색지움 접합 이중

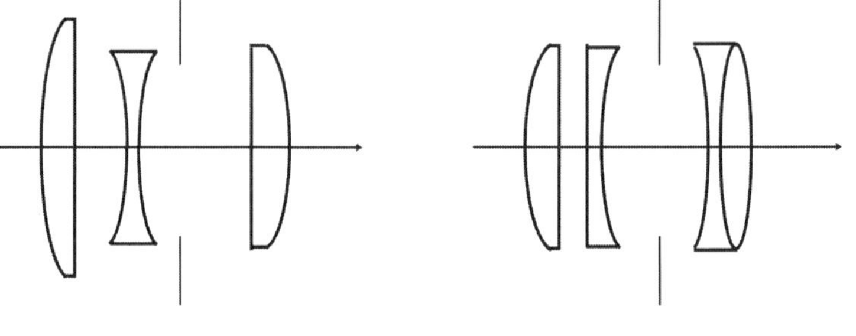

(a) 쿠크 삼중렌즈 (b) 테사 렌즈

그림 7.9 쿠크 삼중렌즈와 테사 렌즈

렌즈(achromatic cemented doublet)를 사용하였다. 테사 렌즈는 구면수차와 색수차를 훌륭하게 보정하면서, 충분한 빠르기($f/3.5$ 심지어 $f/2.8$)을 유지하고, 비점수차는 매우 적으며, 상면만곡은 없고, 왜곡수차가 약 60°이다. 이 대단히 빠른 렌즈는 영화사진 촬영에 가장 적당하다. 오늘날 테사 렌즈와 그로부터 파생된 렌즈들이 고품질 사진기 렌즈로 가장 광범위하게 사용되고 있다. 표 7.3은 테사 렌즈의 전형적인 제원들을 보여준다.

표 7.3 테사 사진기 렌즈의 제원

두께 d(mm) 굴절률 n	곡률 반지름(mm)	공기층(mm)
렌즈 1		-------------
d = 3.57	R_1 = +16.28	
n = 1.6116	R_2 = -275.7	1.89
렌즈 2		-------------
d = 3.57	R_1 = -34.57	
n = 1.6116	R_2 = +15.82	3.25
렌즈 3		-------------
d = 3.57	R_1 = ∞	
n = 1.6116	R_2 = +19.20	
렌즈 4		
d = 3.57	R_1 = +19.20	
n = 1.6116	R_2 = -24.00	

7.4.3 페츠발 렌즈

원래의 페츠발 인물사진용 렌즈(Petzval portrait lens)는 그림 7.10과 같이 두 개의 색지움 이중렌즈를 유사하게 배치한 광학계로, 뒤쪽의 이중렌즈는 렌즈를 접합시키지 않고 그 사이의 간격을 적당히 벌린다. $f/3$ 정도의 빠르기에서 적당한 시야를 가지며, 영화촬영용 투사 대물렌즈에 많이 사용하고 있다. 종종 페츠발 투사렌즈로 부르는 현대판 페츠발 렌즈는 더 큰 렌즈 간격을 가지며, $f/6$의 빠르기에서 ±5°에서 ±10°까지의 반시야각을 갖는다. 이와 같은 형태의 광학계는 축상 보정이 우수

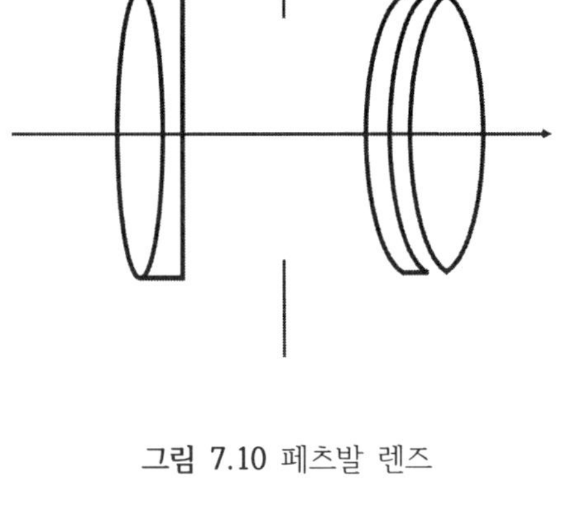

그림 7.10 페츠발 렌즈

하며, 시야가 안쪽으로 강하게 휘는 특성이 있다. 시야는 후방의 접합된 이중렌즈 면에서 도입되는 초과보정된 비점수차에 의해서 인위적으로 편평하게 할 수 있다.

이 광학계의 설계시 전형적인 방법은 초점거리와 거의 같은 얇은 렌즈 간격, 광학계의 초점거리의 두 배를 가지는 전방의 이중렌즈, 그리고 광학계의 초점거리와 거의 같은 후방의 이중렌즈가 되도록 하는 것이다. 따라서 얇은 렌즈의 뒤초점은 초점거리의 약 1/2이고, 앞 정점에서 초점면까지의 거리는 초점거리의 약 1.5배이다. 만약 렌즈 간격이 아주 짧을 경우 초과보정된 비점수차를 유지하기 위해 뒤쪽의 이중렌즈에서의 접합을 깨거나 접합면 사이의 굴절률 변화를 증가시키는 것이 필요한 경우도 있다.

페츠발 렌즈에서는 일반적으로 통상의 크라운 유리와 고굴절률 플린트 유리를 사용한다. 때때로 고굴절률 유리를 사용하고 한 개 또는 쌍으로 된 이중렌즈는 분리된 형태로 사용한다. 어떤 페츠발 렌즈의 변형은 각각의 크라운 소자의 굴절능들 중 상당한 부분을 분리된 평-볼록렌즈로 분할함으로써 거의 구면인 상면을 가지고 $f/1.0$의 빠르기를 갖도록 한다.

7.4.4 망원렌즈와 역망원렌즈

망원렌즈(telephoto lens)는 앞 정점에서 필름 면까지의 거리가 유효 초점거리보다 짧은 렌즈를 지칭한다. 정점길이를 유효 초점거리로 나눈 망원비(telephoto ratio)가

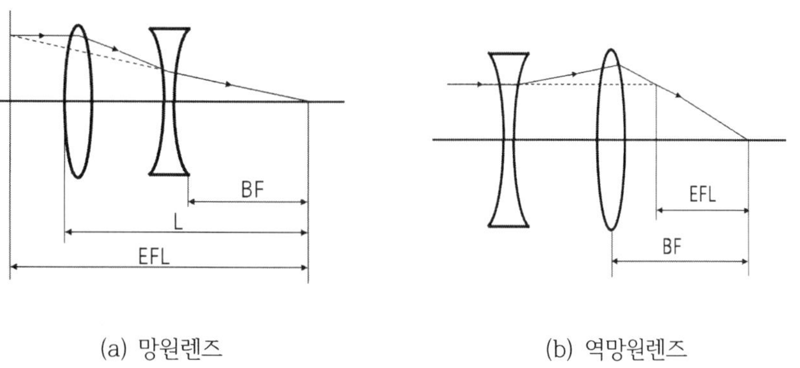

그림 7.11 망원렌즈와 역망원렌즈

1 또는 그 이하의 값을 가질 경우 망원렌즈로 분류한다. 그림 7.11(a)는 대표적인 망원렌즈를 나타낸 것으로 음의 후방 성분으로부터 분리한 양의 전방 성분으로 설계하고, 왜곡수차의 보정은 보통 후방 성분을 분할하여 달성한다. 망원렌즈와 역망원렌즈에서 극한의 망원비를 얻고자 할 때 공통적인 어려움은 초과보정된 페츠발 합과 뒤쪽으로의 시야가 휘는 경향이 있다는 것이다.

그림 7.11(b)와 같이 망원렌즈의 기본 굴절능 순서를 거꾸로 한 **역망원렌즈**(reverse telephoto 또는 retrofocus lens)는 유효 초점거리보다 더 긴 후방 초점거리를 얻을 수 있다. 이것은 프리즘이나 거울이 렌즈와 상면 사이에 필요할 때 유용한 형태가 된다.

역망원렌즈는 노출시 뷰파인더 반사경이 위아래로 흔들릴 수 있도록 긴 후방 초점거리를 필요로 하는 35 mm SLR과 함께 널리 사용하고 있다. 모든 단초점, 광각 SLR 렌즈들은 이와 같은 형태이다. 역망원렌즈는 매우 강력한 설계 형태로 발전되어 왔고, 전방에 음의 렌즈를 가지는 표준 사진기 렌즈의 원형이다. 전방의 음의 성분은 페츠발 곡률을 잘 보정하기 때문에 이미 시야 평탄화(field-flattening)용 표준 설계를 가지고 지나치게 수차보정을 하는 것은 별로 의미가 없다.

7.4.5 줌렌즈

줌렌즈(zoom lens)는 렌즈 사이의 위치 변화 등에 의해 총 굴절능을 변화시켜 다양한 배율을 얻을 수 있는 렌즈계를 말한다. 좀 더 폭 넓은 의미로 다중배치계

(multi configuration system)라고도 하는데 단순히 배율의 변화뿐만 아니라 스캐닝 렌즈에서와 같이 회전 다면경에 의해 여러 위치에 초점을 맺게 하는 경우도 포함하는 말이다. 가장 간단한 줌렌즈는 그림 7.12와 같이 물체 위치를 변화시켜서 상의 크기를 변화시키는 방법이다.

줌렌즈는 2군, 3군, 4군 등이 있는데 주로 3군 줌렌즈 방식이 많이 사용되고, 각각의 군은 보통 3~4 개의 렌즈로 구성되어 있다. 그림 7.12는 3군 방식의 줌렌즈로 하나의 군이 움직이는 방식이다. 한 개 군의 움직임에 의해 그림과 같이 배율(초점거리)이 변하면서 상면이 이동한다. 한 개의 군만 움직이면 상면도 따라 움직이므로 다른 군의 비선형적인 보상 움직임에 의해 상면의 이동을 제거할 수 있는데, 이를 기계 보정식 줌렌즈계(mechanically compensated zoom system)라고 한다. 즉, 기계 보정 줌렌즈계는 경통에 비선형 궤적을 만들어 렌즈군을 이동시킨다. 이동되는 렌즈군 중 배율을 변화시키는 기능을 하면 가변자(variator)라고 하고, 상면을 보정

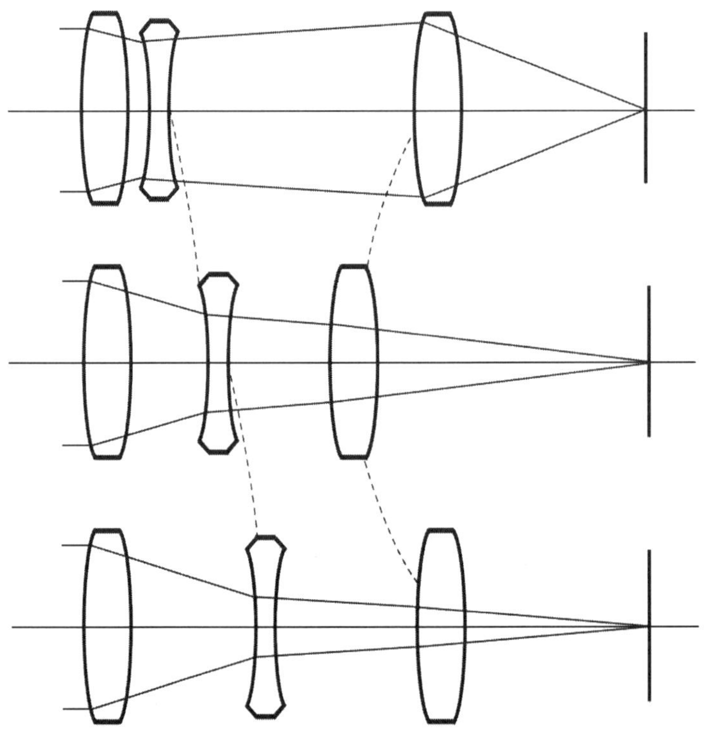

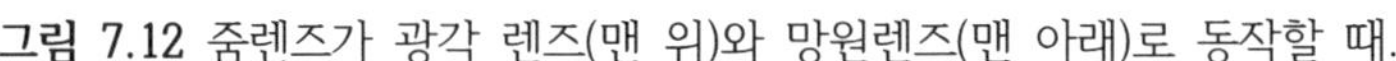

그림 7.12 줌렌즈가 광각 렌즈(맨 위)와 망원렌즈(맨 아래)로 동작할 때.

하는 기능을 하면 보상자(compensator)라고 한다. 3군 및 기계 보상 줌렌즈계는 현재 가장 많이 사용되는 줌렌즈 방식이기도 하다.

한편 기계 보상 방식과는 달리 상면을 광학적으로 보상해주는 방식을 광학 보정 줌렌즈계(optically compensated zoom system)라고 한다. 렌즈군 사이의 변화 개수에 따라 상면 이동이 없는 지점이 생기는데 3군 줌의 경우 3 개, 4군 줌의 경우 4 개의 지점에서 상면 이동이 생기지 않는다. 3군과 4군은 상면 이동이 발생하지 않는 개수에서도 차이가 있지만, 초점 이동이 없는 지점을 제외한 나머지 부분에서도 4군 쪽의 상면 이동량이 훨씬 적다. 광학 보정식은 설계도 어렵고 기계 보정식에 비해 크므로 현재 많이 사용되고 있지 않다. 초점거리가 짧고 변화가 크지 않은 렌즈라면 비선형 궤적 보상이 필요한 기계 보상식 대신 광학 보상식으로도 줌렌즈계를 구성할 수도 있다.

7.5 사진기의 종류

사진기의 분류는 일반적으로 필름 사이즈에 따라 소형, 중형, 대형으로 나누며 디지털 사진기도 대개 이와 같이 분류한다. 그리고 구조에 따라서 콤팩트 사진기, 거리계 연동식 사진기, 이안 반사식 사진기, 일안 반사식 사진기, 디지털 일안 반사식 사진기, 하이엔드 사진기, 뷰 사진기, 미러리스 사진기 등으로 나눌 수 있다.

7.5.1 콤팩트 사진기

콤팩트 사진기(compact camera)는 가장 많이 사용되는 일안 반사식 자동초점 디지털 사진기이다. 수요가 늘어남에 따라 보급형이 다양하게 나오고 있으며 크기가 작아 휴대하기가 편하고, 대부분의 촬영 기능이 자동화되어 있어 조작이 쉽고 간편하다. 가격이 저렴한 편이어서 부담 없이 접할 수 있는 대중적인 사진기이며 시중에 보급된 디지털 사진기의 절대 다수를 차지하고 있다.

콤팩트 사진기는 작고 간편한 것이 장점이지만, 화질이나 연속촬영 속도와 같은 성능적인 부분에 있어서 한계가 있기 때문에 그 이상을 원하는 전문가나 애호가들이 쓰기에는 부족한 점이 많다. 또한, 휴대폰에 탑재되는 사진기의 성능이 향상됨에 따라 콤팩트 사진기에 대한 수요는 상대적으로 줄어드는 추세이다.

7.5.2 거리계 연동식 사진기

거리계 연동식 사진기(range finder camera)는 거리계와 사진기의 초점 조절 장치를 연동시킨 사진기로, 레인지 파인더 사진기 또는 RF 사진기라고도 부른다. 그림 7.13과 같이 뷰파인더를 들여다보고 이중상을 완전히 겹쳐지게 하면 렌즈의 초점이 이에 따라 맞춰지도록 고안된 사진기이다. 최초의 레인지 파인더 사진기는 차이스 이콘(Zeiss Ikon)이 1932년도에 만든 Contax I 이다. 수많은 다른 형식의 사진기들이 생산되었으나 1970년대부터 SLR 사진기에 밀려 시장에서 거의 사라졌다.

거리계 연동식 사진기는 SLR 사진기와는 다른 고유한 장점이 있다. SLR 사진기는 구조의 특성상 거울과 펜타 프리즘이 필요하고, 그에 따라서 부피가 커지고 무거워질 수밖에 없다. 그러나 거리계 연동식 사진기는 이들이 필요하지 않아서 SLR에 비해 소형화가 가능하고, 렌즈를 필름에 더 가깝게 할 수 있어서 화질이 좋아진다. 거울의 움직임에 의해 생기는 소음과 진동(mirror shock)이 적기 때문에 사진의 흔들림이 적은 것도 장점이다. 숙련된 사진가라면 삼각대 없이 1/15초까지도 흔들림 없이 촬영이 가능하며, 스냅사진 촬영용으로 적합하다. 또한 거울이 위로 올라갈 때 생기는 블랙아웃(blackout) 현상이 없다.

단점으로는 뷰파인더와 렌즈가 다른 위치에 있어서 뷰파인더를 통해 보는 것과 실

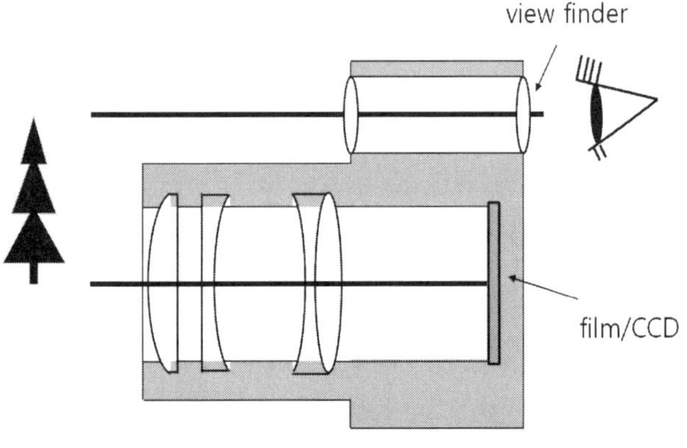

그림 7.13 거리계 연동 사진기(rangefinder camera)

제로 촬영되는 것이 다르게 나타나는 '시차' 현상이 불가피하고, 피사체에 접근하면 할수록 더욱 심해진다. 따라서 뷰파인더 상에서 심도를 확인하는 것도 불가능하며 SLR만큼 정확하고 정밀한 구도를 잡기는 불가능하다. 또한 거리계의 특성상 망원렌즈를 쓰기에는 적합하지 않다. 망원으로 갈수록 심도가 얕아지고 이중상 합치만으로는 어디에 정확하게 초점이 맞았는지 확인할 수 없기 때문이다.

대부분의 거리계 연동식 사진기에는 촬영될 피사체의 위치와 범위를 설정하기 위해서 뷰파인더 안에 밝은 테두리(bright frame)라고 하는 윤곽선이 그려져 있다.

7.5.3 이안 반사식 사진기

이안 반사식(twin lens reflex, TLR) 사진기는 그림 7.14와 같이 동일한 초점거리의 두 개의 렌즈를 가지고 있다. 위쪽의 뷰파인더용 렌즈와 초점 스크린까지의 거리는 아래쪽의 촬영용 렌즈와 필름까지의 거리와 같다. 그리고 초점 스크린의 크기는 필름의 크기와 같다. 따라서 이 스크린을 통해 초점을 맞추고 사진의 구도를 잡을 수 있다. 아래쪽 렌즈에는 렌즈 셔터가 위치한다. 두 렌즈 사이의 75 mm 이상의 거리차가 있어서 근접 촬영할 때 시차가 심하게 나타난다.

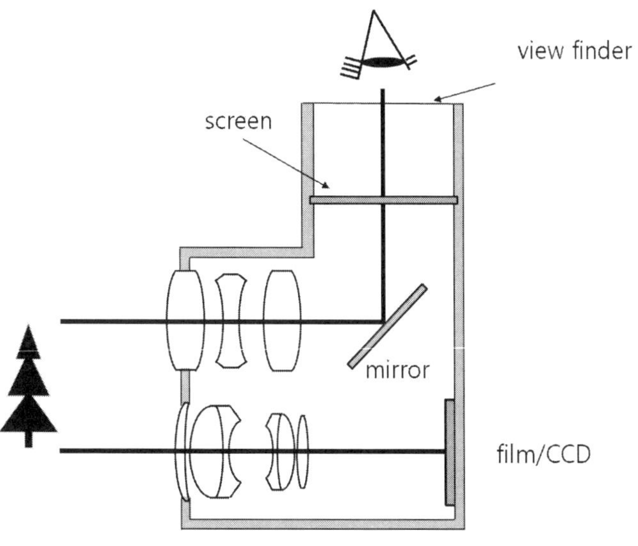

그림 7.14 이안 반사식 사진기

이안 반사식 사진기의 장점은 기계적으로 간단하며 셔터 소리가 거의 나지 않고, 반사 거울이 움직이지 않아서 진동이 없고, 노출 중에도 초점맺음의 시각적 효과를 전체 스크린에서 확인할 수 있으며, 일안 반사식 사진기보다 저렴하고, 아주 낮은 위치나 머리 위로 들고 촬영할 경우 다른 사진기보다 유리하다는 것이다. 한편 단점은 시차로 인한 근접 촬영이 어렵고, 스크린에서 상이 좌우가 바뀌어 나타나고, 피사체 심도는 눈금만으로 확인 가능하고 스크린에서는 확인이 불가능하며, 크기가 커서 휴대가 불편하고, 줌렌즈나 교환렌즈가 많지 않다는 것이다.

7.5.4 일안 반사식 사진기

일안 반사식(single lens reflex, SLR) 사진기는 TLR의 단점을 보완하고자 개발되었으며, 일안 리플렉스 사진기라고도 한다. 일안이란 말 그대로 눈이 하나라는 뜻으로 별도의 뷰파인더 없이 하나의 눈(또는 렌즈)를 통해 피사체를 보기 때문에 붙여진 이름이고, 리플렉스는 렌즈를 통해 들어온 상을 거울을 통해 반사시키기 때문에 붙여진 이름이다.

일안 반사식 사진기의 구조는 그림 7.4에 보인 것과 같이 시차를 완전히 제거하고자 렌즈에 의해 맺힌 상을 직접 뷰파인더에서 볼 수 있게 되어 있다. 대물렌즈와 조리개를 통과한 빛은 45° 기울어진 거울에서 초점 스크린으로 반사된다. 렌즈와 초점 스크린까지의 거리는 렌즈와 필름 면까지의 거리와 일치한다. 따라서 스크린에 선명하게 맺힌 상은 필름 면에서도 선명하게 맺힌다. 초점 스크린을 통과한 빛은 위쪽의 펜타프리즘 내부에서 반사되어 뷰파인더를 통과해 나온다. 셔터 릴리스를 누르면 조리개가 조여지며 거울은 밑에서 위로 올라가고 초점면의 셔터(focal plane shutter)가 열려서 뷰파인더를 통해 본 상은 이제 필름에 맺힌다. 필름에 노출이 끝난 후 셔터는 닫히고 조리개는 완전히 열리고 거울은 다시 내려온다.

일안 반사식 사진기의 가장 큰 장점은 필름에 맺히는 상과 같은 상을 뷰파인더를 통해서 관찰할 수 있고 시차 없이 촬영할 수 있다는 것이다. 이외에도 구도와 초점 잡기가 쉬우며 촬영 전에 피사체 심도를 확인할 수 있고, 초점 스크린 주변에 나타난 정보를 통해서 노출, 초점, 셔터 빠르기나 조리개 수치를 확인할 수 있고, 교환렌즈나 필터 등의 부착이 쉬우며 그 효과를 바로 확인하면서 촬영할 수 있다는 장점도 가지고 있다.

그러나 사진기 내부에 반사 거울과 펜타프리즘이 있기 때문에 크기가 커지고 무거워지는 단점이 있다. 그리고 반사 거울의 동작으로 인해 셔터 빠르기에 제약이 있고, 소음과 진동(mirror shock)이 발생한다. 이로 인해 촬영 순간 흔들림이 있을 수 있다. 이외에 상이 필름에 맺히는 순간 거울이 올라가게 되어, 셔터가 열리는 순간 동안 상을 볼 수 없는 블랙아웃 현상이 발생한다.

7.5.5 디지털 일안 반사식 사진기

일안 반사식 사진기의 필름 대신 CCD(charge coupled device)나 CMOS (complementary metal oxide semiconductor) 등의 이미지 센서를 사용한 사진기가 **디지털 일안 반사식**(digital single lens reflex, DSLR) 사진기이다. 필름을 사용하는 SLR 사진기와 구분하기 위해 DSLR이라 부르며, 필름을 사용하지는 않지만 이와 같은 구조로 되어 있어서 디지털 사진기로 일반화되어 보급되고 있다.

세계 최초의 디지털 사진기는 1975년 미국 이스트만 코닥사(Eastman Kodak Company)의 개발자였던 스티브 새슨(Steve Sasson, 1950~)이 발명했다. 이 제품은 100 × 100 해상도(1만 화소)의 사진을 찍을 수 있는 CCD를 가지고 있었으며, 촬영된 사진은 카세트 테이프를 통해 저장하였다. 이 제품은 토스트만한 크기에 무게는 3.6 kg, AA 건전지 16 개가 필요하였다. 사진 한 장을 저장하거나 저장된 사진을 TV로 보는데 각각 23 초라는 긴 시간이 걸렸고, 흑백 사진만 저장 가능했기 때문에 실제로 시판되지는 못했다.

실질적으로 상용화된 최초의 디지털 사진기는 일본 소니가 1981년에 출시한 '마비카(MAVICA)'를 꼽을 수 있다. 이 제품은 CCD를 통해 촬영을 한 후 아날로그 방식의 플로피디스크로 사진을 기록하는 방식이었기 때문에 디지털 사진기가 아닌 '전자식 스틸(정지화상) 사진기(electronic still camera)'로 분류되기도 한다.

촬영뿐 아니라 기록과 저장까지 디지털 방식으로 하는 최초의 디지털 사진기는 1988년에 일본 후지필름이 발표한 DS-1P이다. 이 제품은 SRAM IC 카드를 저장매체로 사용했다. SRAM은 본래 전원이 차단되면 데이터가 삭제되는 휘발성 메모리인데, DS-1P에 사용하는 SRAM IC 카드는 내부에 동전 크기의 수은 전지가 내장되어 사진기의 전원을 끄더라도 저장된 사진을 유지할 수 있었다.

이후, 사진기 렌즈설계 및 제작기술, 저장매체의 용량 및 속도, 전자기계적 보조장치, 광학적 처리 기술 등의 급진적인 발전을 바탕으로 1천만 화소 이상의 초고화질 디지털 사진과 동영상을 촬영하고 저장할 수 있는 디지털 사진기 및 AV 장치들이 꾸준히 개발되어 오고 있다. 현재는 초고화질로 촬영한 사진 또는 동영상을 컴퓨터나 인터넷에 유무선으로 전송할 수 있는 디지털 사진기들이 시판되고 있다. 스마트 폰으로 촬영한 사진과 동영상도 촬영 즉시 SNS(social network service)에 활용하기도 한다.

7.5.6 하이엔드 사진기

하이엔드 사진기(high-end camera)는 콤팩트 디지털 사진기와 DSLR 사진기를 혼합해 놓은 사진기로 콤팩트 SLR 사진기라고도 부른다. 콤팩트 사진기보다 크고 우수한 이미지 센서를 채택하고 있어서 미러리스 사진기나 DSLR 급 고화질 사진 촬영이 가능하다. 고배율 광학 줌렌즈를 사용하기 때문에 멀리 있는 물체도 크고 선명하게 촬영할 수 있다. 그리고 수동 촬영이 가능해서 셔터/조리개 등을 사용자 취향에 맞게 조절하면서 촬영할 수 있다.

하이엔드 사진기는 2000년을 전후하여 상당한 인기를 끌었으나, 그 보다 성능이 우수한 DSLR 사진기가 본격적으로 보급되기 시작한 2005년 즈음부터 시장에서 점차 외면 받고 있다.

7.5.7 뷰 사진기

사진기의 원조인 사진기 옵스큐라(camera obscura)를 근대화한 전문가용 대형 사진기이다. 그림 7.15와 같은 **뷰 사진기**(view camera)는 렌즈를 통해 들어온 빛이 그대로 뒷 유리면에 상이 맺히고, 여러 가지 무브먼트(movement)를 통한 작업 후 필름을 끼워 넣고 촬영한다. 직접 초점면을 보고 촬영하기 때문에 뷰 사진기라고 부르며 초점을 맞추기 쉽다.

각종 렌즈는 보드에 장착된 상태로 사진기 앞판에 간단하게 끼워서 사용한다. 앞

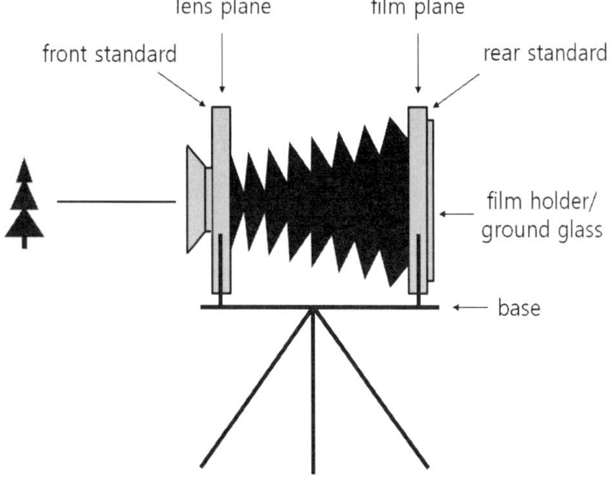

그림 7.15 뷰 사진기

판은 뒤판과 불투명한 주름관(bellows)으로 연결되며, 렌즈와 필름 종류에 따라 앞과 뒤의 거리를 신축성 있게 조절한다. 뒤판에는 정밀하게 눈금이 그려진 스크린(그라운드 글라스)이 있고, 이곳으로 피사체의 상이 뒤집혀서 맺힌다. 이것을 보면서 초점과 구도를 잡을 수 있다. 뒤판은 가로세로 구도를 위해 돌릴 수 있고, 스크린과 뒤판 사이의 틈을 벌려 필름 홀더를 끼운다. 일반적으로 사용하는 필름의 크기는 4×5 인치이며, 5×7 인치와 9×6.5 cm, 심지어는 8×10 인치도 있다.

렌즈가 장착된 앞판은 뒤판과 독립적으로 위아래로 움직일 수 있다. 이러한 무브먼트는 전문적인 건축사진이나 정물사진 촬영에 매우 중요한 기능이다. 이 기능은 피사체 심도를 조절하거나 상의 형태를 변형, 왜곡하는데 필수적이다.

뷰 사진기의 장점은 구조가 비교적 간단해서 고장이 많지 않고, 소음과 진동이 없고, 사진의 화질이 좋고, 사진기의 무브먼트가 넓고, 한 장씩 촬영 후 바로 현상이 가능하다는 것이다. 이러한 장점들 때문에 아직도 건축, 풍경, 정물사진 등에 사용되고 있으며, 주름관의 길이가 주는 확장성 때문에 접사나 사진 복사 작업에도 이용되고 있다.

그러나 단점은 부피가 커서 운반하기에 불편하고, 촬영 중에는 화면을 볼 수 없고, 촬영 준비 시간이 길며 작업 속도가 느리고, 어둡고 뒤집힌 상은 적응하는데 시간이 필요하고, 휴대용 노출계를 사용하기 때문에 노출시간 조절이 불편하고, 동영상 촬영에 부적합하며 선택할 수 있는 필름의 종류가 제한적이라는 것이다.

7.5.8 미러리스 사진기

DSLR 사진기에서 반사 거울과 펜타프리즘을 모두 제거한 것을 **미러리스 사진기**(mirrorless camera)라고 한다. 그림 7.16은 구조를 보여주고 있다. 미러리스 사진기는 콤팩트 사진기와 DSLR의 특성을 모두 포함하고 있기 때문에 하이브리드(hybrid) 사진기라고 부르기도 한다.

DSLR 사진기처럼 렌즈의 교환 장착이 가능하지만, 본체의 크기는 콤팩트 사진기만큼이나 작은 것이 가장 큰 특징이다. 성능 면에서 DSLR 사진기를 능가하지는 못하지만 콤팩트 사진기보다는 월등히 우수하며, 구경이 큰 렌즈를 장착하지 않는다면 콤팩트 사진기와 마찬가지로 휴대하기에 편리하다. 상업적으로 판매된 최초의 미러리스 사진기는 2004년에 출시된 엡손 R-D1이며, 그 뒤로 2008년에 출시된 파나소닉 DMC-G1, 2009년에 출시된 올림푸스 E-P1 등이 인기를 끌면서 사진기 시장의 새로운 판도를 형성하고 있다.

기존의 광학식 뷰파인더는 SLR과 같이 필름이나 센서의 크기에 따라 거울과 뷰파인더의 크기가 결정되었기 때문에 뷰파인더의 크기가 작았다. 이런 과정을 모두 전자식으로 처리하는 미러리스 사진기는 뷰파인더를 큰 후면 LCD로 대체하였다. 광

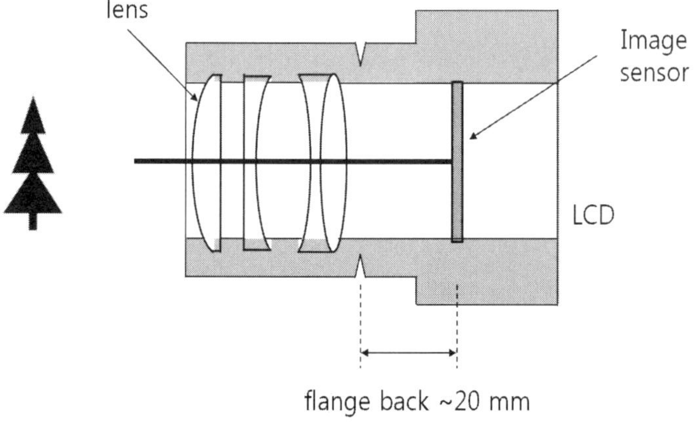

그림 7.16 미러리스 사진기

학식 뷰파인더에 익숙한 사용자를 위해 별도의 전자식 뷰파인더 장착도 가능해졌다. 이런 모든 과정이 실시간 보기(live view)로 되기 때문에 사진에 기록되기 전의 상을 보면서 촬영할 수 있다.

미러리스 사진기는 거울과 펜타 프리즘이 없기 때문에 무게와 부피 면에서 상당한 경량화가 가능한 것이 무엇보다도 큰 장점이다. DSLR 사진기도 폭과 높이는 어느 정도 줄일 수 있지만, 반사 거울이 차지하는 공간 때문에 두께는 줄일 수 없고, 이것이 소형화에 한계가 생기는 원인이다. 그러나 거울이 없는 미러리스 사진기는 두께까지 동시에 줄일 수 있다. 그리고 거울의 제거로 플랜지백(flange back : 렌즈의 마운트가 시작되는 부분에서 결상점까지의 거리)이 짧아진다. 따라서 상대적으로 플랜지 백이 긴 기존의 SLR 사진기용 렌즈는 물론 기존 DSLR 사진기에서 사용할 수 없었던 RF 사진기용 렌즈도 렌즈의 마운트 변환 어댑터를 통해 사용할 수 있다. 거울을 제거함으로써 렌즈와 거울의 충돌 가능성을 고려하지 않아도 되기 때문에, 광각렌즈와 같은 고가의 역망원렌즈 설계가 불필요해진다. 더불어 광각 렌즈의 부피 역시 줄일 수 있다. 또한 기계적 요소가 제거됨으로써 거울로 인한 충격과 소음이 없어진다. 다만 물리적인 셔터를 탑재하는 것은 DSLR과 동일하기 때문에 셔터 소리까지 없어진 것은 아니다.

그러나 거울을 사용하지 않기 때문에 렌즈와 연동되는 광학식 뷰파인더가 없는 것은 단점이다. 이를 보완하기 위해 전자식 뷰파인더 혹은 하이브리드 뷰파인더(전자식 + 광학식)를 장착한 미러리스 사진기가 개발되고 있다. 다른 단점으로는 대다수가 LCD를 통해 피사체를 보고 촬영하기에 배터리 소모가 매우 심하다. 그리고 햇빛이 강한 대낮 야외 촬영시 LCD가 잘 보이지 않는 경우가 발생하는 것도 단점 중의 하나이다.

7.6 자동초점

사진기로 물체를 찍을 때 초점을 정확하게 맞추어서 필름 또는 CCD 등의 검광기가 위치한 면에 선명한 상이 맺혀야 한다. 오늘날이야 당연한 기능으로 생각하지만 자동으로 초점을 맞추는 최초의 사진기는 1985년 일본의 미놀타에서 개발한 α-7000이었다. 이것은 자동초점(autofocus, AF) 센서와 렌즈 구동 모터를 사진기본체에 내장하여, 렌즈 교환이 가능한 자동초점 일안 반사식 사진기(Auto Focus Single Lens Reflex, AF SLR)이다.

자동초점은 피사체에 초점이 자동으로 맞춰지도록 하는 기능으로 수동초점보다 빠르고 정확하다. 자동초점 방법에는 크게 능동적인 방법과 수동적인 방법이 있다. 능동적인 방법은 사진기에서 방출하는 초음파 또는 적외선을 이용해서 피사체까지의 거리를 측정한다. 수동적인 방법은 물체로부터 자연적으로 반사된 빛을 이용하여 초점을 맞춘다.

7.6.1 능동적 자동초점

능동적인 방법 중 초음파를 이용하는 경우 사진기에서 방출된 초음파가 물체로부터 반사되어 오기까지의 시간을 측정하고, 이를 이용하여 거리를 계산한다. 적외선을 이용하는 거리 측정 방법에는 (1) 삼각 측량, (2) 물체로부터 반사되어 오는 적외선의 세기 측정, (3) 물체로부터 반사되어 오는 적외선의 시간 측정 등의 세 가지 방법이 있으며, 이중 삼각 측량 방식이 주로 사용된다. 사진기에서 계속적으로 방향을 달리하며 적외선을 방출하고, 물체로부터 반사되어 오는 적외선의 세기가 최대가 될 때 적외선 방출을 멈춘다. 이때의 적외선 방출 각도로 삼각 측량을 수행한다. 적외선 이용 방식은 몇몇 콤팩트 필름 사진기와 초기의 비디오 캠코더에서도 사용된다.

능동적 자동초점 방법은 물체의 대비가 적거나 빛의 양이 매우 적은 경우에도 정확히 초점을 맞출 수 있는 장점이 있다. 그러나 사진기와 물체 사이에 창문이 있는 경우 유리가 초음파나 적외선을 반사하기 때문에 초점을 맞추지 못한다. 피사체가 화면 가운데에 있지 않은 경우 초점이 배경에 맞거나 앞부분에 맞을 수 있다. 또한 초음파나 적외선이 도달할 수 있는 거리에 한계가 있기 때문에 너무 짧거나 먼 거리에 있는 물체에는 초점을 맞출 수 없다. 그리고 렌즈 통과 측정(through the lens, TTL) 방식이 아니어서 발생하는 시차 때문에 사진기 렌즈와 매우 근접한 물체에도 초점을 정확히 맞출 수 없다. 반면에 TTL 수동적 자동초점은 먼 거리에 있는 물체나 사진기 렌즈에 매우 가까운 물체에도 문제없이 초점을 맞출 수 있다.

간혹 콤팩트 디지털 사진기나 DSLR 사진기에 있는 자동초점 보조광을 능동 방식으로 착각하는 경우가 있다. 자동초점 보조광은 수동적 자동초점 방법을 보조하기 위한 것일 뿐 능동적 자동초점 방법의 거리 측정을 위한 도구가 아니다.

7.6.2 수동적 자동초점

수동적인 자동초점 방법은 물체로부터 자연적으로 반사된 빛을 이용하여 초점을 맞춘다. 수동적 자동초점 방식에는 (1) 이중상 합치 방식, (2) 대비 검출 방식, (3) 위상차 검출 방식 등이 있다. 이중 이중상 합치 방식을 제외하고는 촬영에 쓰이는 사진기 렌즈를 통해 들어오는 빛을 이용하는 TTL 방식이 주로 쓰인다. 수동적 자동초점은 영상 분석을 통해 초점을 맞추고, 초점이 맞은 상태에서의 렌즈 위치를 토대로 물체와의 거리를 계산해낼 수 있다. 수동적 자동초점 방법의 단점은 대비가 적은 물체(파란 하늘, 단색 벽 등), 빛의 양이 적은 물체, 가까운 거리의 물체와 먼 거리의 물체가 중첩되었을 때 물체가 초점 범위(AF 센서가 측정하는 영역)보다 작은 경우 어려움이 있다.

(1) 이중상 합치 방식

이중상 합치 방식(autofocus rangefinder system)은 사용자가 이중상 합치 거리계 연동 사진기(coincidence rangefinder camera)에서 삼각 측량 원리를 이용하여 눈으로 초점 맞추는 것을 CCD 센서와 컴퓨터가 대신 하는 것이다. 이중상 합치 원리를 이용한 거리 측정 시스템과 광학 시스템이 연동되어 움직인다. 별도의 두 개 창을 통해 얻어진 두 개의 상을 비교하여 초점을 맞추며, 두 가지 동작 방법이 있다. 첫 번째 방법은 렌즈를 무한대 초점 위치에서 가장 가까운 초점 위치까지 이동시키면서 두 개의 상을 계속적으로 비교한다. 두 개의 상이 일치하면 초점이 맞은 상태이므로 렌즈는 이동을 멈춘다. 두 번째 방법은 두 개 상의 위상차를 분석하여 어느 방향으로 이동시켜야 하는지를 파악하고, 그 결과에 따라 렌즈를 이동시킨다.

이중상 합치 방식은 TTL 방식이 아니기 때문에 TTL 위상차 검출 방식에 비해 여러 장단점을 갖는다. 광각 렌즈 사용 시 TTL 위상차 검출 방식은 축소된 영상과 왜곡 때문에 정확성이 떨어질 수 있지만, 이중상 합치 방식은 TTL 방식이 아니기 때문에 이러한 문제가 없다. 그러나 보통 90 mm 이상의 망원에서는 렌즈를 통해 확대된 영상을 분석하는 TTL 위상차 검출 방식이 더 정확하고, 접사할 때에도 시차를 갖지 않는 TTL 위상차 검출 방식이 더 정확하다.

(2) 대비 검출 방식

대비 검출 방식(contrast detection system)은 렌즈를 통해 들어온 빛을 검출 센서로 보내서 피사체의 대비를 측정하고, 대비 값이 낮을 경우 렌즈를 움직여 대비가 최대가 되는 순간을 초점이 맞았다고 판단한다. 따라서 가장 높은 대비 값을 찾기 위해 렌즈를 여러 번 움직여야 한다. 보급형 디지털 사진기의 경우 CCD를 검출 센서로 사용하기 때문에 초점이 맞는 범위를 정확히 알 수 없어서 대비 검출 자동초점은 약간 느리다. 그리고 하나의 자동초점 포인트에 사용되는 CCD 센서가 한 개뿐인 경우 렌즈를 어떤 방향으로 움직여야 하는지 미리 알 수 없다. 반면 SLR 사진기는 검출 센서를 앞, 중간, 뒤에 배치하여 앞뒤의 대비 값을 미리 측정하고, 렌즈를 덜 움직여서 속도가 빠르다. 대비 검출 방식은 원리상 빛의 양이 부족한 곳에서는 피사체의 대비가 정확히 나타나지 않는다. 이는 대비가 없는 하늘이나 흰 벽면의 경우 사진기가 초점을 잘 맞추지 못하는 이유이기도 하다.

(3) 위상차 검출 방식

위상차 검출 방식(phase detection system)은 렌즈를 통해 들어오는 빛을 둘로 나누어 비교함으로써 초점이 맞았는지 판단한다. 그림 7.17(a)는 초점면의 앞쪽에 초점이 맺힌 경우로 정확하게 맺힌 경우(c)와 비교해 보면, 상 간격이 좁아지는 것을 알 수 있다. 반면 그림 7.17(b)는 초점면 뒤에 초점이 맺힌 경우로 상 간격이 넓어지는 것을 볼 수 있다. 이와 같이 한 쌍의 CCD/CMOS 이미지 센서로부터 얻어진 두 개 상의 위상차를 분석하여, 렌즈를 어떤 방향으로 얼마만큼 이동해야 초점이 맞는지 계산할 수 있다. 현재 시판 중인 대부분의 필름 SLR 사진기 및 DSLR 사진기는 위상차 검출 방식을 사용한다.

위상차 검출 방식에서 단일 축 자동초점 포인트는 보통 한 쌍의 CCD/ CMOS 이미지 센서로 이루어진다. 각 CCD/CMOS 이미지 센서는 라인 센서로서 길쭉한 모양을 가지는 것이 보통이다. 따라서 수평, 수직 방향 중 한 방향의 대비만을 검출할 수 있다. 이에 반해 크로스 타입 자동초점 포인트는 보통 두 쌍의 CCD/CMOS 이미지 센서로 이루어지고, 수평, 수직 방향 모두의 대비를 검출하여 초점을 맞출 수 있다.

위상차 검출 방식의 장점은 렌즈를 움직이는 동안 계속적으로 영상을 분석해야 하는 대비 검출 방식보다 빠른 자동 초점이 가능하다. 그리고 움직이는 물체의 속도 및 가속도를 측정하여 사진이 찍히는 순간 물체가 있을 곳에 초점을 맞추는 것도 가능하게 한다. 이를 동체 예측 자동초점이라고 한다.

이 방식은 대비가 적은 물체(파란 하늘, 단색 벽 등), 빛의 양이 적은 곳의 물체, 강한 역광 속에 있는 물체(강한 해를 등진 인물 등), 반사성이 강한 물체, 물체가 초점 범위(자동 초점 센서가 동작하는 영역)보다 작을 때, 가까운 거리의 물체와 먼 거리의 물체가 중첩되었을 때, 반복적인 패턴이 있을 경우 초점을 못 맞추거나 사용자의 의도와 다른 물체에 초점이 맞는 단점이 있다. 그리고 광속 분할기(beam splitter)를 통과한 빛을 분석하기 때문에 선형편광 필터를 사용할 경우 작동하지 않을 수도 있어서 원형편광 필터를 사용해야 한다.

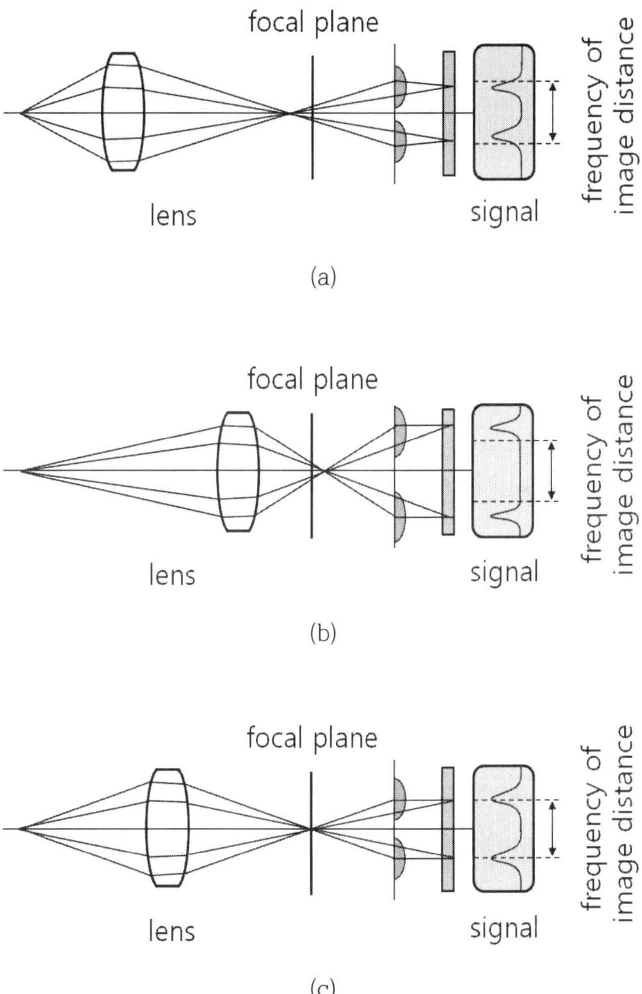

그림 7.17 위상차 검출 방식의 자동초점 맞추기. 초점이 초점면의 앞쪽에 있을 때(a), 뒤쪽에 있을 때(b), 정확하게 맞을 때(c).

연 습 문 제

7-1 어떤 사진기로 6 m 떨어져서 세 줄로 서 있는 사람들의 사진을 찍을 때 가운데 줄에 초점을 맞춘다. 첫 번째 줄과 세 번째 줄의 물점에 대한 상의 퍼진 초점 크기, 즉 상퍼짐이 생긴 원의 크기가 감광유제에 들어있는 전형적인 1 ㎛ 크기의 은 입자보다 더 작아야만 한다고 가정하자. 만약 사진기의 초점거리가 50 mm이고, 조리개를 $f/4$로 조절한다면 가운데 줄을 중심으로 어느 정도 이 상의 물체거리가 된다면 상퍼짐을 받아들일 수 없게 되는가?

7-2 초점거리가 +20 cm와 -10 cm인 두 얇은 렌즈를 결합하여 망원렌즈를 만든다. 두 렌즈 사이의 거리는 15 cm이다. 결합된 렌즈계의 초점거리, 음의 렌즈로부터 필름 면까지의 거리, 사진기에서 2°의 각도로 보이는 먼 물체의 상의 크기를 구하라.

7-3 조리개가 $f/4$이고 초점거리가 5 cm인 사진기로 6 m 떨어져 있는 물체를 찍는다. 착란원의 최대 지름이 0.05 cm일 때 이 사진의 심도를 구하라.

7-4 35 mm 사진기의 렌즈에 '50 mm, 1:1.8'이라고 적혀 있다.

(1) 조리개의 최대 지름을 구하라.

(2) 조리개를 최대로 놓고 시작할 때 각각 연속적인 조리개를 작동시켜서 초기 빛의 세기의 1/3로 줄어드는 다음번 3 개의 f-수를 구하라.

(3) 만약 최대 조리개와 1/100 초에서 사진을 찍는다면, 조리개를 다르게 열었을 때 총 노출을 같도록 하려면 노출 시간을 얼마로 하여야 하는가?

7-5 3.0 m 떨어진 물체를 결상하기 위해서 $f/16$인 초점거리 5 cm인 렌즈를 사용한다. 이 상의 상퍼짐 지름을 d = 0.04 mm로 하려고 할 때 근점(그림 7.7의 s_1)과 원점(그림 7.7의 s_2)의 위치와 시야심도를 구하라.

7-6 35 mm 사진기가 초점거리 50 mm의 단일 볼록렌즈로 되어 있다. 키가 1.8 m인 사람이 10 m 앞쪽에 서있다.

(1) 필름의 위치는 렌즈 뒤쪽 어디에 있을까?

(2) 상의 크기는 얼마인가?

7-7 움직이는 회전목마의 사진이 적정 노출되었으나 1/3 초와 $f/11$에서 사진이 흐릿하게 나왔다. 움직임을 정지시키기 위해서 셔터 빠르기를 1/120 초로 올렸다면 조리개는 얼마로 하여야 할까?

7-8 암실의 문에 구멍이 나 있고 스크린이 문으로부터 1.5 m 거리에 설치되어 있다. 암실 문으로부터 30 m 떨어진 곳에 나무가 있고, 스크린에 맺힌 나무의 상은 길이가 30 cm라면 나무의 높이는 얼마일까?

7-9 바늘구멍 사진기의 왼쪽에 있는 물체에서 오른쪽의 상까지의 거리가 1.5 m이다. 상의 크기가 물체의 1/5이 되기 위한 사진기의 길이를 구하라.

7-10 바늘구멍 사진기로 전봇대의 상이 5 cm가 되도록 조절하였다. 사진기를 전봇대로부터 5 m 더 멀리 이동시켰더니 상의 크기는 4 cm로 되었다. 그 자리에서 상의 크기를 5 cm로 만들기 위하여 사진기의 길이를 4 cm 길게 하였다. 전봇대의 높이는 얼마인가?

7-11 초점거리 100 mm인 렌즈를 지름 12.5 mm인 구경조리개로 조절할 때 f-수를 구하라.

7-12 초점거리 50 mm인 사진기 렌즈가 $f/8$로 조절되어 있고, 15 cm 떨어진 물체에 초점을 맞추었을 때 유효 f-수를 구하라.

7-13 50 mm 렌즈를 $f/8$로 조절할 때 사진기가 잡을 수 있는 최단 초점거리와 초점심도를 구하라.

7-14 $f/5.6$과 $f/8$의 밝기의 비를 구하라.

7-15 바늘구멍 사진기가 정육면체 모양을 가진다면 수평으로 측정된 시야각이 얼마나 커야 이것을 다 볼 수 있을까?

7-16 어떤 물체를 $f/8$과 1/100 초로 촬영하는 것이 적당한 노출이라면 조리개를 $f/4$로 할 때 노출시간은 얼마인가?

7-17 80 mm 렌즈의 사진기를 사용하여 물체거리가 2.5 m부터 무한대까지 어느 곳에서도 초점을 맞추고자 한다. f-수를 얼마로 해야 하고, 어떤 거리에 초점을 맞추어야 할까?

현미경

현미경은 기본적으로 대물렌즈와 접안렌즈 두 개의 렌즈로 이루어진 광학계로 가까운 곳에 있는 작은 물체의 확대된 상을 얻는 장치이다. 물체 가까이에 초점거리가 짧은 대물렌즈를 두고 만들어진 실상을 확대경 역할을 하는 접안렌즈로 더욱 확대해서 미시 세계를 관찰할 수 있는 매우 유용한 광학기기 중 하나다. 이를 이용해서 물리학, 생물학, 의학, 재료, 금속, 환경 등을 비롯한 여러 분야의 발전에 다른 어떤 종류의 과학기기보다 큰 공헌을 해오고 있다. 최근에는 반도체와 신소재 분야에서 표본의 미세구조를 관찰하고 측정하는데 사용되기도 한다.

8.1 현미경의 역사

아주 오래전부터 사람들은 확대경을 불붙이는 용도로 사용하였다고 알려져 있지만, 이것을 관찰용으로 사용하였다는 증거는 없다. 현미경에 관한 기록은 AD 1000년경 그리스와 로마시대의 렌즈의 사용 때부터이다. 미세한 사물을 확대하기 위하여 렌즈를 사용하였지만 기원을 밝히기에는 기록이 부족하다. 13세기 초반에 이르러 확대경이 안경으로 사용되기 시작하였다. 렌즈가 확대 기능을 가지고 있다는 사실은 로저 베이컨(Roger Bacon, 1214~1294)의 기록에서 최초로 나타나고 있다. 그리고 렌즈의 확대 기능을 이용해서 처음으로 생물을 관찰한고 기록한 사람은 스위스의 콘라트 게스너(Conrad Gesner, 1516~1565)라고 알려져 있다. 그는 확대경을 이용해서 최초로 유공충을 관찰하고 그 모양을 기록하였다.

현재의 현미경과 같이 대물렌즈와 접안렌즈의 두 개의 렌즈로 이루어진 현미경을 발명한 사람은 1590년대의 네덜란드의 얀센(Zacharias Jansen)과 리퍼세이(Hans Lippershey, 1570~1619)로 알려져 있다. 이때 만들어진 현미경은 오늘날의 현미경과 비교하면 보잘 것 없지만, 내용적으로는 현미경이 필요로 하는 모든 요소를 갖추었다.

이후 17세기 영국의 로버트 후크(Robert Hooke, 1635~1703)가 현재의 현미경의 모태가 되는 현미경을 제작하였다. 그는 순도가 높은 석영을 가공한 유리를 이용해서 렌즈를 만들었고, 현미경의 상을 불분명하게 만드는 색수차(chromatic aberration) 현상도 발견하였다. 그림 8.1은 후크가 만들어 사용하였던 현미경이다. 그는 현미경을 사용해서 새의 깃털, 물고기의 비늘 등을 관찰한 결과들을 현미경 관찰 화보 「Micrographia」로 발표하였다. 그중에서도 벼룩을 관찰하고 정밀하게 그렸기 때문에 현미경을 벼룩경이라고 부르기도 하였다. 후크는 코르크에 난 작은 구멍 하나하나를 세포(cell)라고 불렀으며 이 명칭은 오늘날까지도 중요한 생물학적 용어로 사용되고 있다. 후크와 같은 무렵에 슈밤메르담(Jan Swammerdam, 1637~1680)도 곤충의 근육과 미생물을 관찰하였다.

그림 8.1 로버트 후크의 현미경

이후 1609년 이탈리아의 갈릴레이(Galileo Galilei, 1564~1642)는 볼록렌즈와 오목렌즈로 이루어진 복합 현미경을 발명하여 곤충을 관찰하고 파리가 암탉만큼이나 크게 보인다고 하였다. 그리고 네덜란드의 레벤후크(Anthony van Leeuwenhoek, 1632~1723)는 직접 연마한 3 mm 정도의 작은 대물렌즈와 오목렌즈들을 이용해서 배율이 100~300배 정도인 현미경을 제작하였고, 이를 이용해서 미생물 세계를 최초로 발견하는 위대한 업적을 남겼다. 그림 8.2는 그가 제작한 현미경의 개략도이다.

1758년 존 달라드(John Dollard)는 색수차 현상을 제거한 색지움렌즈(achromatic lens)에 대한 특허를 신청하였고, 1930년대까지 대부분의 현미경에서 색지움렌즈를 사용하게 된다. 이후 1882년부터 독일의 광학 기술자인 칼 차이스(Carl Zeiss, 1816~1888)가 렌즈 가공기술을 개발하면서부터 현미경의 기술이 급속도로 발전하게 되었다. 1863년 헨리 소비(Henry Clifton Sorby, 1826~1908)가 광물을 관찰하기 위한 야금 현미경, 1931년 에른스트 루스카(Ernst Ruska, 1906~1988)가 최초의 투과 전자 현미경(transmission electron microscope, TEM), 1935년 막스 크놀(Max Knoll, 1897~1968)이 주사 전자 현미경(scanning electron microscope, SEM), 1936년 에르윈 빌헬름 뮐러(Erwin Wilhelm Müller, 1911~1977)가 장 방출 현미경(field emission microscope), 1938년 제임스 힐러

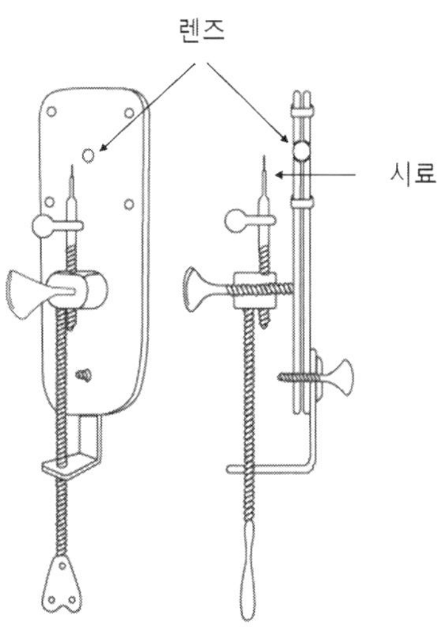

그림 8.2 레벤후크의 현미경

(James Hiller)가 주사형 투과 전자 현미경(scanning transmission electron microscope), 1951년 뮐러가 장 이온 현미경(field ion microscope)을 개발하였고, 1953년 이론물리학 교수였던 프리츠 제르니케(Frits Zernike, 1888~1966)가 위상차 현미경(phase contrast microscope)을 개발하여 노벨상을 받았다. 1967년 뮐러가 비행시간 분광학(time-of-flight spectroscopy)을 장 이온 현미경(field-ion microscope)에 부착해서 첫 원자 탐침을 만들었고, 개별 원자에 대한 화학적인 식별이 가능하게 하였다. 그리고 1981년 게르트 비니히(Gerd Binnig, 1947~)와 하인리히 로러(Heinrich Rohrer, 1933~2013)가 주사형 터널 현미경(scanning tunneling microscope, STM), 1986년 게르트 비니히, 캘빈 퀘이트(Calvin Quate, 1923~) 그리고 크리스토프 게르버(Christoph Gerber)가 원자간력 현미경(atomic force microscope, AFM)을 개발했다.

이러한 현미경들은 의학, 재료, 금속, 신소재, 환경 등 수많은 분야에서 활용되고 있다. 최근에는 반도체, 신소재 분야에서 표본의 미세구조를 관찰하고 측정하는데 사용되기도 한다.

8.2 확대경

사람의 눈은 두 물체가 60 초 이하의 시각으로 접근하면 이들을 구별하여 인식할 수 없게 된다. 따라서 작은 물체와 멀리 있는 물체를 볼 때와 같이 망막에 있는 상이 작을 경우 물체의 세부적인 모양을 알 수 없게 된다. 물체를 가까이에서 보면 세부적인 모양을 알 수 있지만, 명시거리보다 가까이에서 볼 수는 없다. 그래서 명시거리까지 접근해도 아직 볼 수 없는 자세한 부분을 확대하여 관찰할 수 있는 장치가 필요하다. 이러한 장치들 중에서 가장 간단한 것은 한 개의 볼록 렌즈로 된 **확대경**(magnifier)이다.

망막에 맺히는 상을 확대하려면 그림 8.3(a) 또는 그림 8.3(b)와 같이 눈렌즈 E 앞에 한 개의 볼록렌즈 L을 두고, 눈의 부족한 조절능력을 보충해주면 된다. 그림 8.3(a)는 렌즈 L의 물측초점 F의 위치에서 렌즈 쪽으로 조금 가까운 지점에 물체 AB를 두고, 볼록렌즈 L에 의해 확대된 정립 허상 $A'B'$을 만들고, 이 상을 상으로부터 거리 D만큼 떨어진 지점에서 바라보는 방법이다. 한편, 그림 8.3(b)는 렌즈 L

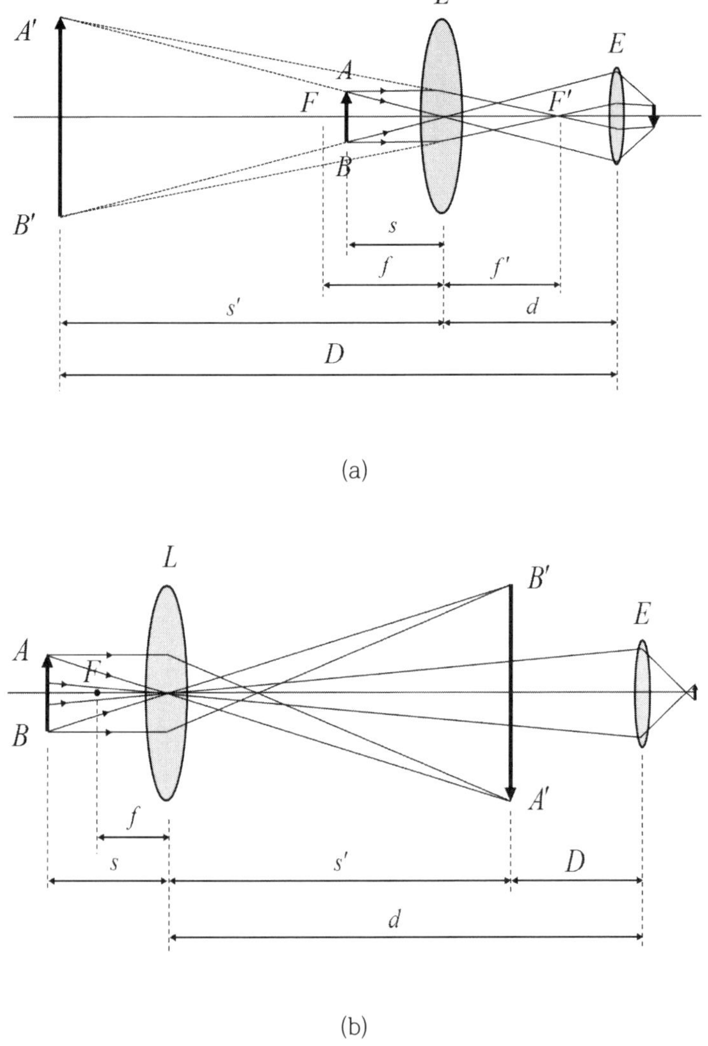

그림 8.3 확대경의 원리. (a) 정립 허상이 만들어지고, (b) 도립 실상이 만들어진다.

의 물측초점 F의 위치에서 렌즈 L에서 조금 떨어진 지점에 물체 AB를 두고, 렌즈 L에 의해 확대된 도립 실상 $A'B'$을 만들고, 이 상을 상으로부터 거리 D만큼 떨어뜨려 보는 방법이다.

어떤 방법으로도 망막 위의 상을 크게 할 수 있지만, 보통은 그림 8.3(a)의 방법이 사용되고 있고, 그림 8.23(b)의 방법은 단독적으로는 그다지 사용되지 않는다. 그 이유는 그림 8.3(b)의 방법에서는 인식되는 상이 도립이고, 렌즈 L을 손에서 떨어지게 해서 사용해야 하고, 광축에서 벗어난 점 A와 점 B에서 오는 빛이 눈으로 들어가지 않게 되어 시야가 좁아지는 등 사용하기에 불편하기 때문이다.

확대경을 이용하면 맨눈으로 볼 때와 비교해서 어느 정도 확대해서 볼 수 있다. 그림 8.3(a)에 나타낸 것과 같이 눈렌즈 E와 상 $A'B'$의 사이의 거리는 D이기 때문에, 볼록렌즈 L을 사용해서 물체 AB를 바라볼 때의 겉보기 크기는 $A'B'/D$이다. 물체로부터 거리 D만큼 떨어져서 맨눈으로 직접 바라볼 때의 겉보기 크기 AB/D와 비교하면, 렌즈 L을 사용하면 겉보기 크기는

$$\frac{(A'B'/D)}{(AB/D)} = \frac{A'B'}{AB} = \frac{s'}{s} \tag{8.1}$$

배로 확대된 것을 알 수 있다. 이 비 $A'B'/AB$는 볼록렌즈 L의 횡배율과 같다.

볼록렌즈 L에서 물체 AB까지 거리를 s, 상 $A'B'$까지 거리를 s', 볼록렌즈 L의 상측초점거리를 f'이라고 하면, 렌즈의 결상식은

$$\frac{1}{s} + \frac{1}{s'} = \frac{1}{f'} \qquad [4.20]$$

이다. 눈렌즈 E와 볼록렌즈 L 사이의 거리를 d라고 하면, 그림 8.3(b)로부터

$$s' = d + D \tag{8.2}$$

이 되는 것을 알 수 있다. 위의 식 (8.1), (8.2) 및 [4.20]으로부터 볼록렌즈 L을 확대경으로 사용한 배율 m은

$$m = \frac{(A'B'/D)}{(AB/D)} = \frac{f' - d - D}{f'} \tag{8.3}$$

와 같이 구할 수 있다. 식 (8.3)에서 알 수 있듯이 확대경의 배율은 눈렌즈 E와 볼록렌즈 L 사이의 거리 d에 따라서 변한다. d를 크게 해서 사용하면, 광축으로부터 벗어난 지점에 있는 점 A와 점 B의 빛이 눈에 들어오지 않기 때문에 시야가 좁아

져서 사용하기 나빠진다. 그렇더라도 d를 작게 해서 사용하면 눈과 볼록렌즈가 접촉하게 되어 바람직하지 않다. 따라서 일반적으로 $d = f'$ 로 해서 사용한다. 이 경우 배율은

$$m = -\frac{D}{f'} \tag{8.4}$$

가 된다. 눈렌즈 E와 상 $A'B'$ 사이의 거리 D를 명시거리(-25 cm)로 두고, f를 cm 단위로 측정할 때 배율 m은

$$m = \frac{25}{f'} \tag{8.5}$$

이다. 이것이 **확대경 배율**이다.

확대경 배율은 식 (8.5)로 주어져 있어서 초점거리가 짧은 볼록렌즈를 사용하면 상을 얼마든지 크게 확대할 수 있을 것으로 생각된다. 그러나 한 개의 볼록렌즈로 초점거리가 짧은 렌즈를 만들었을 때 렌즈의 곡률 반지름은 극히 작아져서 렌즈의 가공, 수차, 편의성 등의 문제가 생긴다. 따라서 실용적으로 사용가능한 확대경의 배율은 약 20배 정도에 지나지 않는다.

8.3 현미경의 원리

가까이에 있는 물체를 확대해서 보는 방법으로 그림 8.3(a)와 (b)에 나타낸 두 가지의 방법이 있다. 따라서 이 두 가지 방법을 함께 사용하면 그림 8.3(b)의 방법으로 m_o배로 확대한 실상을 만들고, 그 실상을 그림 8.3(a)의 방법으로 m_e배로 확대해서 보는 방법을 생각해보자. 이때 현미경의 총배율 M은

$$M = m_o m_e \tag{8.6}$$

이 되기 때문에 단독 확대경보다 큰 배율의 장치를 만들 수 있다. 이것이 **현미경**

(microscope)의 원리이고, 그 광학계는 그림 8.4와 같이 대물렌즈(objective) L_0와 접안렌즈(eyepiece) L_e를 동축으로 늘어놓은 것이다.

대물렌즈 L_o의 상측초점거리를 f_o'이라고 하면 대물렌즈 L_o에 의한 배율 m_o는 렌즈의 결상식 (4.20)을 이용하면

$$m_o = -\frac{s_o' - f_o'}{f_o'} \tag{8.7}$$

이 된다. 여기에서 s_o'은 대물렌즈 L_o와 대물렌즈 L_o에 의해 만들어진 실상 $A'B'$ 사이의 거리이다. 그런데 접안렌즈 L_e를 확대경으로 사용하기 위해서는 대물렌즈 L_o에 의한 실상 $A'B'$이 접안렌즈 L_e의 물측초점 F_e의 약간 안쪽에 만들어지도록 렌즈를 배치하여야 한다. 따라서 대물렌즈 L_o의 상측초점 F_o'과 접안렌즈 L_e의 물측초점 F_e 사이의 거리를 L이라고 하면,

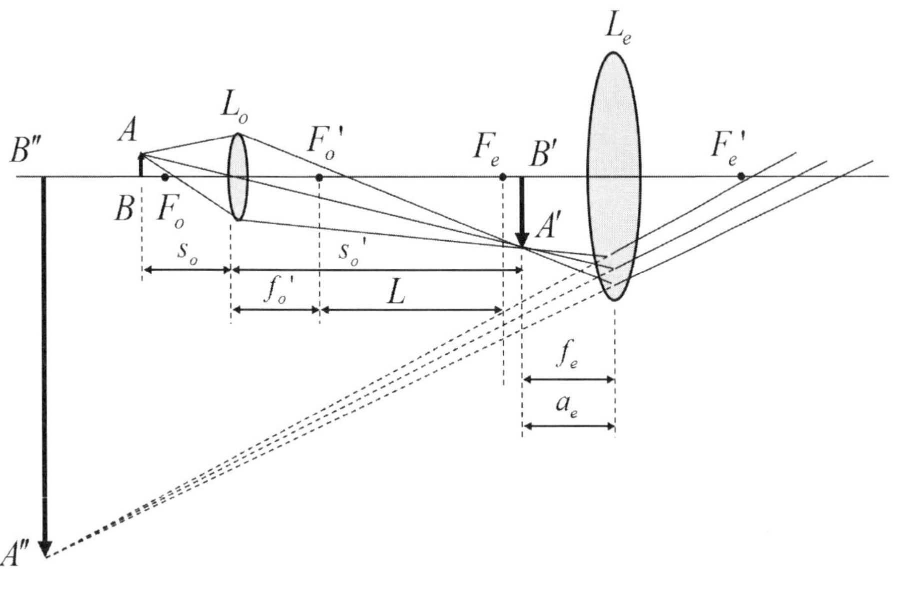

그림 8.4 현미경의 광학계

$$s_o' \fallingdotseq f_o' + L \tag{8.8}$$

이 된다. 따라서 대물렌즈에 의한 배율 m_o는

$$m_o \fallingdotseq -\frac{L}{f_o'} \tag{8.9}$$

이다.

한편 상측초점거리가 f_e'인 접안렌즈를 확대경으로 사용했을 때의 배율 m_e는 확대경에 대하여 설명한 것과 같이

$$m_e \fallingdotseq -\frac{D}{f_e'} \tag{8.10}$$

이다. 여기에서 D는 명시거리이다. 따라서 현미경의 총배율 M은

$$M = m_o m_e \fallingdotseq \frac{L}{f_o'} \cdot \frac{D}{f_e'} \tag{8.11}$$

로 주어진다.

대물렌즈 L_o의 상측초점 F_o'과 접안렌즈 L_e의 물측초점 F_e 사이의 거리 L을 **광학적 통길이**(optical tube length) 또는 **경통길이**라고 하며, 보통 160 mm 정도이다. 대물렌즈 L_o는 광학적 통길이의 위치에 결상했을 때 수차가 가장 좋게 보정되도록 설계되었기 때문에 실제의 사용에 있어서도 광학적 통길이가 렌즈 설계와 비슷한 값이 되도록 한다. 이를 위해서 현미경으로는 대물렌즈 L_o의 장착 나사 단면과 접안렌즈의 장착 단면 사이의 거리가 정해져 있다. 이 거리를 **기계적 통길이**(mechanical tube length)라고 부른다. 미국, 독일, 일본 등의 현미경에서 기계적 통길이는 대부분 60 mm이다.

대물렌즈와 접안렌즈에는 배율이 적혀 있다. 대물렌즈의 초점거리는 2~16 mm 정도이고, 배율이 10~100배의 것이 제품화되어 있다. 접안렌즈는 초점거리가 25 mm 정도이고, 배율이 5~20배의 것이 있다. 이들 렌즈를 적당히 조합해서 사용하면

상의 배율을 여러 가지로 바꾸어서 관찰할 수 있다. 대물렌즈의 초점거리가 f_o' = 16 mm, 접안렌즈의 초점거리가 f_e' = 25 mm일 때 배율은 M = 10×10 = -100배이다.

현미경에서 관찰하고자 하는 물체의 크기를 10 ㎛(= 10×10^{-3} mm), 대물렌즈의 초점거리를 5 mm로 두면, 시야각은 $10\times10^{-3}/5 = 2\times10^{-3}$ 라디안(≒ 0.1°) 정도이다.

8.4 현미경의 분해한계

대물렌즈와 접안렌즈의 초점거리를 짧게 하면 현미경의 배율은 커진다. 그러나 빛의 회절현상으로 인해 어느 정도의 한도를 넘어서까지 배율을 높이는 것은 그다지 의미가 없다. 렌즈에 의해 만들어진 점물체의 상은 회절로 인해 기하광학적인 상이 만들어지는 위치를 중심으로 해서 퍼진다. 따라서 그림 8.5에 나타낸 것과 같이 두 개 점물체 O와 O'이 서로 가까워지면, 각각의 상은 서로 겹쳐지고, 두 개 상의 경계가 모호해져서 두 개를 구별하는 것은 어려워진다.

따라서 두 점물체 혹은 각각의 상은 어느 정도의 간격까지 접근하면 두 개를 구분하여 관찰할 수 있는가 하는 문제가 떠오른다. 두 개의 상을 구별해서 관찰할 수 있는 간격을 **분해한계**(resolution limit), 그 역수를 **분해능**(resolution power)이라고 한다.

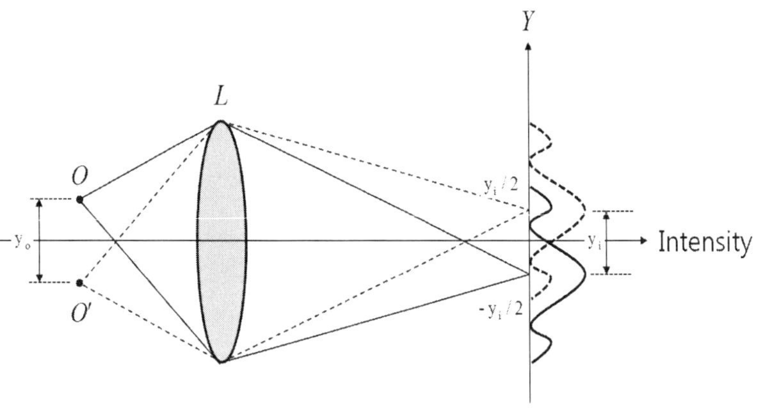

그림 8.5 렌즈의 분해한계

8.3.1 레일리 분해한계

렌즈로 두 점물체의 상을 만들 때 상의 세기 분포는 두 점물체에서 방출되는 빛이 서로 간섭하거나 서로 간섭하지 않거나에 따라서 달라진다. 두 점물체에서 방출되는 빛이 서로 간섭하지 않는다고 하면 상의 세기 I는 각 점물체 상의 세기를 더한 것으로 나타낼 수 있다.

그림 8.5와 같이 두 점물체가 y_o만큼 떨어져 있을 때 기하학적인 상의 위치 $y_i/2$와 $-y_i/2$의 위치에서 상의 세기 분포는 각각

$$\left\{\frac{\sin\left[kW\left(y+\frac{y_i}{2}\right)/2s'\right)\right]}{kW\left(y+\frac{y_i}{2}\right)/2s'}\right\}^2$$

과

$$\left\{\frac{\sin\left[kW\left(y-\frac{y_i}{2}\right)/2s'\right)\right]}{kW\left(y-\frac{y_i}{2}\right)/2s'}\right\}^2$$

로 주어지고, 이때 상의 세기 분포는

$$I=\left\{\frac{\sin\left[kW\left(y+\frac{y_i}{2}\right)/2s'\right)\right]}{kW\left(y+\frac{y_i}{2}\right)/2s'}\right\}^2+\left\{\frac{\sin\left[kW\left(y-\frac{y_i}{2}\right)/2s'\right)\right]}{kW\left(y-\frac{y_i}{2}\right)/2s'}\right\}^2 \quad (8.12)$$

이다. 여기에서 $k=2\pi/\lambda$ (λ는 빛의 파장), s'은 렌즈로부터 상이 맺히는 스크린까지의 거리, W는 그림 8.5의 경우 렌즈 L의 지름이다. 식 (8.12)으로 주어지는 세기 분포를 $Y=kWy_i/4s'$을 매개변수로 나타내면 그림 8.6과 같다.

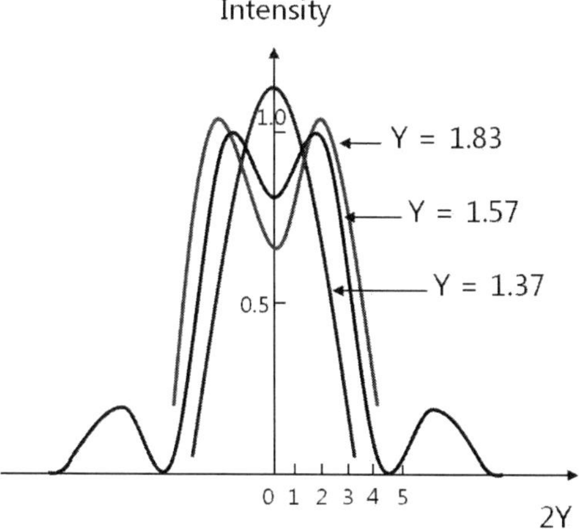

그림 8.6 렌즈에 의한 두 점물체 상의 세기 분포

그림 8.6에서 볼 수 있듯이 Y가 큰 경우에 세기 분포는 가운데에 깊은 홈이 있어서 두 점물체에 대응하는 두 개의 상이 만들어지는 것을 쉽게 알 수 있다. 그러나 Y가 작을 경우 세기 분포는 중앙에 홈이 없어지기 때문에 두 점물체에 대응하는 두 개의 상이 만들어지는 것이라고 말하기 어렵다.

가운데의 홈을 구별하기 위해서는 그 홈이 어느 정도 깊어야 하는지는 관찰자와 관찰 조건에 따라서 다르기 때문에 엄밀하게 정할 수 없다. 따라서 점물체의 상이 어디까지 가까워지면 두 개로 구별할 수 없다고 하는 것도 엄밀하게 정할 수 없다. 따라서 레일리(John William Rayleigh, 1842~1919)는 그림 8.7에 나타낸 것과 같이 한쪽 세기 분포의 극대값 위치와 다른 쪽 세기 분포가 처음으로 0이 되는 점이 일치할 때 두 개로 구별해서 인식할 수 있는 한계라고 편의적으로 정했다. 이것이 **레일리 분해한계**(Rayleigh's criterion for resolution)이다.

폭이 W인 원통렌즈에서는 $(kWy_i/4s') = \pi/2$ 일 때, 한쪽 세기 분포의 극대값의 위치와 세기 분포가 처음으로 0이 되는 위치가 일치하기 때문에, 레일리 분해한계 y_{ic}는

$$y_{ic} = \frac{\lambda}{W}s' \tag{8.13}$$

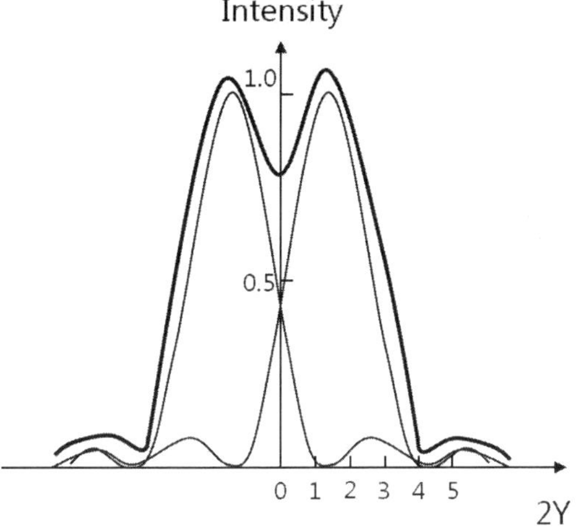

그림 8.7 레일리가 정한 분해한계와 상의 세기 분포

로 주어진다.

지름이 D인 구면렌즈에서는 레일리 분해한계는 원통렌즈의 경우와 조금 차이가 나서

$$y_{ic} = 1.22\frac{\lambda}{D}s' \tag{8.14}$$

이다. 따라서 파장이 짧은 빛과 지름이 큰 렌즈를 사용해서 결상하면, 분해한계를 작게 할 수 있다.

8.3.2 현미경의 분해한계

대물렌즈에 의한 두 점물체의 기하광학적인 상은 레일리가 정한 분해한계인 식 (8.13)의 거리까지 가까워졌을 때 두 물체는

$$y_{oc} = \frac{y_{ic}}{m_o} \tag{8.15}$$

까지 가까워진다. 여기에서 m_o는 대물렌즈의 배율이다. 다른 좋은 방법으로 물체 사이의 거리가 y_{oc}보다도 작게 하면, 대물렌즈에 의한 상은 겹쳐서 구별할 수 없게 된다. 따라서 y_{oc}를 물측 분해한계라고 한다.

그런데 현미경의 대물렌즈는 코마수차를 제거하기 위해서 **정현조건**(sine condition)을 만족하도록 설계한다. 따라서

$$\frac{n\sin\theta_{\max}}{n'\sin\theta'_{\max}} = m_o \tag{8.16}$$

로 놓을 수 있다. 여기에서 n은 물측공간의 굴절률, n'는 상측공간의 굴절률, $\theta_{\max}$는 광축 위의 물체로부터 대물렌즈의 가장 바깥쪽으로 입사하는 광선과 광축 사이의 각, $\theta'_{\max}$은 대물렌즈의 가장 바깥쪽에서 굴절되는 광선과 광축 사이의 각이다. 현미경에서는 일반적으로 $n'=1$이고, 대물렌즈에 의한 상도 렌즈로부터 계속해서 분리되어 형성되기 때문에 식 (8.16)의 분모는

$$n'\sin\theta'_{\max} \fallingdotseq \tan\theta'_{\max} = \left(\frac{W}{2}\right)/s' \tag{8.17}$$

이 된다.

그러면 물측 분해한계는 식 (8.13), (8.15), (8.16)과 식 (8.17)로부터

$$y_{oc} = \frac{\lambda}{2NA} \tag{8.18}$$

가 된다. 여기에서

$$NA = n\sin\theta_{\max} \tag{8.19}$$

이다. 이 NA를 **수치구경**(numerical aperture)라고 한다. 수치구경은 $\theta_{\max} = \pi/2$일 때 가장 크게 되고, 그때 분해한계는 가장 작게 된다. 그러나 $\theta_{\max} = \pi/2$은 렌즈를 물체에 딱 붙여서 사용할 때이다. 실제로는 $\theta_{\max}$는 기껏해야 72°

($\sin\theta_{max} = 0.95$) 정도이다. 따라서 물체가 놓인 공간이 공기(n = 1)인 경우, 수치구경은 NA = 0.95에 불과하다. 파장이 0.55 μm인 빛을 사용해서 상을 만들 때 분해한계는

$$y_{ic} = \frac{0.55}{2 \times 0.95} \fallingdotseq 0.3\mu m$$

이다.

물체가 놓인 공간의 굴절률을 크게 하면 수치구경이 커지기 때문에 분해한계를 작게 해서 관찰하고자 할 때에는 그림 8.8과 같이 물체를 굴절률이 큰 기름에 담가서 관찰하면 좋다. 이와 같은 방법을 **유액 투입법**(oil immersion method)라고 한다. 유액 투입법의 기름으로는 세다유(cedar oil, 참죽나무에서 얻은 방향이 있는 유성의 액체로 점도가 높고, 굴절률은 1.52이다)이나 모노브롬나프탈렌(monobromonaphthalene, 굴절률 1.66) 등을 사용한다. 유액 투입법을 사용하면 $\sin\theta_{max} = 0.95$ 인 렌즈를 사용해도 분해한계는 0.2 μm가 된다.

유액 투입법의 또 다른 장점이 있다. 생물 현미경 등은 보통 그림 8.8과 같이 물체 위에 덮개유리(cover glass)라고 하는 얇은 유리판을 얹어서 사용한다. 이렇게 하

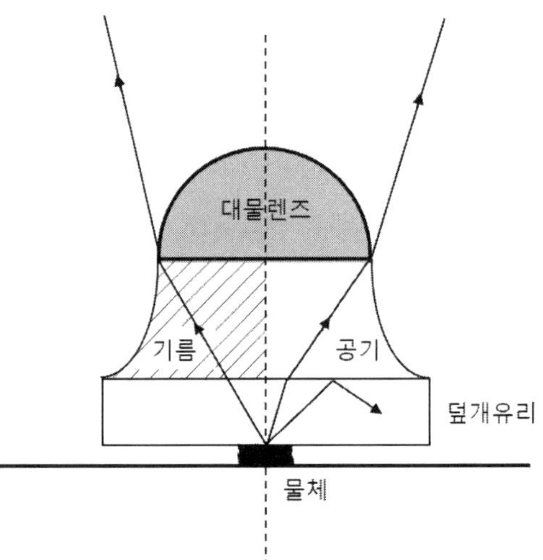

그림 8.8 유액 투입법

면 물체로부터 나오는 광선들 중에서 광축과 큰 각도를 이루는 광선은 덮개유리 윗면에서 전반사되고, 대물렌즈로 입사하지 못한다. 따라서 θ_{max}를 작게 하면, $\sin\theta_{max} = 0.66$ ($\theta_{max} = 41°$) 정도로 작아진다. 이때 유액 투입법을 사용하면, 기름과 유리의 굴절률이 거의 같기 때문에 전반사를 막을 수 있고, 덮개유리가 있어도 큰 수치구경을 그대로 사용할 수 있다. 대부분의 현미경은 수치구경이 0.08부터 1.30까지의 대물렌즈를 사용한다.

8.3.3 무효배율

망원경이나 현미경으로 대물렌즈에 의해 만들어진 상을 관찰하기 때문에 대물렌즈가 분해할 수 없는 물체의 세부적인 모양은 단순히 배율을 높이더라도 볼 수 없다. 즉 대물렌즈가 분해할 수 없는 세부적인 모양을 관찰하려고 배율을 높게 하는 것은 효과가 없다. 이와 같이 물체의 세부적인 관찰에 전혀 효과가 없는 고배율을 무효배율이라고 한다. 그러면 어느 정도의 배율까지가 세부적인 관찰에 있어서 의미가 있을까? 이 점을 현미경에 대하여 생각해보자.

총배율이 M, 수치구경이 NA인 현미경을 사용해서 거리 y_o만큼 떨어져 있는 두 점물체를 구별해서 보려면 우선 물체 사이의 거리 y_0를 물측 분해한계($\lambda/2NA$)보다도 크게 해야 한다. 그리고 명시거리에 만들어진 상의 간격 My_o가 명시거리에서 눈의 분해능 ε보다도 크게 해야 한다. 즉

$$y_o \geq \frac{\lambda}{2NA} \tag{8.20}$$

이고,

$$My_o \geq \varepsilon \tag{8.21}$$

이어야 한다. 분해해서 볼 수 있는 최소 간격은

$$y_o = \frac{\lambda}{2NA} \tag{8.22}$$

와

$$y_o = \frac{\varepsilon}{M} \tag{8.23}$$

중 큰 쪽의 y_o로 결정된다. 따라서 $\lambda/2NA$와 ε/M 중 하나를 다른 것에 비해 임의로 작게 해서 사용해도 전혀 의미가 없는 것이다. 이때 가장 효과적으로 사용하기 위해서는

$$\frac{\lambda}{2NA} = \frac{\varepsilon}{M} \tag{8.24}$$

을 만족하도록 총배율 M과 수치구경 NA를 선택하는 것이 좋다. λ = 0.55 ㎛, ε = 55 ㎛인 경우

$$M = 200\,NA \tag{8.25}$$

가 된다. 이것이 필요 충분한 배율이다.

8.5 광학 현미경의 구조

그림 8.9는 광학 현미경 구조를 보여주는 것으로 각 부위별 기능은 다음과 같다.

- 접안렌즈 : 눈으로 들여다보는 렌즈로 고배율일수록 길이가 짧다. 경통의 위쪽에서 빼서 다른 배율의 접안렌즈와 교환한다.
- 대물렌즈 : 프레파라트(preparat)에 접하는 렌즈로 고배율일수록 길이가 길다. 회전판을 돌려서 다른 배율의 대물렌즈와 교환한다.

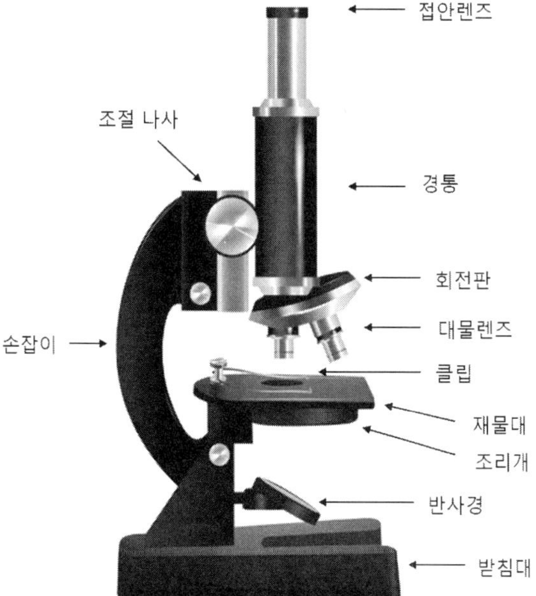

그림 8.9 광학 현미경의 부위별 이름

- 경통 : 접안렌즈와 대물렌즈를 연결하는 원통으로 대물렌즈로 들어오는 빛이 지나가는 통로이다.
- 조절나사 : 경통 또는 재물대를 위아래로 움직이며 상을 찾고 초점을 맞추는데 사용한다. 프레파라트와 대물렌즈 사이를 조절한다.
- 회전판 : 일반적으로 3 개의 대물렌즈가 붙어있으며 대물렌즈의 배율을 바꿀 때 사용한다.
- 프레파라트 : 현미경으로 관찰하고자 하는 물질을 슬라이드글라스 위에 얹고 그 위에 덮개유리(cover glass)를 덮어 만드는 표본이다.
- 재물대 : 프레파라트를 올려놓는 판으로 가운데 구멍이 뚫려 있어서 빛이 통과한다.
- 클립 : 재물대 위에 올려놓은 프레파라트가 움직이지 않게 고정한다.
- 조리개 : 조리개 구멍의 크기를 조절해서 렌즈로 들어가는 빛의 양과 상의 밝기를 조절한다.
- 반사경 : 광원에서 나온 빛을 반사시켜서 대물렌즈로 보낸다.

그림 8.10은 표준용 현미경 안에서의 광학부품들의 배치와 현미경을 통과하여 지나가는 광선의 과정을 그려 놓은 것이다. 그림에서 물체의 상을 맺게 하는 광학계의 광선의 경로(a)와 쾰러 조명법으로 비출 때의 광선의 경로(b)가 다른 것을 볼 수 있다.

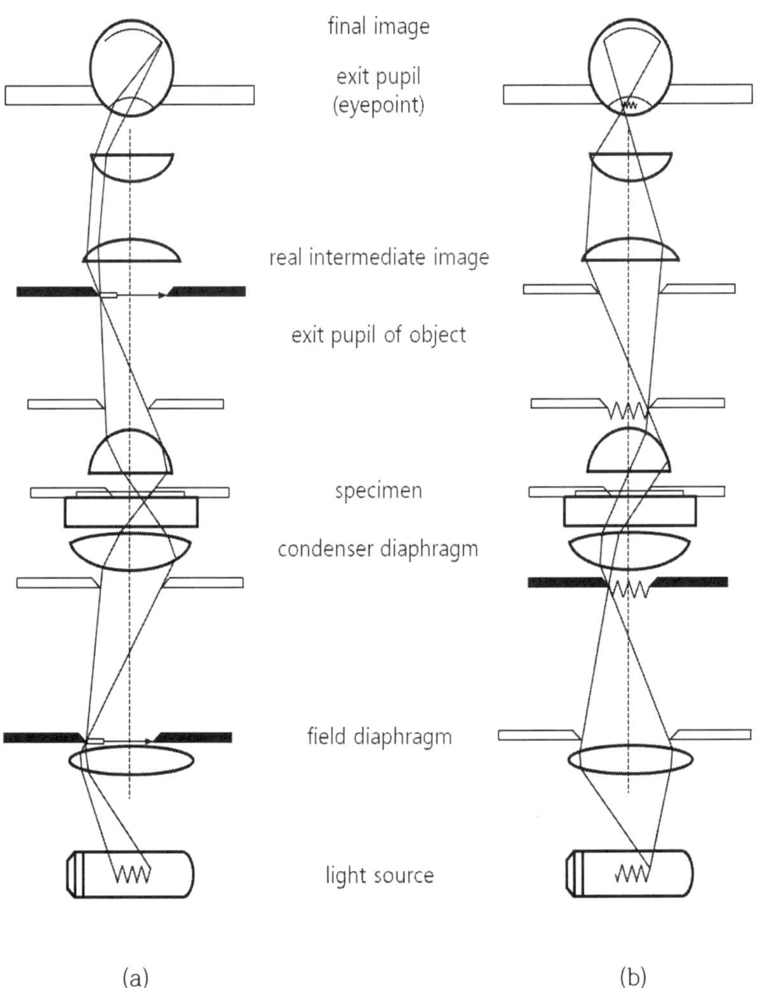

그림 8.10 표준용 현미경에서의 광경로. (a) 결상용 광경로, (b) 쾰러 조명용 광경로

8.6 현미경 렌즈

일반적인 광학 현미경에서는 대물렌즈와 접안렌즈를 통하여 시료의 상을 맺는다. 따라서 대물렌즈와 접안렌즈의 선택이 상의 질에 직접적인 영향을 미친다.

8.6.1 대물렌즈

현미경 대물렌즈는 렌즈설계에 사용한 수차보정과 관련하여 분류하며, 그림 8.11과 같이 색지움렌즈(achromatic lens), 형석렌즈(fluorite lens), 삼중색지움렌즈(apochromatic lens) 등이 있다. 대물렌즈만으로는 색수차를 완벽하게 보정하지 못하며, 여러 가지의 접안렌즈의 개발로 횡색수차를 보정하고 있다.

일반적으로 그림 8.11(a)와 같은 **색지움 대물렌즈**는 가장 단순하고 가격이 저렴한 편으로 일반 현미경에 가장 많이 사용되고 있다. 이 대물렌즈는 저배율용으로 사용하고, 초점거리는 8 mm부터 64 mm 사이이며, 보통 프라운호퍼 C-선(656.3 nm)과 F-선(486.1 nm)에 대해서 색수차를 보정하고, $d-$선(587.6 nm)에 대해서는 구면수차를 보정한다.

배율이 높아지면 이들 수차가 완전하게 보정되지 않는다. 따라서 렌즈의 재질을 유리로만 사용한 색지움렌즈 대신 보정이 잘 될 수 있도록 유리와 형석을 혼합한 대물렌즈를 사용한다. 고배율용 대물렌즈로는 초점거리가 4 mm부터 16 mm의 초점거리 범위를 갖는 **형석렌즈**(그림 8.11(b))를 사용한다. 형석렌즈의 보정 효과는 색지움렌즈와 삼중색지움렌즈의 중간 정도이다.

가시광 스펙트럼에서 대물렌즈의 수차보정이 거의 완벽한 대물렌즈를 **삼중색지움 대물렌즈**(그림 8.11(c))라고 한다. 삼중색지움렌즈는 가장 정교한 렌즈로 색지움렌즈보다 수차보정 효과가 뛰어나다. 고배율에서 수차보정은 어렵기 때문에 보통 삼중색지움대물렌즈는 1.5~4 mm의 초점거리를 갖는다. 이보다 더 높은 배율을 얻기 위해서는 보통 대물렌즈에 유액 투입법을 적용한다. 또한 현대적인 렌즈설계 기술과 광학재료를 사용하면 전 시야에 걸쳐서 상면만곡을 근본적으로 제거한 상면만곡지움(flat-field) 대물렌즈를 만드는 것도 가능하다. 자외선 유액 투입 현미경에서는 기름

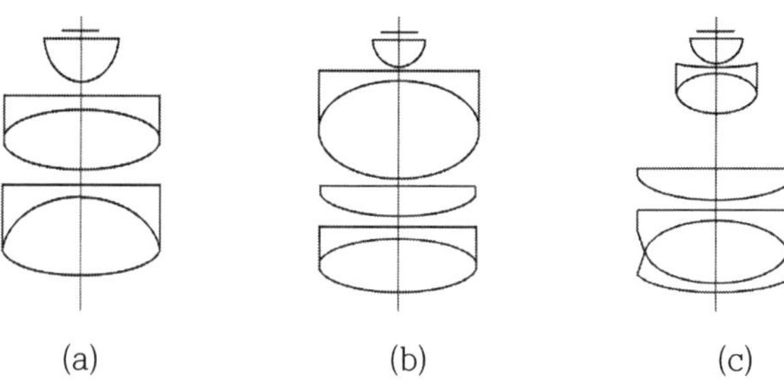

그림 8.11 대물렌즈의 종류. (a) 색지움렌즈, (b) 형석렌즈, (c) 삼중색지움렌즈

대신 글리세린을 사용하며, 단파장에서는 광학용 유리 렌즈 대신 투과도가 높은 형석렌즈와 수정렌즈를 사용한다.

8.6.2 접안렌즈

접안렌즈는 대물렌즈에 의하여 형성된 상을 확대하여 보여줄 뿐만 아니라 대물렌즈에서 해결하지 못한 렌즈의 수차를 마지막으로 보정하는 역할을 한다. 접안렌즈는 대부분 거의 무한대에 위치한(중간상의) 허상을 보여주며 정상적이고 편안하게 상을 관찰할 수 있게 해준다. 단일렌즈를 접안렌즈로 사용할 수 있으나 상의 질이 좋지 않다. 접안렌즈로는 호이겐스, 람스덴, 켈너, 정시, 프뢰슬(또는 대칭), 에르플 접안렌즈 등이 있다.

호이겐스 접안렌즈는 가장 보편적으로 사용되는 접안렌즈로 17세기에 네덜란드의 호이겐스(Christian Huygens, 1629~1695)가 1660년대 말에 고안한 것이다. 그림 8.12(a)의 호이겐스 접안렌즈에서 눈에 인접한 렌즈는 눈렌즈(eye lens)이고, 첫 번째 렌즈는 시야렌즈(field lens)이다. 눈렌즈에서 명시점까지의 거리를 명시거리(eye relief)라고 하며, 호이겐스 접안렌즈에서는 3 mm 정도로 짧아서 사용하기에 다소 불편하다. 호이겐스 접안렌즈는 저배율의 색지움 대물렌즈와 잘 맞는다. 그러나 중간이나 고배율의 대물렌즈와 함께 사용할 때에는 시야의 만곡이나 횡색수차가 나타나는 문제가 있다. 그리고 눈렌즈에 대해 허물체를 형성하기 위해서는 접안렌즈로 입사하는 광선이 수렴해야만 한다.

람스덴 접안렌즈는 그림 8.12(b)와 같이 초점거리가 같은 두 개의 평볼록 렌즈가

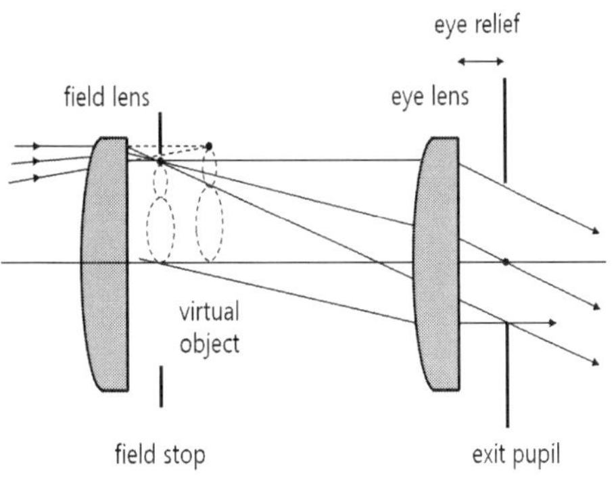

(a)

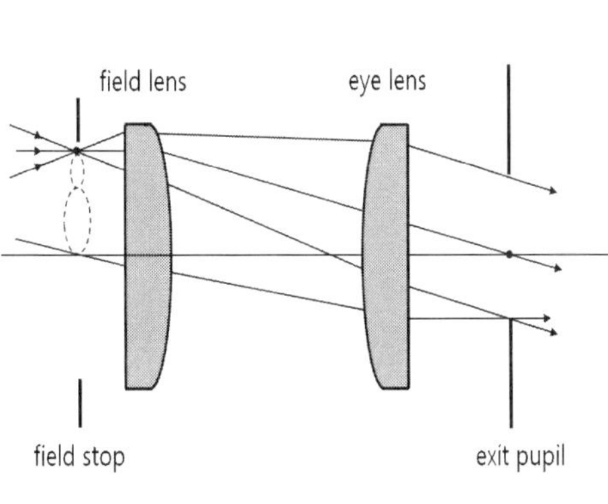

(b)

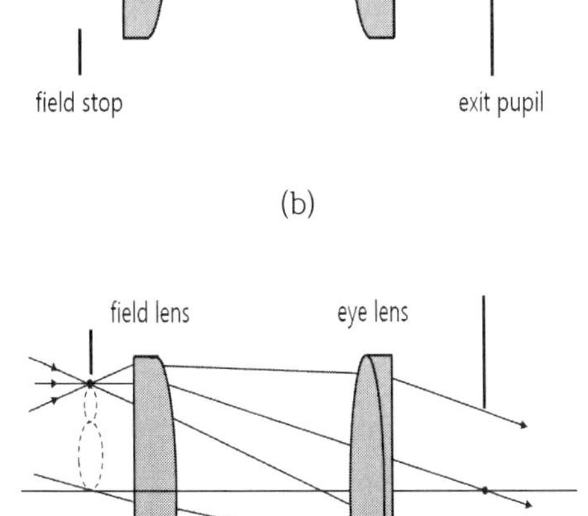

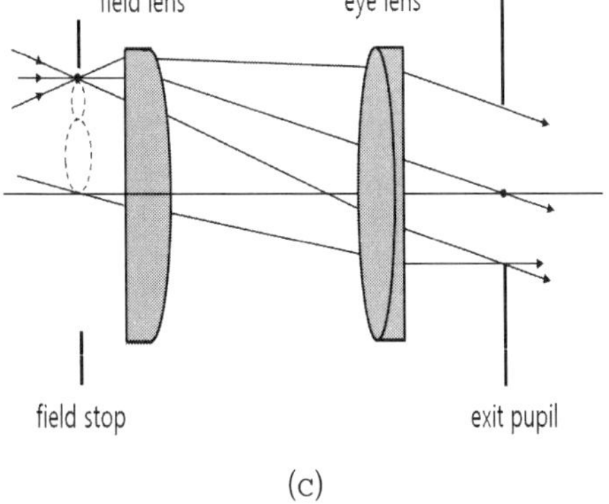

(c)

그림 8.12 접안렌즈의 종류. (a) 호이겐스 접안렌즈, (b) 람스덴 접안렌즈, (c) 켈너 접안렌즈

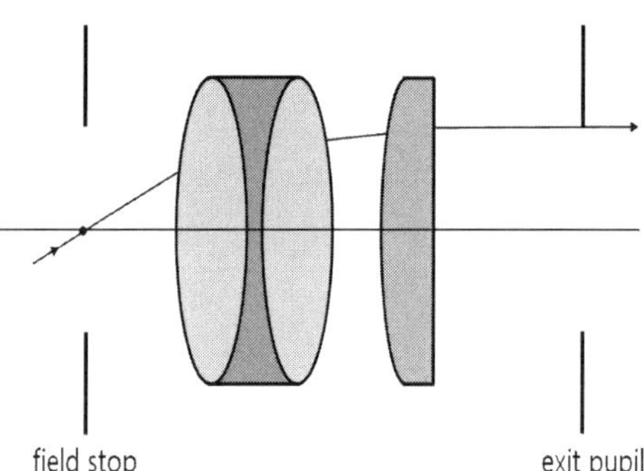

(d)

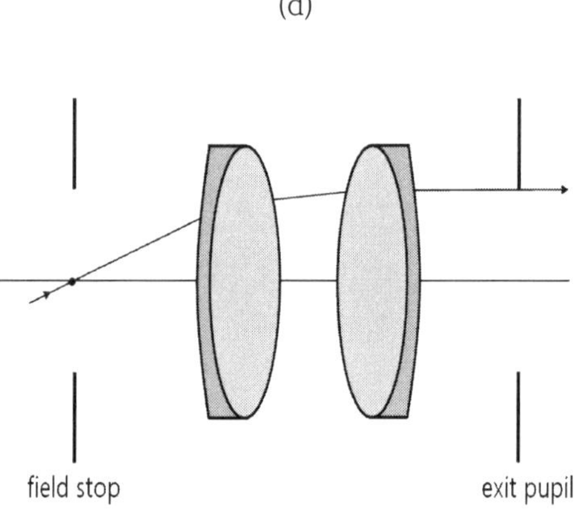

(e)

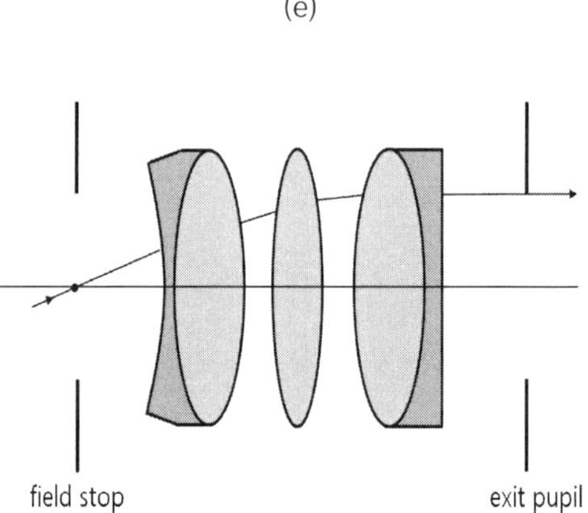

(f)

그림 8.12 접안렌즈의 종류. (d) 정시 접안렌즈, (e) 프뢰슬 접안렌즈, (f) 에르플 접안렌즈

볼록면을 마주보고 있고, 1782년 람스덴(Jesse Ramsden, 1735~1800)이 개발하였다. 물측초점이 시야렌즈면의 위, 또는 그 앞쪽에 있어서 십자선이나 눈금판을 넣기가 편리하다. 중간상은 같은 평면에 있기 때문에 둘 다 동시에 초점을 맞출 수 있다. 이 렌즈의 명시거리는 약 12 mm이어서 호이겐스 접안렌즈보다 사용하기에 편리하다.

켈너 접안렌즈는 그림 8.12(c)와 같이 앞쪽에 크라운 유리로 된 단일렌즈와 뒤쪽에 크라운 유리와 플린트 유리를 접합시킨 색지움렌즈로 구성되어 있고, 색지움 접안렌즈라고도 하며, 1849년 켈너(Carl Kellner, 1826~1855)가 발명하였다. 명시거리가 호이겐스 접안렌즈와 람스덴 접안렌즈의 중간 정도임에도 불구하고 보다 선명한 상을 얻을 수 있다. 시야 주변부에서의 색수차가 잘 보정되고, 앞쪽 초점면은 단일렌즈의 바로 앞에 있어서 렌즈면의 먼지 등이 시야에서 잘 보이기 때문에 주의해야 한다.

정시(orthoscopic) **접안렌즈**는 그림 8.12(d)와 같이 접합된 양볼록 색지움 시야렌즈와 평볼록 단일 눈렌즈로 이루어진다. 이 접안렌즈는 1880년 아베(Ernst Abbe, 1840~1905)가 발명하였고, 거의 완벽한 화상과 긴 명시거리를 제공하지만, 시야가 약 40°~45°로 좁다. 왜곡수차가 적기 때문에 "정시(orthoscopic)" 또는 "정사(orthographic)"라고 하며 때로는 "ortho"또는 "Abbe"라고도 한다.

프뢰슬 접안렌즈는 1860년 프뢰슬(Georg Simon Plössl, 1794~1868)이 설계한 것으로 그림 8.12(e) 와 같이 두 쌍의 동일한 이중렌즈로 구성되어 있어서 대칭 접안렌즈(symmetrical eyepiece)라고도 한다. 프뢰슬 렌즈의 시야는 50° 이상으로 다른 접안렌즈들에 비해 상대적으로 크지만, 명시거리가 초점거리의 약 70~80%로 제한되기 때문에 정시 접안렌즈에 비해 명시거리가 짧다는 단점이 있다.

에르플 접안렌즈는 그림 8.12(f)와 같이 두 개의 색지움렌즈 사이에 한 개의 렌즈가 추가되어 총 다섯 개의 렌즈로 구성되어 있다. 이 접안렌즈는 1차 세계대전 중 에르플(Heinrich Erfle, 1884~1923)이 군사목적으로 발명하였고, 프뢰슬 접안렌즈의 네 개 렌즈를 기본으로 개선한 것이다. 에르플 접안렌즈는 넓은 시야(약 ±30°)를 갖지만, 비점수차와 고스트 상(광학계나 TV 등에서 정상적인 상면의 위치가 아닌 다른 곳에 생기는 바람직스럽지 못한 상) 때문에 고배율에서는 사용할 수 없다. 그러나 눈렌즈가 크고 명시거리가 길어서 사용하기에 편리하다.

8.6.3 덮개유리

현미경의 대물렌즈와 접안렌즈에는 수차가 있다. 대물렌즈의 수차는 덮개유리를 사용해서 보정하는 경우와 덮개유리를 사용하지 않고 보정하는 경우가 있다. 덮개유리를 사용해서 보정을 필요로 하는 경우 대물렌즈에 적힌 배율 아래에 덮개유리의 두께가 표시되어 있으며, 대부분 0.17 mm의 두께로 보정한다.

덮개유리는 평면으로 되어 있지만 굴절률을 가지고 있기 때문에 하나의 광학계로 다루어야 한다. 매우 낮은 배율과 0.03 이하의 수치구경을 갖는 대물렌즈의 경우 덮개유리의 유무와 무관하게 현저한 구면수차 없이 시료를 관찰할 수 있다. 그러나 수치구경이 높은 대물렌즈에서는 0.17 mm 두께의 덮개유리를 사용해서 최상의 결과를 얻는다.

고배율 대물렌즈에 유액 투입법을 사용할 때 덮개유리의 두께를 잘못 선택하거나 덮개유리를 사용하지 않을 경우 수차 문제가 발생하고, 다소 흐릿한 상이 형성된다.

8.7 집광기와 조명법

8.7.1 집광기의 종류

집광기는 현미경 성능의 향상을 위하여 사용자가 가장 많이 조작하는 부분이며, 현미경 대물렌즈의 잠재적 해상력과 일치하는 상을 형성하는데 결정적인 역할을 하는 부분이다. 현미경의 집광기(condenser lens)로는 명시야용으로 아베 집광기, 다초점 집광기와 무색수차 집광기 등이 있다. 이외에 암시야 현미경, 위상차 현미경 및 노마스키 차등 간섭 현미경(Nomarski differential interference microscope) 등에 사용되는 집광기가 있다.

아베 집광기는 그림 8.13(a)와 같이 두 개의 렌즈로 구성되어 있고, 보통 수치구경이 1.25이며 구면수차나 색수차에 대한 보정이 되어 있지 않다. 그러나 아베 집광기는 가격이 저렴하고 간단하며 빛을 모으는 능력이 좋아서 일반적인 현미경 관찰에 많이 사용되고 있다.

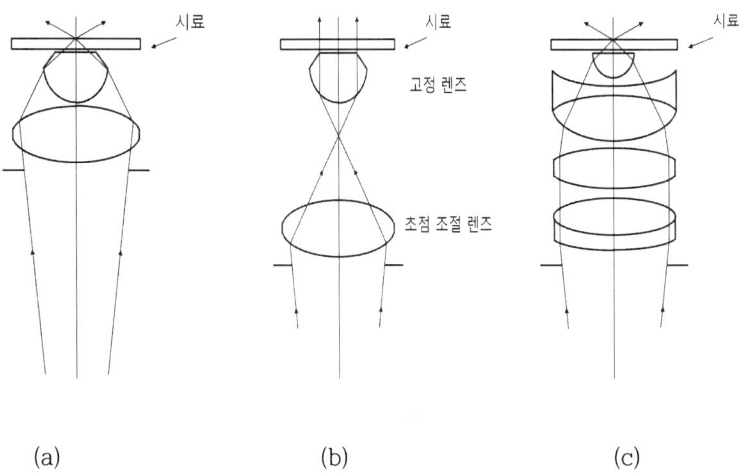

그림 8.13 집광기의 종류. (a) 아베 집광기, (b) 다초점 집광기, (c) 무색수차 집광기

그림 8.13(b)의 **다초점 집광기**는 아베 집광기와 같이 두 개의 렌즈로 이루어져 있고, 수치구경은 보통 1.25이다. 이 집광기의 위쪽 렌즈는 위치가 고정되어 있으며, 아래쪽 렌즈를 움직여서 초점거리를 조절하고 저배율 대물렌즈의 지름을 꽉 채워서 조명할 수 있다. 초점조절 렌즈를 그림 8.13(b)와 같이 아래로 내리면 넓은 범위의 평행광선 조명이 가능하며, 가장 높게 올리면 아베 집광기와 같아진다.

그림 8.13(c)와 같은 **무색수차 집광기**는 색수차와 구면수차가 보정되어 있어서 보다 선명한 상을 필요로 하는 연구용 현미경 또는 관찰 결과를 컬러사진으로 찍을 때 사용한다. 이 집광기의 수치구경은 0.95부터 1.40까지의 여러 종류가 있다.

8.7.2 조명법

현미경으로 시료를 잘 관찰하기 위해서는 시료에 빛을 비추는 조명이 필요하다. 조명이 적절하지 못한 경우 눈의 피로는 물론 현미경 사진도 시야에서 보던 것과는 다르게 명암이 다르게 나오는 경우가 많다. 일반적으로 집광기를 조절하여 시료를 조명하는 방법에는 임계 조명법, 쾰러 조명법, 암시야 조명법 등이 있다.

임계 조명법(critical illumination)은 그림 8.14(a)와 같이 광원을 보조 집광렌즈의 물측초점에 두고 만들어진 평행광선을 집광렌즈로 입사시키고, 집광렌즈의 물측

초점에 놓인 물체와 광원의 상을 일치시킨다. 임계 조명법은 강력한 조명을 필요로 하는 고배율의 현미경 관찰 및 프로젝터 현미경에 사용되어 왔다. 이 조명법은 광원의 가장 밝은 부분이 시료에 초점이 맞추어지기 때문에 특히 저배율 관찰에서는 현미경 시야의 밝기가 균일하지 못한 단점이 있다. 따라서 시야의 가운데 부분은 지나치게 밝은데 비하여 주변부는 상대적으로 어둡기 때문에 임계 조명으로 장시간 관찰할 경우에는 눈이 피로해지기 쉽다. 또한 시각적으로 관찰하였을 때에는 중심과 주변부의 조명상태가 크게 차이나지 않더라도 현미경 사진에서는 명암 차이가 크게 나타나는 경우가 많다.

쾰러 조명법(Köhler illumination)은 시판중인 대부분의 고급 광학 현미경이 채택하고 있는 조명법으로 발명자인 쾰러(August Köhler, 1866~1948)의 이름을 붙인 것이다. 이 조명법은 그림 8.14(b)와 같이 보조 집광렌즈에 의한 광원의 상을 집광렌즈의 물측초점에 만들고, 집광렌즈에 의한 광원의 제2의 상을 무한원에 만드는 텔레센트릭(telecentric) 조명법이다. 이와 같은 조명법은 균일한 조명을 얻을 수 있어서 임계 조명법의 단점을 극복할 수 있다. 실제로는 쾰러 조명과 같이 광원의 상을 반드시 무한대에 만들 필요는 없고, 대물렌즈의 초점거리에 대해서 상당히 먼 거리를 만들어 주면 조명 불균일은 크게 문제되지 않는다.

암시야 조명법(dark ground illumination)은 투명한 시료의 현미경 관찰에 쓰이는 조명방식으로서, 그림 8.14(c)와 같이 현미경 광원과 집광렌즈 사이에 환상 조리개(annular aperture)를 두어 가운데 부분의 직접광을 차단하고, 대물렌즈에 입사하지 않은 사광선(oblique ray)으로 시료를 조명하여 시료 내에서 생긴 산란광 또는 회절광만을 관찰하는 조명법이다. 이 방법을 처음으로 사용한 것은 1903년 시덴토프(Henry Siedentopf, 1872~1940)와 지그몬디(Richard Zsigmondy, 1865~1929)로, 이 방법을 사용하여 현미경의 분해능 이상의 미립자를 관측하였다. 현미경의 시료에 경사진 가느다란 광속을 입사시키면 시료 내부에서 빛이 산란된다. 이때 시료를 직접 투과하는 빛을 막고 산란광만을 대물렌즈로 보면 어두운 시야 속에 미립자만이 빛나는 것을 볼 수 있다. 이 방법은 콜로이드 용액 중의 미립자의 검사, 브라운 운동 등을 관찰하는데 사용된다.

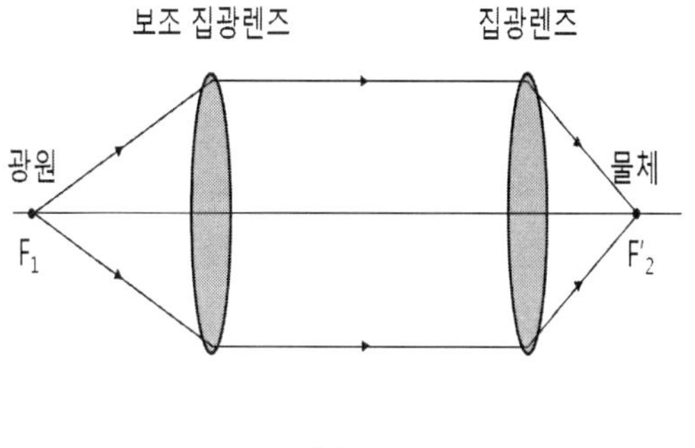

(a)

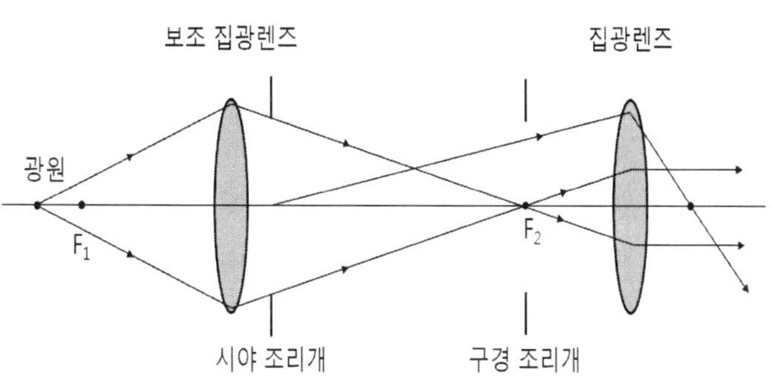

(b)

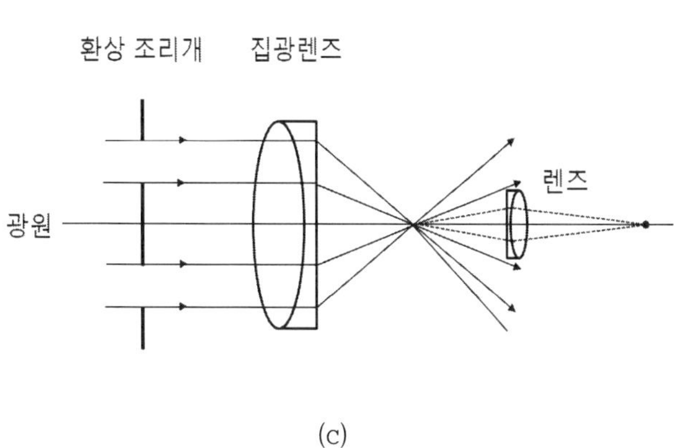

(c)

그림 8.14 현미경 조명법. (a) 임계 조명법, (b) 퀼러 조명법, (c) 암시야 조명법

8.8 현미경의 종류

현미경을 사용하는 광원에 따라 분류하면 다음과 같다.

- 광학 현미경(optical microscope)
  - 실체 현미경(stereoscopic microscope)
  - 위상차 현미경(phase contrast microscope)
  - 간섭 현미경(interference microscope)
  - 암시야 현미경(dark field microscope)
  - 편광 현미경(polarization microscope)
  - 형광 현미경(fluorescence microscope)
  - 공초점 레이저 주사 현미경(confocal laser scanning microscope, CLSM)

- 전자 현미경(electron microscope)
  - 투과 전자 현미경(transmission electron microscope, TEM)
  - 주사 전자 현미경(scanning electron microscope, SEM)
- 주사 탐침 현미경(scanning probe microscope, SPM)
  - 원자간력 현미경(atomic force microscope, AFM)
  - 주사 터널링 현미경(scanning tunneling microscope, STM)
  - 근접장 주사 광학 현미경(near field scanning optical microscope, NSOM)
- X-선 현미경(X-ray microscope)
- 초음파 현미경(ultrasonic microscope)
- 가상 현미경(virtual microscope)

위와 같이 여러 종류의 현미경들 중에서 광학 현미경에 대한 특징을 살펴보자.

8.8.1 실체 현미경

실체 현미경은 가까운 곳에 있는 물체를 맨눈으로 볼 때에는 두 눈이 다른 각도로 보기 때문에 입체감을 얻을 수 있다. 보통 현미경에서는 두 눈의 접안렌즈를 사용해도 대물렌즈로부터의 광축이 하나이기 때문에 입체감을 얻을 수 없다. 그러나 실체 현미경에서는 광축 사이에 약 15°로 벌어진 두 개의 광선에 의해 정립 확대상을 만들고, 이것을 각각의 눈으로 봄으로써 입체감을 얻을 수 있다. 대물렌즈를 한 개 또는 두 개 사용하는 것이 있으나 원리적으로는 같다. 배율은 보통 10~100배이며, 최근에는 줌 방식을 채택해서 배율을 연속적으로 바꿀 수 있는 것도 있다.

8.8.2 위상차 현미경

위상차 현미경은 무색투명한 시료라도 내부의 구조를 뚜렷하게 관찰할 수 있도록 고안된 현미경이다. 대부분의 생물체 시료는 무색이며 현미경으로 관찰할 때 시료가 빛을 흡수하는 양도 극히 작기 때문에 색상으로나 빛의 흡수만으로는 시료나 배경 사이의 차이가 그다지 뚜렷하지 않은 경우가 많다. 그러나 위상차 현미경을 이용하면 시료와 주위 매질 사이에 미세한 광학적 경로 및 굴절률의 차이로 인한 위상차를 명암으로 바꾸어서 볼 수 있고, 시료의 세부적인 내용도 잘 볼 수 있다. 1935년 네덜란드의 제르니케 (Fritz Zernike, 1888~1966)는 작은 굴절률의 차이를 명암 차이로 변환시켜 가시화할 수 있는 위상차법의 이론을 개발하였고, 1941년 차이스(Zeiss)사에서 처음으로 위상차 현미경을 실용화하였다. 이 현미경은 염색되지 않은 살아있는 세포 관찰에 유용하지만, 굴절률이 낮은 일반 염색된 시료에는 부적합하다.

8.8.3 간섭 현미경

간섭 현미경은 빛의 간섭현상을 이용해서 시료의 요철이나 광학적 두께의 차이를 명암이나 빛깔의 차이로서 관찰할 수 있는 현미경이다. 위상차 현미경과 같이 수중의 미생물 등을 살아서 움직이는 상태로 관찰할 수 있다.

8.8.4 암시야 현미경

암시야 현미경은 암시야 조명법을 이용해서 보통 현미경으로는 볼 수 없는 미립자를 볼 수 있는 현미경으로 한외 현미경(ultramicroscope)이라고도 한다. 1903년 독일의 지그몬디에 의해 만들어졌으며, 그는 이것을 사용하여 콜로이드를 연구하였다. 어두운 방에 빛이 들면 먼지가 빛나 보이는 틴들현상(Tyndall phenomenon)을 이용한 것으로서 접안경을 들여다보면 암흑의 배경 속에 미립자가 별과 같이 빛나 보이며 콘트라스트가 매우 높기 때문에 보통의 현미경으로는 볼 수 없는 0.25~0.04 μm의 미립자까지 관찰할 수 있다.

8.8.5 편광 현미경

편광 현미경은 광물의 광학적 성질을 조사하기 위한 특수 현미경으로 얇게 연마한 시료에 편광된 빛을 통과시켜 그 광학적 성질을 조사하기 위한 특수한 현미경으로 광물 현미경 또는 암석 현미경이라고도 한다. 이 현미경으로 시료의 미소부분을 확대하거나 광물의 결정, 결정형의 판별 등을 조사할 수 있다.

구조상 다른 광학 현미경과 다른 점은 두 개의 광학부품, 즉 편광자와 검광자를 가지고 있으며, 재물대가 회전할 수 있게 되어 있다는 점이다. 편광 장치로는 니콜 프리즘(Nicol prism)을 사용하고, 편광자와 검광자는 편광면을 서로 90°로 어긋나게 놓이며, 재물대에 시료가 없을 때는 편광자를 통과한 직선편광이 검광자를 통과할 수 없어 시야가 어둡다. 그러나 광학적으로 이방성을 갖는 시료를 놓으면 직선편광이 시료를 통과하여 원편광이 된다. 이것이 검광자를 통과함으로써 서로 수직인 직선편광이 어느 광로차를 가지고 합성되어 시야에 그것에 의한 간섭상(단색광인 경우는 명암의 상, 백색광인 경우에는 간섭색으로 빛깔이 있는 상)이 나타난다.

편광 현미경은 원래 암석이나 광물의 연구용으로 발달한 것으로, 최근에는 무기물이나 유기물 결정 외에 비정질에도 이용하고 있으며 화학공업 방면에도 넓은 용도를 가지고 있다.

8.8.6 형광 현미경

형광 현미경으로 눈에 보이지 않는 자외선 파장부터 녹색 파장에 이르는 단파장을 이용하여 형광 염료나 자연적으로 형광을 띠는 시료의 염료 분자들을 여기시키고, 그 분자에서 방출되는 가시광선의 형광을 관찰한다. 형광 현미경에는 조명 광선이 일반 현미경과 같이 아래쪽에서 올라오는 투과 형광 현미경과 시료의 위쪽에서 빛을 비추는 에피 형광 현미경이 있다.

형광 현미경은 박테리아나 단백질과 같은 시료 자체가 형광성을 가지고 있거나 형광물질을 흡착할 수 있는 것에 적용 가능하며, 세균학을 비롯하여 식료품이나 섬유 등의 감정, 법의학 등에도 이용된다. 자외선 발생 장치와 광원 필터를 사용하여 암실에서 보통의 광학 현미경으로 관찰하며, 개개의 시료에 따라서 적합한 형광색소를 선택한다. 접안렌즈 위에 눈을 보호하기 위한 자외선 필터를 설치한다.

8.8.7 공초점 레이저 주사 현미경

공초점 레이저 주사 현미경은 레이저를 시료에 입사시켜서 발생시킨 일정한 파장의 빛을 대물렌즈를 지나도록 한 다음 초점이 정확하게 맞는 빛만을 분리한 뒤 검출기로 받아 디지털 신호로 바꿔 컴퓨터로 관찰한다. 레이저는 시료의 내부까지 깊이 침투할 수 있기 때문에 윗부분부터 아랫부분까지 단층 이미지를 촬영하면 살아있는 세포를 3차원 입체 영상으로 관찰할 수도 있다. 이런 장점 때문에 공초점 레이저 주사 현미경은 생물학 연구의 필수 장비로 자리 잡았다. 이 방법의 단점은 세포에 형광 물질을 투여해야만 하고, 시간이 지나면 형광체의 발광이 사라져 지속적인 관찰이 어렵다는 점이다.

연습문제

8-1 초점거리 10 cm인 돋보기를 사용하여 4배로 확대된 상을 보았다. 만일 초점거리 5 cm인 돋보기로 물체를 본다면 몇 배의 확대상이 보이겠는가?

8-2 어떤 현미경이 초점거리가 4 cm인 대물렌즈와 초점거리가 5 cm인 접안렌즈로 구성되어 있다. 두 렌즈 사이의 거리가 15 cm일 때 이 현미경의 배율을 구하라.

8-3 호이겐스 접안렌즈는 각각 초점거리가 6.25 cm와 2.5 cm를 갖는 두 개의 렌즈를 사용한다.

(1) 색수차를 줄이기 위한 두 렌즈 사이의 최적의 간격을 구하고,

(2) 이 접안렌즈의 유효 초점거리를 구하고,

(3) 무한대에서 상을 볼 때 이 접안렌즈의 각배율을 구하라.

8-4 초점거리가 0.5 cm인 현미경의 대물렌즈에 의해서 중간상이 두 번째 초점에서부터 16 cm 떨어진 곳에 생긴다.

(1) 10×의 접안렌즈를 사용할 때 이 현미경의 총 배율을 구하라.

(2) 현미경으로 보는 점물체는 대물렌즈로부터 얼마나 되는 거리에 있는가?

8-5 어떤 복합 현미경에서 대물렌즈와 접안렌즈로 각각 1 cm와 3 cm인 얇은 렌즈를 사용한다. 물체는 대물렌즈로부터 1.20 cm인 거리에 있다. 만약 접안렌즈가 만든 허상이 눈으로부터 25 cm 되는 곳에 생길 때

(1) 현미경의 확대능을 구하고,

(2) 렌즈 간격을 구하라.

8-6 두 개의 얇은 렌즈가 서로 25 cm 떨어져서 복합 현미경을 만들 때 겉보기 배

율이 20×이다. 만약 접안렌즈의 초점거리가 4 cm일 때 다른 렌즈의 초점거리를 구하라.

8-7 초점거리가 3 cm인 두 얇은 평볼록렌즈 확대경을 만든다. 두 렌즈가 2.8 cm 떨어져 있을 때

(1) 이 확대경의 유효 초점거리를 구하라.

(2) 눈의 근점에 만든 상에 대한 확대능을 구하라.

8-8 10.0 디옵터인 확대경을 눈에 가까이 착용할 때 상이 명시거리에 보인다. 확대경의 배율을 구하라.

8-9 대물렌즈의 초점거리가 +12 cm인 확대경의 두 렌즈 사이의 거리가 10 cm이다. 이 확대경이 눈으로부터 40 cm 떨어진 물체를 보기 위해 설계되었다면 배율은 얼마인가?

8-10 대물렌즈의 초점거리가 10 mm이고, 경통길이가 16 cm인 현미경의 대안렌즈에는 5×라고 표시되어 있다. 이 현미경의 배율을 구하라.

8-11 +50.00 디옵터인 두 개의 렌즈를 사용해서 현미경을 제작하였다. 두 렌즈 사이의 거리가 14 cm이고 조절작용 없이 사용할 때 물체거리와 현미경의 배율을 구하라.

8-12 기름에 잠긴 현미경의 대물렌즈에 1.6 mm, 1,25 NA라고 표시되어 있다. 10×라고 표시된 대안렌즈와 함께 경통길이가 16 cm일 때 사용한다. 기름의 굴절률이 1.515일 때 사용가능한 범위 내에서 현미경의 총배율을 구하라.

8-13 두 물체를 눈으로 볼 때 최소 각분리는 얼마인가? 눈동자의 지름이 5 mm이고, 빛의 파장이 600 nm라고 가정한다.

8-14 건강한 눈으로 보면 250배인 현미경을 명시거리 10 cm인 근시안의 사람이 볼 때 그 배율은 몇 배가 되는가?

8-15 현미경에서 대물렌즈의 초점거리가 150 cm, 접안렌즈의 초점거리가 5 cm, 경통의 길이가 0.2 m일 때 현미경의 배율을 구하라.

8-16 초점거리가 25 mm인 두 개의 볼록렌즈로 구성된 현미경을 만들고자 한다. 물체가 대물렌즈로부터 27 mm인 곳에 놓여있을 때, 렌즈들이 떨어져 있는 거리와 총 배율을 구하라.

9장

망원경

망원경(telescope)은 '멀리(tele)'라는 뜻의 그리스어 τηλε와 '보는 사람들(skopein)'이라는 뜻의 그리스어 σκοπεῖν에서 유래한 것으로, 렌즈나 거울 등을 이용해서 맨눈으로는 관찰하기 어려운 멀리 떨어져 있는 물체나 천체를 확대하여 볼 수 있는 광학기기이다. 망원경에는 굴절 망원경, 반사 망원경, 반사굴절 망원경 등의 광학 망원경과 특수 망원경이 있다.

9.1 망원경의 역사

망원경은 실제로 누가 발명했는지는 전혀 알려져 있지 않고, 여러 번 발명되었고 또 재 발명되었을 것으로 추측하고 있다. 17세기까지 안경렌즈는 유럽에서 약 300여 년 동안 사용되어 왔다. 오랫동안 렌즈를 사용해 오는 동안 우연히 두 개의 렌즈를 나란하게 놓게 되었고, 망원경을 만들 수 있었을 것이다. 하여튼 현미경 분야에서 명성을 떨친 네덜란드의 광학자 얀센(Zachariassen Janssen, 1588-1632)이 처음으로 망원경을 만들었다고 추측한다. 그렇지만 망원경 발견에 대한 문헌적 증거로는 네덜란드의 안경사 리퍼세이(Hans Lippershey, 1570~1619)가 멀리 있는 물체를 볼 수 있는 기계(teleskopos, 그리스어로 τηλεσκόπιο)에 대한 특허권을 신청한 1608년 10월 2일로 거슬러 올라간다. 그러나 이 특허가 군용으로 사용될 가능성 때문에 정부는 특허권을 인정하지 않았고, 대신 리퍼세이가 연구를 계속할 수 있도록 하였다.

한편 이탈리아의 갈릴레이(Galileo Galilei, 1564~1642)는 네덜란드에서 발명된 새로운 안경에 대한 소식을 듣고 망원경에 관심을 갖게 되고, 1609년 두 개의 렌즈와 오르간 파이프를 사용한 경통으로 망원경을 제작하였다(그림 9.1). 그는 대물렌즈를 볼록렌즈로, 접안렌즈를 오목렌즈로 한 최초의 **굴절 망원경**(refracting telescope)을 제작하였고, 그것의 지름은 42 mm, 전체 길이는 2400 mm, 배율은 9배이었다. 이후 갈릴레이는 대물렌즈의 지름 50 mm, 유효 지름 37.5 mm, 초점거리 1280 mm, 배율 15배인 것, 대물렌즈의 지름 44 mm, 유효지름 22 mm, 초점거리 980 mm, 배율 20배인 것 등 100 개 이상의 망원경을 제작하였다. 그리고 1617년에는 'testiera'라고 이름 붙여진 소형의 쌍안경을 제작한 것도 기록으로 남아있다. 갈릴레이는 1637년 눈이 멀게 되었으나 '발견(discovery)'란 이름의 초점거리 1700 mm, 구경 56 mm, 배율 30배인 망원경을 제작하였다. 갈릴레이는 그가 제작한 망원경을 이용해서 목성과 토성의 위성, 달 표면, 태양의 흑점을 관찰하는 등 천문학에 위대한 업적을 남겼다. 갈릴레이의 후계자는 볼로냐(Bologna) 대학의 교수이며 진공실험으로 유명한 토리첼리(E. Torricelli, 1608~1647)이다. 토리첼리가 만든 대물렌즈는 초점거리가 572.5 cm, 구경이 10.5 cm이었다.

그림 9.1 갈릴레이가 제작한 망원경

그 무렵 케플러(Johannes Kepler, 1571~1630)는 갈릴레이 망원경과는 다르게 대물렌즈와 접안렌즈 모두 볼록렌즈를 이용한 굴절 망원경을 고안하였다. 케플러는 그의 저서 「굴절광학(Dioptrik, 1611년)」에 천문용 뿐 아니라 지상 망원경 등의 렌즈계에 의한 광경로를 발표하였고, 접안렌즈로 한 개의 볼록렌즈를 쓸 경우와 두 개의 볼록렌즈를 쓸 경우에 대해서 그 광경로를 연구했다. 케플러가 고안한 망원경을 실제로 제작한 것은 예수회 수도승 샤이너(Christopher Scheiner, 1575~1650)이었다. 케플러는 화성 운동의 연구로부터 천체 운동의 3가지 법칙을 발표하고, 뉴턴이 만유인력 법칙을 정립하는 기반을 제공했다. 이후 호이겐스(Christian Huygens, 1629~1695)는 굴절 망원경의 접안렌즈를 개량해서 토성의 고리를 발견하였다. 그는 렌즈 연마기술을 연구하였고, 렌즈의 구면수차를 제거하기 위하여 색지움 접안렌즈를 만드는 기술을 고안하였다.

뉴턴(Issac Newton, 1642~1727)은 분산에 의한 렌즈의 색수차를 없애는 것이 불가능하다고 생각해서 분산이 생기지 않는 **반사 망원경**(reflecting telescope)을 제작하였다. 당시 수학자인 그레고리(James Gregory, 1638~1675)는 그의 저서 「Optical Prometa」에서 반사 망원경의 설계도를 발표하였지만, 뉴턴은 이 그레고리의 아이디어에서 힌트를 얻어 1668년 반사 망원경을 만들고, 1672년에 '반사 망원경의 개념'이라는 제목으로 반사 망원경에 대한 발표를 하였다. 뉴턴이 제작한 반사 망원경은 지름 34 mm, 초점거리 159 mm, 배율 38배이었다(그림 9.2). 한편, 동시에 카세그레인(Giovanni Cassegrain, 1625~1712)도 같은 모양의 반사 망원경

그림 9.2 뉴턴이 제작한 망원경

을 고안하였다. 특히 반사 망원경을 적극적으로 제작하여 실제 관측에 활용한 허셀(Frederic William Herschel, 1738~1822)은 초점거리 7 피트인 것을 200 개, 10 피트인 것을 150 개, 12 피트인 것을 80 개 이상 만들었다고 한다. 1789년에 만든 지름 4 피트인 것은 초점거리가 40 피트이었던 것으로 전해지고 있다. 이 반사 망원경으로 그는 그 해에 토성의 제2 위성 엔셀라두스(Enceladus)와 토성의 가장 안쪽에 있는 위성 미마스(Mimas)를 발견하였다.

굴절 망원경을 대구경으로 하기 위해서는 렌즈의 크기가 커지고 전체적으로 무거워질 뿐 만 아니라 여러 가지 수차도 해결해야 한다. 반사 망원경은 이러한 점을 어느 정도 해결하였지만, 구면거울에 의한 구면수차는 여전히 남아 있다. 슈미트(Bernhard Voldemar Schmidt, 1879~1935)는 굴절 망원경과 반사 망원경의 단점들을 극복하고자 하는 시도를 하였다. 1929년 어느 날 슈미트는 필리핀에서 일식을 관찰하고 돌아오던 중 인도양을 지날 때 구면거울의 구면수차를 해결하기 위해 그가 설계한 반사굴절 망원경의 광학계 그림을 동료들에게 보여주었다. 이 광학계에서 그는 얇게 도넛형의 곡선으로 연마한 면을 갖는 유리 보정판을 사용하였다. 수차의 개념을 소개하지 않았지만 보정판은 구면거울이 갖는 구면수차의 단점을 극복하였다. 이 광학계는 1930년 최초로 만들어졌으며, 1949년 팔로마 관측소에 설치한 48 인치 슈미트 망원경은 밤하늘을 관측할 수 있을 정도로 고속이고($f/2.5$) 넓은 시야를 갖는다. 한 장의 사진으로 북두칠성의 크기를 보여줄 수 있다. 이것은 같은 영역에 대해 200 인치 반사 거울에 의한 대략 400 개의 사진과 비교된다. 슈미트 광학계가 출현한 이후로 반사굴절계의 응용에 있어서 많은 진보가 있었다. 현재는 반사굴절 광학계를 탑재한 인공위성과 미사일 추적 기구, 운석 사진기, 복잡한 상업 망원경, 망원 대물렌즈와 유도탄 광학계가 개발되어 있다.

9.2 망원경의 원리

9.2.1 망원경의 경통길이

그림 9.3은 망원경의 경통길이와 각배율을 구하기 위한 그림으로 볼록렌즈를 대물렌즈로, 오목렌즈를 접안렌즈로 하는 갈릴레이 굴절 망원경의 구조이다. 대물렌즈

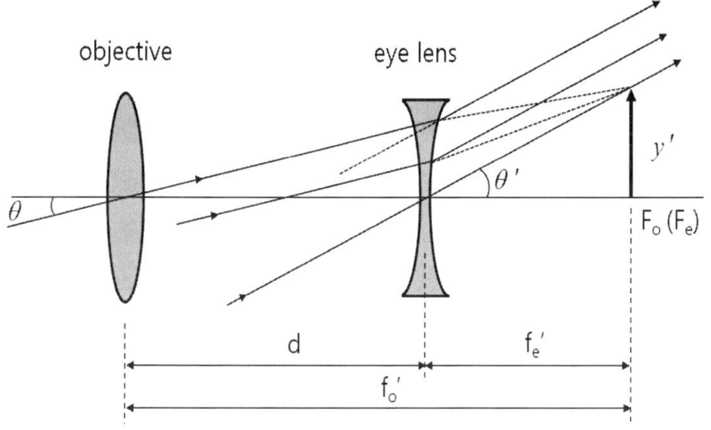

그림 9.3 망원경 경통길이와 각배율

의 상측주점에서 접안렌즈의 물측주점까지의 거리 $d=\overline{H_1'H_2}$ 을 망원경의 경통길이라고 한다. 그림 9.3과 같이 초점거리가 f_o'인 대물렌즈와 초점거리가 f_e'인 접안렌즈가 공기 중에서 거리 d만큼 떨어져 있을 때, 두 렌즈의 유효 초점거리 f'은 식 (4.27)을 이용하면

$$\frac{1}{f'}=\frac{1}{f_o'}+\frac{1}{f_e'}-\frac{d}{f_o'f_e'} \tag{9.1}$$

와 같이 구할 수 있다. 이때 망원경은 무초점계이므로 굴절력은 0이 되기 때문에

$$\frac{1}{f'}=\frac{f_o'+f_e'-d}{f_o'f_e'}=0 \tag{9.2}$$

가 된다. 따라서 경통길이 d는

$$d=f_o'+f_e' \tag{9.3}$$

이다.

이제 대물렌즈의 상측초점 F_o'과 접안렌즈의 물측초점 F_e 사이의 거리 Δ를 구해

보자. 그림 9.3에서

$$\begin{aligned} \Delta &= \overline{F_o{}'F_e} \\ &= \overline{F_o{}'H_1{}'} + \overline{H_1{}'H_2} + \overline{H_2F_e} \\ &= -\overline{H_1{}'F_o{}'} + \overline{H_1{}'H_2} + \overline{H_2F_e} \\ &= d - f_o{}' - f_e{}' \\ &= 0 \end{aligned} \tag{9.4}$$

이다. 즉 $\Delta = \overline{F_o{}'F_e} = 0$ 이므로, 대물렌즈의 상측초점 $F_o{}'$과 접안렌즈의 물측초점 F_e는 완벽하게 일치한다. 따라서 무한원에 있는 물체의 대물렌즈에 의한 중간상은 접안렌즈의 물측 초평면 위에 맺힌다.

9.2.2. 망원경의 각배율

그림 9.3과 같이 무한원의 물점에서 나와서 대물렌즈의 중심을 지나는 입사 광선이 광축과 이루는 각을 θ, 대물렌즈가 맺는 중간 상점에서 나와서 접안렌즈의 중심을 지나 출사되는 광선이 광축과 이루는 각을 θ'라고 할 때 망원경의 각배율 M은

$$M = \frac{\theta'}{\theta} \tag{9.5}$$

와 같이 정의한다. 근축 광학을 가정하면 그림 9.3에서 $\theta = y'/f_o{}'$, $\theta' = -y'/f_e$ 이므로, 각배율은

$$M = -\frac{f_o{}'}{f_e} \tag{9.6}$$

와 같다.

9.2.3. 망원경의 집광력

집광력(light-gathering power)은 광학기기 등의 성능을 평가할 때 사용되는 용

어로, 집광력이 좋은 광학기기일수록 어두운 피사체를 잘 볼 수 있게 해준다. 사람 눈은 완전히 명암적응이 되어 동공의 크기가 가장 크게 열렸을 때 지름이 보통 7 mm 정도 된다. 따라서 식 (7.2)를 참고로 하면, 사람 눈이 빛을 받는 집광력 P는

$$P = \frac{d^2}{7^2} \tag{9.7}$$

로 쓸 수 있다. 여기에서 d는 렌즈나 거울의 유효 지름이고, 단위는 mm이다.

집광력이 커지면 더 어두운 별을 볼 수 있게 되고, 한계 등급이 커진다. 예를 들어 밝기가 2.5배 커지면 1등급 더 어두운 별을 볼 수 있게 된다.

9.2.4 망원경의 분해한계

망원경으로 멀리 떨어져 있는 물체를 관찰하는 것이 보통이기 때문에 대물렌즈에 의한 상은 이 렌즈의 상측초평면 위에 맺힌다. 따라서 원통렌즈의 경우 레일리 분해한계는

$$y_{ic} = \frac{\lambda f_o'}{W} \tag{9.8}$$

가 된다. 여기에서 λ는 빛의 파장, W는 렌즈의 지름, f_o'은 대물렌즈의 상측초점거리이다.

한편 대물렌즈로 무한원에 있는 두 점물체의 상을 만들 경우 대물렌즈의 제2초평면 위에 형성된 두 개의 상사이의 거리를 y_i라고 하면,

$$y_i \fallingdotseq f_o' \Delta\theta \tag{9.9}$$

이다. 여기에서 $\Delta\theta$는 두 점물체와 대물렌즈의 중심을 지나는 두 직선 사이의 각이다. 두 개의 상 사이의 거리 y_i가 레일리 분해한계 y_{ic}보다도 크다면 두 물체를 구별할 수 있다. 따라서 식(9.8)과 (9.9)로부터 두 물체가

$$\Delta\theta_c = \frac{\lambda}{W} \tag{9.10}$$

보다 큰 각도 $\Delta\theta$로 벌어져 있다면 두 물체를 구별할 수 있다. 이 $\Delta\theta_c$를 망원경의 분해한계라고 한다. 대물렌즈의 지름 W = 10 cm인 망원경을 파장 λ = 550 nm의 빛으로 사용할 때 분해한계는 $\Delta\theta_c$ = 550 nm/10 cm = 5.5×10^{-6} rad ≒ 1.1"이 된다.

맨눈으로 망원경을 들여다보면서 관찰하는 경우, 사용할 수 있는 파장은 가시광선 영역으로 제한되기 때문에 분해한계를 작게 하기 위해서는 대물렌즈의 지름 W를 크게 하는 것 이외의 방법은 없다. 대물렌즈의 지름을 크게 하면 분해한계를 작게 할 수 있고, 대물렌즈에 입사하는 빛 에너지 양이 증가하기 때문에 상을 밝게 할 수 있다.

9.3 망원경의 종류

망원경은 크게 광학 망원경과 특수 망원경으로 분류할 수 있다. 광학 망원경은 상을 만들기 위하여 렌즈를 사용한 굴절 망원경, 거울을 사용한 반사 망원경, 그리고 렌즈와 거울을 결합한 반사굴절 망원경으로 나뉜다. 이들 분류에 속하는 여러 가지 망원경의 종류를 정리하면 표 9.1과 같다. 그리고 표 9.2는 파장에 따른 망원경의 분류와 사용하는 분야를 정리한 것이다.

9.3.1 굴절 망원경

굴절 망원경은 기본적으로 대물렌즈와 접안렌즈의 두 개의 렌즈로 구성되며, 접안렌즈에 따라 케플러 망원경과 갈릴레이 망원경으로 나눌 수 있다. 굴절 망원경은 경통이 막혀 있어서 상이 안정적이고, 명함이 뚜렷해서 태양이나 달 등의 행성 관측에 적합하다. 그리고 동일한 크기의 반사 망원경에 비해 빛을 많이 모을 수 있다. 단점으로는 렌즈 재료인 유리의 균질성이나 연마의 어려움 때문에 값이 비싸고, 대형 망원경으로 만들기 어렵고 색수차가 나타난다.

표 9.1 구조에 따른 망원경의 분류

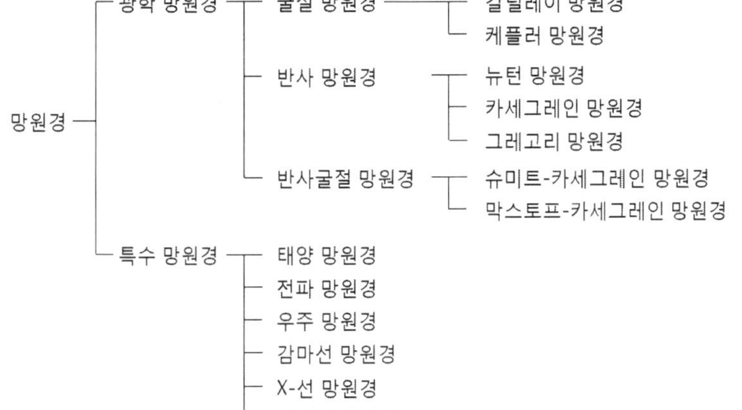

표 9.2 파장에 따른 망원경의 분류

파장대역 이름	망원경	천문학 분과	파장	주파수	광자 에너지
전파(radio)	전파 망원경	전파(레이더) 천문학	> 1mm	300GHz - 3Hz	1.24meV - 12.4feV
서브 밀리미터 (sub-mm)	서브 밀리미터 망원경	서브 밀리미터 천문학	0.1mm -1mm	3THz - 300GHz	1.24meV - 12.4meV
적외선(infrared)	적외선 망원경	적외선 천문학	750nm - 1mm	405THz - 300GHz	1.24meV - 1.7eV
가시광선(visible)	광학/근적외선 망원경	광학 천문학	390nm - 750nm	790THz - 405THz	1.7eV - 3.3eV
자외선(UV)	자외선 망원경	자외선 천문학	10nm - 400nm	30EHz - 790THz	3eV - 124eV
X-선	X-선 망원경	X-선 천문학	0.01nm - 10nm	30PHz - 30EHz	120eV - 120keV
감마선(gamma ray)	감마선 망원경	감마선 천문학	< 0.01nm	> 10EHz	100keV -300GeV

[GHz(giga hertz) = 10^9 Hz, THz(tera hertz) = 10^{12} Hz, PHz(peta hertz) = 10^{15} Hz, EHz(exa hertz) = 10^{18} Hz]

케플러 망원경(Keplerian telescope)은 그림 9.4(a)와 같이 앞쪽의 대물렌즈와 뒤쪽의 접안렌즈로 구성되어 있으며, 두 렌즈 모두 볼록렌즈이다. 물체가 무한대에 있을 경우 대물렌즈로 평행광선이 입사하여 렌즈의 오른쪽 초평면에 실상을 맺는다. 이를 공기상(air image)이라고 한다. 만일 이 초평면이 접안렌즈의 왼쪽 초평면과 일치한다면 공기상을 만든 광선들이 다시 접안렌즈에 의해 평행광선이 되어 눈으로

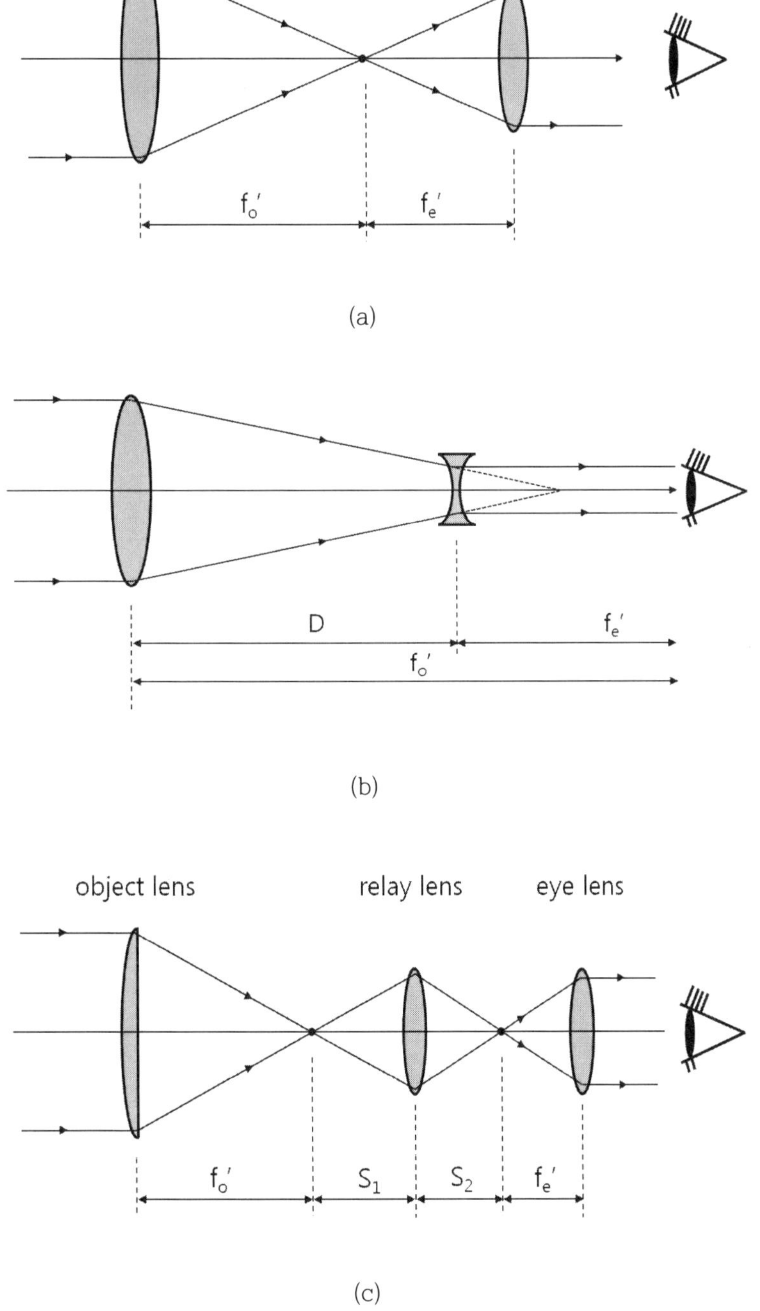

그림 9.4 굴절 망원경의 종류. (a) 케플러 망원경, (b) 갈릴레이 망원경, (c) 지상 망원경

입사될 때까지 평행을 유지한다. 이런 광선들은 눈의 조절작용(accommodation) 없이 망막에 실상을 맺으며, 관찰자는 무한대로부터 투영된 상을 보게 된다. 케플러 망원경은 시야가 넓어서 밝고 안정된 상을 볼 수 있는 장점이 있다. 그러나 단점은 경통길이가 길고, 상하좌우가 바뀐 상을 보게 된다는 것이다. 케플러 망원경은 천문관측이나 지상관측에 널리 사용되고 있다.

갈릴레이 망원경(Galilean telescope)은 그림 9.4(b)와 같이 대물렌즈로 볼록렌즈를 사용하지만 접안렌즈로는 오목렌즈를 사용하며, 두 렌즈의 초점이 일치하고, 바로 된 상을 볼 수 있다. 그림 9.4(b)에서 F는 대물렌즈의 제2초점이며 또한 접안렌즈의 제1초점이다. 평행광선이 F로 굴절되지만 초점을 이루기 전에 오목렌즈로 입사하여 다시 평행광선이 되어 나간다. 따라서 상은 무한대에 있는 것처럼 보인다. 갈릴레이 망원경의 배율은 3×로 제한되지만(출사동이 마지막 렌즈의 왼쪽에 있어서 눈을 그곳에 갖다 댈 수가 없기 때문), 경통길이가 짧아서 오페라용 쌍안경이나 먼 경치를 보는데 사용된다. 갈릴레이 망원경은 굴절능이 작고 시야가 좁아서 천문관측용으로는 적합하지 않다.

천체 망원경의 단점은 상이 거꾸로 보여서 지상 관측하기에 불편하다. 이것을 보완하기 위해서 릴레이 렌즈 (relay lens), 정립 렌즈(erector lens) 또는 프리즘을 추가한다. 그림 9.4(c)의 **지상 망원경**(terrestrial telescope)은 케플러 굴절 망원경에 릴레이 렌즈(relay lens)를 설치해서 상을 바로 보게 하는 망원경이다.

9.3.2 반사 망원경

천체 망원경이나 야간 감시 장비의 경우 저조도의 조명을 관찰하기 때문에 구경이 커질 수밖에 없다. 구경이 500 mm 이상이 되면 굴절 광학계는 무거워질 뿐만 아니라 광학소자의 제한이 많아진다. 따라서 대구경 광학계는 반사거울을 많이 사용하고 있다.

반사 망원경은 렌즈 대신 거울을 이용하여 빛을 반사시키고 상을 맺게 하는 망원경으로, 1661년 스코틀랜드의 그레고리가 발명하였고, 뉴턴이 1668년 처음으로 제작하였다. 반사 망원경은 기본적으로 주거울과 보조거울로 구성되며, 이 거울에 따라서 뉴턴 망원경, 그레고리 망원경, 카세그레인 망원경 등으로 나뉜다.

반사 망원경은 같은 크기의 굴절 망원경에 비해 가격이 저렴하고, 큰 구경을 만들 수 있다. 그리고 같은 크기의 굴절 망원경에 비해 약 4배의 굴절력을 가질 수 있고 색수차가 없는 것이 무엇보다 큰 장점이다. 그러나 구면거울의 곡률에 의한 구면수차를 피할 수 없고, 코마수차도 제거하는데 어려움이 있다. 또한 같은 크기의 굴절 망원경에 비해 상대적으로 빛을 적게 모으기 때문에 명암이 뚜렷하지 않으며 경통 안의 대류로 인한 상의 흔들림이 있고, 광축의 정렬과 거울 코팅의 유지 및 관리가 어려운 점 등의 단점이 있다.

뉴턴 망원경(Newtonian telescope)은 그림 9.5(a)와 같이 포물면 거울을 주거울로, 평면거울을 보조거울로 하고, 경통의 옆면에 구멍을 뚫어서 빛을 접안경으로 보낸다. 포물면 거울은 구면수차를 없앨 수 있지만 비축수차는 피할 수 없다. 평면거울 또는 프리즘을 사용해서 광선을 망원경 축에 대해서 직각으로 방향을 바꾼다. 이것을 사진으로 찍거나 눈으로 볼 수도 있고, 스펙트럼으로 분해하거나 광전자적으로 처리할 수도 있다.

그레고리 망원경(Gregorian telescope)은 그림 9.5(b)와 같이 포물면 거울을 주거울로 하고 타원체면을 보조거울로 하는 구조로 되어 있다. 보조거울이 상을 뒤집고, 주거울에 구멍을 뚫어서 접안경으로 보낸다. 주거울과 보조거울이 초점을 공유하고 있으며 상이 바로 보인다. 구면수차를 없앨 수 있지만 왜곡수차, 코마수차 등은 피할 수 없다.

한국을 비롯하여 11 개 나라들이 참여하고 있는 거대마젤란망원경기구(Giant Magellan Telescope Organization, GMTO)는 칠레 아타카 사막에 지름 25 m 이상의 거대한 그레고리 반사 망원경을 건설 중이다. 이 반사 망원경은 지름이 8.4 m에 달하는 대형 반사경 7 개를 붙여서 조합하는데, 초정밀 가공기술이 필요한 반사 망원경을 제작하는 데에만 몇 년이 걸릴 것이다. 지금까지 가장 정밀한 우주 망원경은 지구궤도 640 km 상공에 쏘아올린 허블 망원경이다. 그런데 거대마젤란망원경은 지구상에 설치함에도 불구하고 워낙 망원경이 거대하여 우주의 빛을 모아 허블 망원경의 10배에 달하는 선명한 영상을 제공할 것으로 예상하고 있다.

카세그레인 망원경(Cassegrain telescope)은 그림 9.5(c)와 같이 포물면 거울을 주거울로 하고, 볼록한 쌍곡면 거울을 보조거울로 하는 구조이고, 주거울에 구멍을 뚫어서 빛을 접안경으로 보낸다. 보조거울에서 상까지의 거리보다 주거울의 초점에서 보조거울까지의 거리가 훨씬 짧기 때문에(약 1/4), 전체 배율은 주로 보조거울에

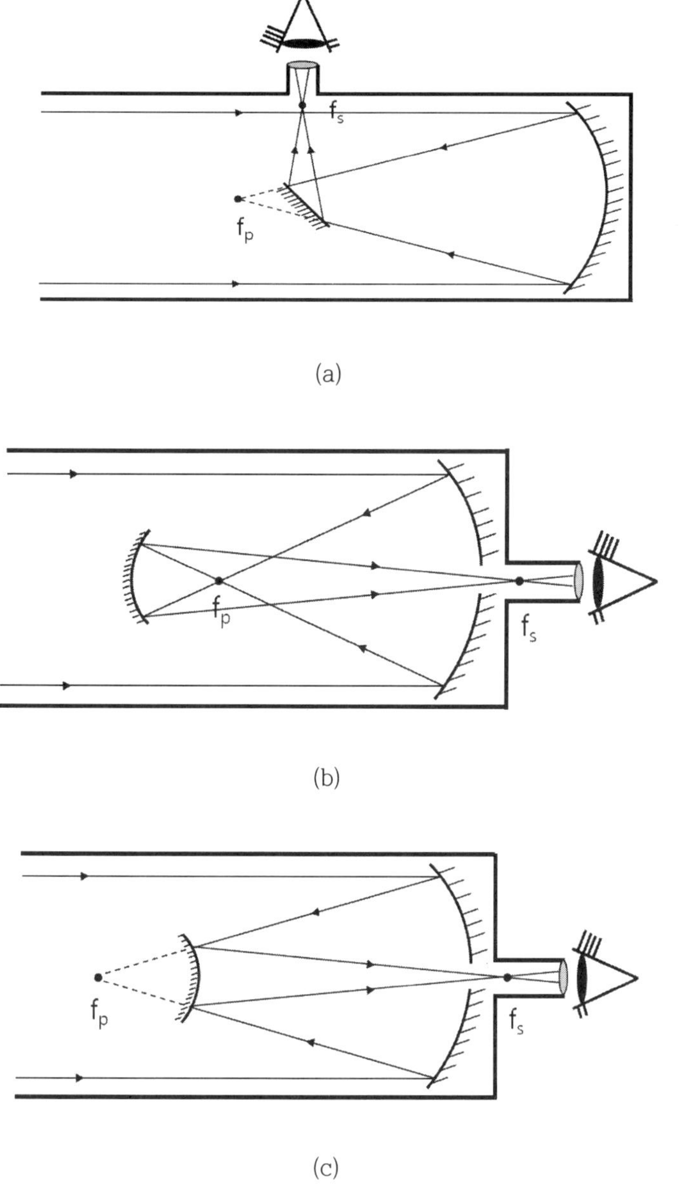

그림 9.5 반사 망원경의 종류. (a) 뉴턴 망원경, (b) 그레고리 망원경 (c) 카세그레인 망원경,

의해 좌우된다. 같은 초점거리의 그레고리 망원경보다 길이가 훨씬 짧고, 상이 거꾸로 보이며 구면수차는 없앨 수 있지만 비축수차는 남는다. 카세그레인 망원경은 가볍고, 견고하고, 대구경이고 넓은 시야를 가지며 완전히 밀폐되어서 공기요동이나 오염을 막아준다. 따라서 가장 많이 이용되는 설계로 천문관측용이나 사진용 망원렌즈로도 이용된다.

허블 우주 망원경(Hubble space telescope)은 카세그레인 망원경 구조에서 주거울도 쌍곡면으로 한 구조로 되어 있어서 코마수차가 없다. 이러한 구조를 **리치-크레티앙 망원경** (Ritchy-Chretein telescope)라고 한다.

9.3.3 반사굴절 망원경

반사굴절 광학계는 굴절 광학계와 반사 광학계의 조합으로 이루어진 망원경으로 각각의 단점을 보완한 광학계이다. 예를 들어 슈미트 사진기 (Schmidt camera)는 구면거울을 주거울로 하되 특수한 렌즈나 비구면 보정판을 이용하여 비점수차를 제거하였다. 반사(cataoptric)와 굴절(dioptric) 광학계를 동시에 포함한 망원경을 **반사굴절 망원경(**catadipotric telescope)이라고 한다. 반사굴절 망원경은 같은 구경의 굴절 망원경 이상의 성능을 내면서도 크기가 작고, 경통이 밀폐되어 있어서 반사 망원경과 같은 공기의 대류 현상이 없어서 비교적 안정적인 상을 얻을 수 있다. 그러나 가격이 비싸고, 광축을 맞추기 까다롭고, 주거울 이동식 반사굴절 망원경의 경우 초점면이 자주 달라진다. 보정하는 광학부품에 따라 슈미트-카세그레인 망원경과 막스토프-카세그레인 망원경으로 나뉜다.

그림 9.6(a)와 같은 **슈미트-카세그레인 망원경**(Schmidt-Cassegrain telescope)은 슈미트가 개발한 슈미트 카메라식 망원경에 기초를 두고 개발되었다. 초기의 슈미트-카세그레인 망원경은 로저 헤이워드(Roger Hayward, 1899~1979)가 1946년에 특허 등록을 하였다. 이 초기의 슈미트-카세그레인 망원경은 슈미트 카메라 방식과 같이 경통 앞쪽에 있는 슈미트 보정판을 통과해 들어온 빛을 구면거울로 모으는 것이었다. 구면거울로 모은 빛을 보정판에 붙인 볼록 보조거울로 주거울 뒤쪽에 초점이 맺히게 한 것은 카세그레인 반사 망원경의 방법이다. 즉 광원에서 온 빛이 보정판-주거울-보조거울을 통과해 초점을 맺고, 주거울에 뚫린 구멍을 통해 접안경

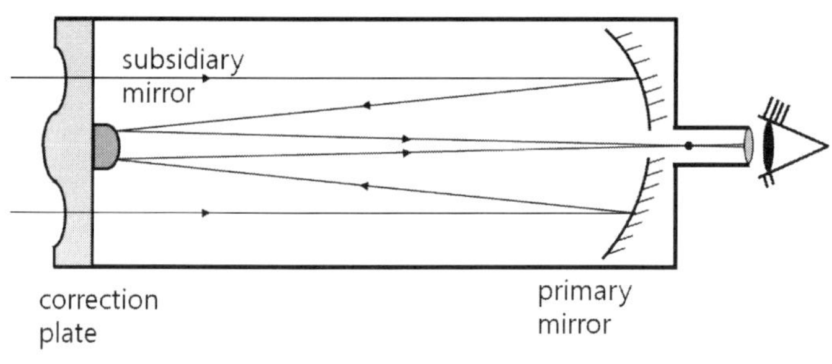

(a)

subsidiary
mirror
correction
lens
primary
mirror

(b)

그림 9.6 반사굴절 망원경의 종류. (a) 슈미트-카세그레인 망원경, (b) 막스토프-카세그레인 망원경

으로 보내는 것이 슈미트-카세그레인 망원경의 기본적인 구조이다. 이렇게 초점에 모인 빛은 초점면의 차이가 약간 발생하기 때문에, 근래에는 시야 평탄화 렌즈(field-flattener lens)와 같은 광학계를 추가로 부착하여 초점면을 보정해 주기도 한다. 보정판은 경통이 짧은 형태에서는 주거울의 초점 근처에 위치해 있고, 경통이 긴 형태에서는 주거울의 곡률 중심(초점거리의 두 배 정도에 해당) 근처에 위치해 있다.

슈미트-카세그레인 망원경은 초점거리에 비해 경통의 길이가 짧아서 휴대하기가 편리하고, 경통의 앞 끝이 막혀 있어서 안정된 상을 볼 수 있고, 구면수차와 코마수차가 보정되기 때문에 밝고 넓은 시야의 선명한 상을 볼 수 있다. 그러나 보정판의 설계와 제작이 매우 어렵고, 보조거울이 커서 콘트라스트가 다소 떨어지며, 상면만곡이 발생하기 때문에 사진촬영을 할 때 필름을 휘게 해주는 장치가 필요하다.

슈미트-카세그레인 망원경에서 보정판 제작의 어려움을 해결하고자 러시아의 물리학자이며 천문학자인 막스토프(Dmitry Dmitrievich Maksutov, 1896~1964)가 1941년 **막스토프-카세그레인 망원경**(Maksutov-Cassegrain telescope)을 발명하였다. 그 구조는 그림 9.6(b)와 같이 주거울은 구면거울이고, 경통 앞쪽의 메니스커스 렌즈를 보정 렌즈로 사용해서 주거울의 구면수차를 보정하고, 볼록 구면거울을 보조거울로 한다. 경우에 따라서는 보정 렌즈의 가운데를 도금하여 보조거울 역할을 하기도 한다.

막스토프-카세그레인 망원경은 앞이 막혀 있어서 상이 안정되고, 뛰어난 수차보정으로 인해 상이 매우 선명하다. 그리고 보정 렌즈인 메니스커스 렌즈는 구면 렌즈이므로 비구면인 슈미트 보정판보다 만들기 쉬운 장점도 있다. 그러나 주거울을 움직여서 초점을 맞추기 때문에 천체 관측 시 상의 미세한 흔들림이 발생할 수 있다.

연 습 문 제

9-1 천체 망원경의 대물렌즈에서 달의 양끝을 바라본 각이 0.5°이다. 대물렌즈와 접안렌즈의 초점거리는 각각 20 cm와 5 cm이다. 25 cm인 근점에서 망원경을 통해 바라본 달의 상에 대한 지름을 구하라.

9-2 오페라 안경으로 각각 초점거리가 +12 cm와 -4 cm인 대물렌즈와 접안렌즈를 사용한다.

(1) 이 망원경의 경통길이(두 렌즈 사이의 거리)를 구하라.

(2) 눈을 무한대에 초점을 맞춘 관찰자에 대한 망원경의 확대능을 구하라.

(3) 30 cm의 근점에 초점을 맞춘 관찰자에 대한 망원경의 확대능을 구하라.

9-3 천체 망원경을 사용하여 달을 관찰할 때 초점거리가 4 cm인 접안렌즈에서 25 cm 떨어진 스크린에 달의 실상을 맺게 한다. 이때 접안렌즈의 정상 위치로부터 얼마나 많이 움직여야 하는가?

9-4 (1) 망원경의 람스덴 접안렌즈는 각각 초점거리가 2 cm인 두 개의 볼록렌즈를 2 cm 만큼 떨어트려 만든다. 무한대에 있는 상을 볼 때 이 접안렌즈의 확대능을 구하라.

(2) 망원경의 대물렌즈는 초점거리가 30 cm이고 지름이 4.50 cm인 볼록렌즈이다. 망원경의 총배율을 구하라.

9-5 천체 망원경의 대물렌즈와 접안렌즈의 초점거리가 각각 4 m와 60 cm이다. 대물렌즈에서 20 m 떨어져 있는 물체가 접안렌즈에서 30 cm 떨어진 곳에 상을 맺는다. 이 망원경의 전체 배율을 구하라.

9-6 천체 망원경의 두 렌즈 사이의 거리가 80 cm이다. 무한대에 있는 물체가 초점

을 이루었을 때 각배율이 5×이라면 두 렌즈의 굴절능은 얼마인가?

9-7 카세그레인 반사 망원경의 주거울은 4 m의 초점거리를 갖는다. 주축을 따라 주거울로부터 3.5 m 거리에 있는 볼록거울 형태의 보조거울이 주거울의 정점으로부터 멀리 떨어져 놓여있는 물체의 상을 맺는다. 주거울의 가운데를 뚫어 놓은 구멍으로 초점거리가 4인치인 접안렌즈로 상을 보는데, 이 접안렌즈는 주거울 뒤쪽에 놓인다. 볼록 보조거울의 초점거리와 이 망원경의 각배율을 구하라.

9-8 망원경의 대물렌즈의 초점거리는 +60 cm이고, 접안렌즈의 초점거리는 +5 cm이다. 눈의 조절작용 없이 3 m 떨어진 물체의 초점을 맺을 때 두 렌즈 사이의 거리와 망원경의 배율을 구하라.

9-9 배율이 2.5×인 갈릴레이 망원경의 접안렌즈가 -25.00 디옵터이다. 눈의 조절작용 없이 무한대에 있는 물체의 초점을 맺을 때 두 렌즈 사이의 거리를 구하라.

9-10 초점길이가 각각 +120 mm, -60 mm인 두 렌즈로 구성되어 있으며, 경통길이가 10 cm인 갈릴레이 망원렌즈의 초점거리를 구하라.

9-11 망원렌즈를 뒤집어서 오목렌즈가 앞으로 오게 해서 사용한다. 만약 f_1 = -30 mm, d = 60 mm, f_2 = +45 mm일 때 초점거리와 용도를 구하라.

9-12 R_1 = -40 cm, R_2 = -8 cm, 그리고 d = 16 cm인 카세그레인 망원경으로 무한대에 있는 물체를 관측할 때 상거리를 구하라.

9-13 케플러 굴절 망원경에서 대물렌즈의 초점거리가 50 cm, 접안렌즈의 초점거리가 5 cm, 상까지의 거리가 접안렌즈로부터 30 cm 떨어져 있을 때 대물렌즈와 접안렌즈 사이의 거리를 구하라.

9-14 배율이 10×인 망원경이 있다. 대물렌즈의 초점거리가 50 cm라면 접안렌즈에

서 40 cm 떨어진 곳에 달의 상을 만들기 위해서 접안렌즈를 어떤 방향으로 얼마를 이동시켜야 하는가?

9-15 초점거리가 각각 +100 mm, -50 mm인 두 렌즈로 구성되어 있으며, 경통길이가 20 cm인 갈릴레이 망원렌즈의 초점거리를 구하라.

참 고 문 헌

[1] Francis A. Jenkins and Harvey E. White, *Fundamentals of Optics*, 4th ed. New York, McGraw-Hil, 1976.

[2] 會田軍太夫, 橫田英嗣, 山崎正之著, *光學機器入門*, 東海大學出版會, 2001.

[3] Grant R. Fowels, *Introduction to Modern Optics*, 2nd ed. New York, 1975.

[4] Jurgen R. Meyer-Arendt, *Introduction to Classical and Modern Optics*, 4th ed. Englewwod-Cliffs, Pentice-Hall, Inc., 1995.

[5] Eugene Hecht, *Optics*, 4th ed. Massachusetts, Addison Wesley, Inc., 2002.

[6] Frank L. Pedrotti, Leno S. Pedrotti, and Leno M. Pedrotti, *Introduction to Optics*, 3rd ed. Upper Saddle River, N.J, Pearson Eucation, Inc., 2007.

[7] Warren J. Smith, *Modern optical engineering : the design of optical systems*, 4th ed. New York : McGraw Hill, 2008.

[8] R. D. Knight, *Physics for Scientist and Engineers*, 2nd ed. Addison Wesley, Inc., 2008.

[9] 김종렬, *빛과 광기술*, 북스힐, 2011.

[10] 전관철, *대학광학기기*, 신광출판사, 1997.

[11] 안경광학 교재 편찬위원회, *안광학기기*, 도서출판 대학서림, 2000.

[12] 임천석, *기하광학*, 테크 미디어, 2003.

[13] 안태인, 최지영, *광학현미경 원리와 사용법*, 아카데미서적, 1996.

[14] 이원진, 문정학, 강성수 외, *기하광학*, 수문사, 2000.

[15] 홍경희, *기하광학*, 두양사, 2011.

찾아보기

ㄷ

ㄹ

ㅁ

ㅂ

ㅌ

ㅍ

ㅎ

기타

| 저자소개 |

(현) 국립금오공과대학교 광시스템공학과 교수

- 서강대학교 물리학과 이학사
- 한국과학기술원 물리학과 이학석사
- 한국과학기술원 물리학과 이학박사
- 한국표준과학연구원 레이저연구실 선임연구원
- 일본 전자기술총합연구소 (Elecroctechnical Laboratory) 초빙연구원
- CREOL, University of Central Florida 방문교수

기하광학을 중심으로

광학기기의 기초

초판 발행 | 2018년 1월 30일
2쇄 발행 | 2020년 4월 05일

지은이 | 김 규 욱
펴낸이 | 조 승 식
펴낸곳 | (주)도서출판 **북스힐**

등 록 | 1998년 7월 28일 제 22-457호
주 소 | 서울시 강북구 한천로 153길 17
전 화 | (02) 994-0071
팩 스 | (02) 994-0073

홈페이지 | www.bookshill.com
이메일 | bookshill@bookshill.com

정가 18,000원

ISBN 979-11-5971-116-9

Published by bookshill, Inc. Printed in Korea.